EAGLE 电路原理图与
PCB 设计方法及应用

库少平　编著

北京航空航天大学出版社

内 容 简 介

EAGLE 是 CadSoft 公司开发的一款实用的用于电路原理图和 PCB 设计的 EDA 软件。本书主要内容包括 EAGLE 概述、EAGLE 的控制面板、EAGLE 的使用规则、原理图编辑器、元件库编辑器及应用、PCB 编辑器、自动布线器、CAM 设置和输出、原理图与 PCB 设计实例、EAGLE 的高级应用 ULP 等。本书附带视频,可在北京航空航天大学出版社网站的下载专区下载。

本书可作为高校电子技术 EDA 方面的教材,也可作为初学者和进行电路原理图与电路板设计的工作人员的参考书。

图书在版编目(CIP)数据

EAGLE 电路原理图与 PCB 设计方法及应用/库少平编著. --北京:北京航空航天大学出版社,2012.1
ISBN 978 - 7 - 5124 - 0633 - 9

Ⅰ.①E… Ⅱ.①库… Ⅲ.①电子电路—计算机辅助设计—应用软件,EAGLE Ⅳ.①TN702

中国版本图书馆 CIP 数据核字(2011)第 231817 号

EAGLE 电路原理图与 PCB 设计方法及应用
库少平 编著
责任编辑 刘 晨 刘朝霞

*

北京航空航天大学出版社出版发行
北京市海淀区学院路 37 号(邮编 100191)　http://www.buaapress.com.cn
发行部电话:(010)82317024　传真:(010)82328026
读者信箱: emsbook@gmail.com　邮购电话:(010)82316936
北京时代华都印刷有限公司印装　各地书店经销

*

开本:787×960　1/16　印张:17.5　字数:392 千字
2012 年 1 月第 1 版　2012 年 1 月第 1 次印刷　印数:4 000 册
ISBN 978 - 7 - 5124 - 0633 - 9　定价:39.00 元

前　言

在学习了模拟电路和数字电路分析与设计的基本原理及方法之后,接下来应该学习的就是用计算机画电路原理图和电路板图。只有会设计电路原理图和电路板图才能真正进行电子产品的研究与开发,从而把所学的电子技术从理论研究推向实际应用。本书的目的就是帮助读者学习用 EAGLE 软件画电路原理图与电路板图,掌握电子产品开发技术中的关键一步。

EAGLE 是 CadSoft 公司开发的一款实用的、用于电路原理图和 PCB 设计的 EDA 软件,该软件功能完善,人机界面友好,易学易用。使用该软件可以方便地画出电路原理图、设计新的元件、生成 PCB 图、生成制造数据等,该软件是诸多业界人士首选的电路板设计工具。

本书由 10 章和 4 个附录组成。

第 1 章是概述,简要介绍 EAGLE 的基本概念和特性,对 EAGLE 的各种版本以及功能进行简单介绍,同时对不同操作系统下 EAGLE 的安装以及语言环境的设置作简要说明。

第 2 章介绍 EAGLE 的控制面板,主要介绍 EAGLE 的 Control Panel 及其配置,Control Panel 可以让用户方便地查看和设置软件环境,通过 Control Panel 菜单栏可以对 EAGLE 进行一些常规操作和设置。通过 Control Panel 的树形查看窗口,可以查看元件库、用户脚本等。

第 3 章介绍 EAGLE 的使用规则,主要介绍 EAGLE 软件中命令的不同执行方式、EAGLE 命令的语法格式,并介绍项目配置文件和用户配置文件。

第 4 章介绍原理图编辑器,主要对 EAGLE 原理图编辑器中的各种菜单栏、操作按钮和命令按钮进行详细的介绍。在原理图的设计过程中,需要对各种工具和按钮灵活运用,才能达到设计的规范和美观,并提高设计效率。

第 5 章介绍元件库编辑器及应用。尽管 EAGLE 集成了大量的元件库供用户使用,但是在某些情况下仍然需要自行建立元件库,这时就要用到元件库编辑器。本章对元件库编辑器的界面、命令及其应用方法进行详细的介绍。

第 6 章介绍 PCB 编辑器,主要包含 PCB 编辑器主界面以及命令工具栏介绍,设计多层电路板的注意事项,以及如何合并多个电路板等内容。

第 7 章介绍自动布线器。EAGLE 提供自动布线器,允许用户按照一定的设计规则进行自动布线或者半自动布线(跟随布线)。实际工作中通常需要自动布线与手工布线相结合。

第 8 章介绍 CAM 设置和输出。在 EAGLE 软件中,用于电路板制板的数据由 CAM 处理程序产生,正常情况下,PCB 制板厂商会使用 Excellon 格式的文件来处理钻孔数据和使用 Gerber 格式的文件来处理绘图数据。如何产生这些数据,以及哪些数据是需要提供给 PCB 制板厂商的,都在本章中详细描述。

第 9 章介绍原理图与 PCB 设计应用实例。本章以工程实例的方式讲解如何完成一个完整的电路设计项目,先从一个较为简单的例子——秒脉冲发生器的原理图及 PCB 设计着手,详细说明其设计步骤和过程。在此基础上,系统地阐明了原理图及 PCB 图设计的基本方法、步骤与过程,所介绍的设计流程、设计技巧,以及设计规则等均是按照标准的工程设计来要求的,并且其中主要步骤均包含了具体的应用实例,将设计方法和实际应用融为一体。

第 10 章介绍用户语言编程,主要介绍 ULP 的语法、对象类型、声明、内建指令和对话框等内容,并对一些常用的 ULP 文件进行了解释和说明。

本书的第一个特点是它全面地介绍了 EAGLE 的功能,几乎每一个菜单和命令都得到了详细介绍,因而可以作为学习手册和资料使用。第二个特点是原理与应用相结合,列举了具有典型代表性的元件库设计、原理图设计和 PCB 设计的应用实例。第三个特点是设计方法与应用相结合,在讲解应用实例的过程中,贯穿基本的设计步骤与设计方法。本书力求做到原理、方法、应用完美结合。

本书内容丰富实用、语言通俗易懂、层次结构清晰,部分设计经验的介绍更使本书别具一格,可帮助读者少走弯路。

本书可作为大专院校 EDA 相关课程的教材,可作为课程设计或实习的教材,可作为电子技术相关课程的辅助学习材料,也可作为工程技术人员和广大电子设计爱好者的参考书。

本书由库少平编著。在编写过程中,得到了 e 络盟公司部分员工的大力支持,在此对他们深表感谢! 他们是张永彬、罗罡、罗鸣等。还得到深圳英蓓特公司部分员工的热情帮助,对他们深表感谢! 他们是廖武、苏昆、张国瑞等。感谢武汉理工大学 UP 团队李宁博士在写作过程中的友好支持! 感谢 UP 团队的刘威硕士为此书做了部分文字整理工作! 感谢 TI(德克萨斯州仪器公司)允许我们使用该公司技术手册中的数据资料! 感谢北京航空航天大学出版社为出版提供大力支持! 感谢所有对此书的面世有贡献的人!

虽然本书经过编者全力编写,但仍难免有疏漏和错误之处,敬请读者批评指正。如果遇到技术方面的问题,请与作者联系,E-mail:kushaoping@whut.edu.cn。

库少平

2011 年 8 月 23 日

目　录

第**1**章
概　述

　　EAGLE 是一款实用的、用于电路原理图和 PCB 设计的软件,本章简要介绍 EAGLE 的基本概念和特性,对 EAGLE 的各种版本以及功能进行简单介绍,同时对不同操作系统下 EAGLE 的安装以及语言环境的设置作简要说明,读者可以根据自己的实际需要来参考相应的安装和设置过程。

1.1　EAGLE 简介

　　EAGLE 的全称为 Easily Applicable Graphical Layout Editor,即简单易用的图形化 PCB (Printed Circuit Board)设计工具。作为一款自 20 世纪 90 年代初以来就开始畅销欧美的 EDA(Electrical Design Automation)工具,EAGLE 已经成为全球众多电子设计工程师的常用软件。

　　经过多年的发展和创新,EAGLE 的版本目前已经更新到了 5.11 版。该软件具备了自动布线器、正反向标注、电气及设计规则检查、任意角度放置元件等丰富的功能,以及旨在实现常用操作自动化的脚本语言支持。另外该软件还提供了对类 C 用户语言程序 ULP(User Language Program)的支持特性,可实现工具的完全定制化,包括对外部文件进行存取和互动操作,还能够导入其他设计工具或程序的数据,并生成 Gerber 文件和 Excellon 文件。EAGLE 在提供众多丰富功能的同时,仍然保持了软件体积小和占用系统资源少的优点,让低端和高端配置的计算机都能够流畅地运行该软件。

　　值得一提的是,自从 EAGLE 的创始公司 CadSoft 成为全球最大的电子分销商之一 element14(即之前的 Premier Farnell 集团)公司旗下的成员后,其 5.10 版首次集成了 Designlink 接口。通过该接口提供的搜索窗口,工程师可以直接对所需的元件进行搜索,软件会自动连接到 element14 的网络服务器数据库,并将搜索到的报价、库存数量、订货编号等元件信息显示在搜索窗口内。这时工程师可以在该窗口内轻松地完成产品订购或者导出订货列表。凭借其母公司 element14 在全球超过 40 万种的电子元件库存作为后盾,该功能将极大地减少工程师在查找产品上所花费的时间和精力,真正实现了从"概念"到"产品"的一站式设计流程。

1.2　EAGLE 的版本和功能

　　EAGLE 提供了针对不同用户的版本和多种丰富的功能,其中包括免费的试用版、简化版、付费的标准版和专业版 4 个版本。每个版本具有不同的软件许可权限,即不同的功能。本书将以 EAGLE 5.10.3 专业版为例进行介绍。

　　EAGLE 专业版提供了软件的所有特性,其中包括:

- 原理图编辑器、PCB 编辑器、自动布线器以及用户语言程序 ULP 和 Designlink 等功能;
- 最大支持 64×64inch(英寸)的电路板面积;
- 最多 255 个绘图层;
- PCB 编辑器最多 16 个信号层和 14 个电源层;
- 原理图编辑器最多 999 个界面;
- 最大分辨率为 $1/10000$ mm($0.1\ \mu m$);
- 支持命令脚本文件;
- 支持类 C 程序语言;
- 支持原理图与 PCB 设计之间的正反向标注;
- 支持 ERC 电气规则检查和 DRC 设计规则检查;
- 集成 CAM 处理程序为绘图仪和钻孔机提供制造数据。

1.3　EAGLE 运行环境和安装

　　EAGLE 可以在 3 种系统环境下进行安装,这 3 个系统是 Windows 系统、Linux 系统和苹果公司的 Mac OS X 系统。

1.3.1　Windows 系统下的安装

　　EAGLE 在 Windows 系统下的安装文件是一个自解压文件,文件名为 EAGLE - win - 5. x. x. exe(版本号根据实际下载的版本变化)。双击文件后选择 Setup 按钮,程序会自动解压并进入安装界面进行安装。

　　软件安装结束前,安装程序会询问 EAGLE 的许可授权方式,如图 1.1 所示。

- 使用许可文件:即使用许可文件获得软件授权。选择该单选按钮后,需要在下一步指定许可文件在计算机上的位置,并输入安装代码,通过购买软件可以获取许可文件和安装代码。

● 使用免费试用码：免费试用码可以通过界面免费注册来获取，注册网址为 http://www.element14.com/community/community/knode/cad_tools/cadsoft_eagle/free-mium? view＝overview。

● 作为免费软件运行：选择该单选按钮后 EAGLE 将以功能有限的简化版形式来运行，其功能低于免费试用码授权的 EAGLE 软件。

● 现在不许可：选择该单选按钮后，可以暂时不进行软件许可的认证，安装程序会自动退出，在下次启动软件时将会再次弹出许可授权单选按钮。

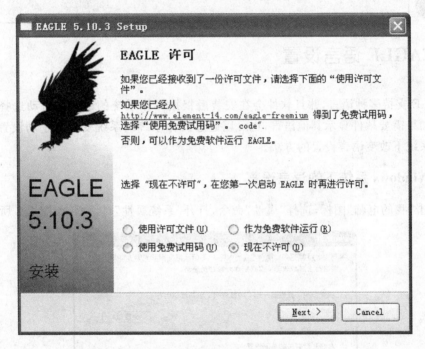

图 1.1　EAGLE 许可授权方式

注意：为了更加方便地使用命令行来操作 EAGLE，应该尽量安装在不包含空格的路径中，例如 D:\EAGLE5.10.3。如果所安装的路径名中包含空格，则之后命令行中用到安装路径时，需要将路径加上单引号。

1.3.2　Linux 和 Mac OS X 系统下的安装

EAGLE 针对 Linux 系统的安装文件是支持安装对话界面的自解压程序化脚本，在文件管理器中双击该文件即可启动安装程序。

EAGLE 针对苹果公司 Mac OS X 系统的安装文件为通用二进制格式，可以在基于 Power

PC 和 Intel 处理器的计算机上运行。双击压缩文件 EAGLE-win-5. x. x. zip 后，文件自动解压成名为 EAGLE-win-5. x. x. pkg 的文件夹，单击该文件夹即可启动安装程序。

这两种系统中，在软件安装结束前，安装程序同样会询问 EAGLE 的许可授权方式，如图 1.1 所示。

注意：在 Linux 系统中如果安装文件在安装前没有标记为可执行文件，可以通过控制台中执行 chmod 命令来修改属性。

1.4 EAGLE 语言设置

EAGLE 支持多种语言，并且软件会在安装后根据操作系统的语言来自动选择软件界面的语言。如果需要软件显示其他语言，也可以通过操作系统的系统变量来手动设置。下面是各种操作系统下改变语言设置的方法。

1.4.1 Windows 系统下的语言设置

① 右击"我的电脑"图标，选择"属性"命令，打开"系统属性"对话框，如图 1.2 所示。

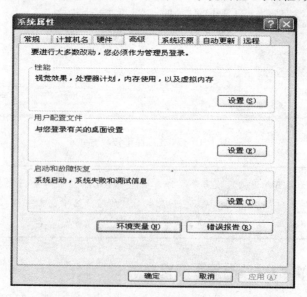

图 1.2 "系统属性"对话框

② 然后选择"高级"→"环境变量"命令，打开"环境变量"对话框，如图 1.3 所示。

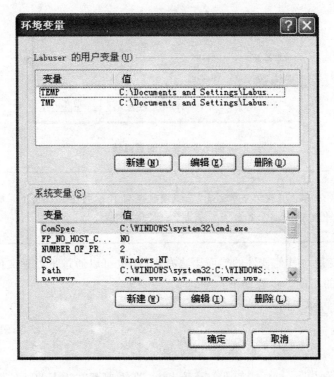

图 1.3 "环境变量"对话框

③ 在对话框中的"系统变量"选项区域中单击"新建"按钮,打开"新建系统变量"对话框,如图 1.4 所示。

图 1.4 "新建系统变量"对话框

④ 输入变量名 LANG,变量值文本框中的内容决定了语言的种类,英文变量值为 en_US 或 en_GB,德文变量值为 de_DE、de_CH 或 de_AT,如图 1.5 所示。

⑤ 单击"确定"按钮后即可生效,重新启动 EAGLE 时,软件就会显示指定语言的界面。

图 1.5 系统变量赋值

 注意: 如果在设置为非中文语言后需要恢复到中文,可直接在图 1.3 所示的环境变量窗口中选中 LANG 变量,然后单击"删除"按钮即可。

如果 LANG 变量对其他软件的界面语言有影响,也可以通过批处理文件来单独实现设置 EAGLE 界面语言的功能。步骤如下:

在任意文本编辑器中输入:

```
Set LANG = en_US
Start eagle.exe
```

然后将文件另存为 * . bat,例如 EAGLE.bat。在需要英文版 EAGLE 界面而又不希望影响其他软件界面时,就可以双击运行该批处理文件来启动 EAGLE。

1.4.2 Linux 和 Mac OS X 系统下的语言设置

Linux 和 Mac OS X 系统下需要使用 EXPORT 命令来对 LANG 变量进行设置,或者通过类似于 Windows 系统的批处理文件启动 EAGLE 来选择需要的语言界面。

第 **2** 章

EAGLE 的控制面板

本章主要介绍 EAGLE 的 Control Panel(控制面板)及其配置,Control Panel 可以让用户方便地查看和设置软件环境,通过 Control Panel 菜单栏可以对 EAGLE 进行一些常规操作和设置。通过 Control Panel 的树形查看窗口,可以查看元件库、用户脚本等。

2.1　Control Panel 控制面板

双击桌面 EAGLE 图标或在 Windows 的"开始"菜单,选择"所有程序"→EAGLE 命令,即可启动 EAGLE。启动 EAGLE 后,首先打开的是该软件的 Control Panel(控制面板),其界面类似于 Windows 的资源管理器,如图 2.1 所示。窗口上方的菜单栏提供了各种菜单项,下

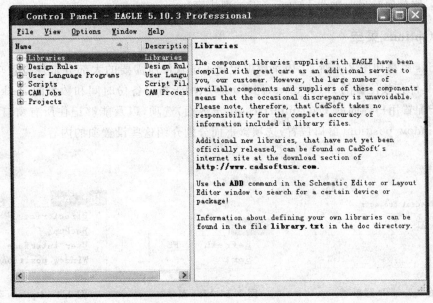

图 2.1　Control Panel 界面

方左边的树形窗口部分列出了常用的 Libraries(元件库)、Design Rules(设计规则)、Projects(设计项目)等内容,右边部分显示相应选项的介绍。本章将逐步介绍 Control Panel 各部分的组成和用途。

2.2　Control Panel 的菜单栏

Control Panel 菜单栏包含 File(文件)、View(查看)、Options(选项)、Window(窗口)、Help(帮助)5 个菜单项,通过这些菜单项可以对 EAGLE 进行某些常规操作和设置。

2.2.1　File 菜单

File 菜单如图 2.2 所示,该菜单项用于对 Project(项目)、Schematic(原理图)、Board(PCB设计)等文件的新建和打开操作,并且可以通过 Save all 选项一次性保存原理图编辑器、PCB编辑器、元件库编辑器中的文件以及在软件中所做的任何修改。选择 Exit 命令或者按 Alt+X 组合键即可以退出软件。

2.2.2　View 菜单

View 菜单如图 2.3 所示,其中 Refresh 命令用于刷新 Control Panel 的树形查看窗口中的内容,Sort 选项下可以选择两种不同的方式来对树形窗口中的内容进行排序,一种方式为 by name(以名称排序),另一种为 by type(以类型排序)。

2.2.3　Options 菜单

Options 菜单如图 2.4 所示,该菜单项包含了该软件所需要的大部分常规设置功能,比如用于设置文件存放位置的 Directories(路径)选项、用于指定备份时间和数量的 Backup(备份)选项、用于配置用户界面的 User interface(用户界面)选项,以及能够记住所有窗口在桌面上位置的 Window position(窗口位置)选项。下面分别介绍这些设置项的内容。

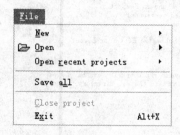

图 2.2　File 菜单

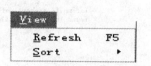

图 2.3　View 菜单

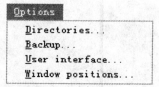

图 2.4　Options 菜单

1. Directories 命令

在 Directories 对话框中可以对软件中各种文件的默认保存路径进行设置,比如 Libraries(元件库)、Design Rules(设计规则)、User Language Programs(用户语言程序)等文件,如图 2.5 所示。EAGLE 通常已经定义了默认路径,比如 $EAGLEDIR\lbr,如果需要自行添加更多的默认保存路径,可以单击 Browse... 按钮来指定。

参数 $EAGLEDIR 和 $HOME 代表不同的意义:

● $EAGLEDIR:表示 EAGLE 的安装目录,如果 EAGLE 安装在 D:\EAGLE 目录下,则 $EAGLEDIR\lbr 表示元件库的路径为 D:\EAGLE\lbr。

● $HOME:如果在操作系统的环境变量中设置了 HOME 变量,则该参数指向 HOME 变量所定义的路径。如果没有在操作系统的环境变量中设置 HOME 变量,则该参数指向的路径由操作系统注册表中的字符串决定,字符串位置如下:HKEY_CURRENT _USER\Software\Microsoft\Windows\CurrentVersion\Explorer\Shell Folders\Personal,字符串 Personal 的值即为 $HOME 变量代表的路径,在 Windows 系统中一般情况下指向我的文档文件夹。

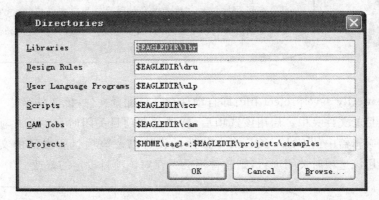

图 2.5　Directories 对话框

注意:该设置窗口中的路径为软件默认路径,在没有特殊要求的情况下,一般在安装后不建议进行任何修改,以免造成软件无法找到相关文件的情况出现。

2. Backup 命令

Backup 命令主要用于各种文件的备份设置,如图 2.6 所示。

● Maxim backup level:即最大备份级数,表示备份文件的最大保存数量,支持保存 0~9 个备份文件,默认为 9 个。在单击编辑器保存按钮后,系统自动把修改前的文件保存为备份文件,原理图的备份文件扩展名为 *.c#1、*.c#2、*.c#3 等,PCB 设计的备

份文件扩展名为 ∗.b♯1、∗.b♯2、∗.b♯3 等，每次单击保存按钮都会增加一个备份文件，它们都保存在相应项目的文件夹中。

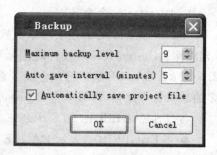

图 2.6　**Backup** 对话框

- Auto Save interval(minutes)：即自动保存间隔，表示 EAGLE 对修改过的绘图自动保存文件的时间间隔，以防断电等突发情况而丢失数据，默认为间隔为 5 min，可选择 off 命令来关闭该功能。原理图自动保存的文件名称为 ∗.c♯♯，PCB 设计自动保存的文件名称为 ∗.b♯♯，它们都保存在相应项目的文件夹中。

注意：前者（Maxim backup level）所保存的是修改之前的文件，而后者（Auto Save interval）保存的是修改之后的文件。当单击保存按钮时，后者内容被保存在当前文件中，∗.c♯♯或∗.b♯♯文件会消失，∗.c♯1 或∗.b♯1 文件出现（保存修改之前的内容）。

- Automatically save project file：即自动保存项目配置文件，该文件名称为 ∗.epf，位于相应项目的文件夹中。启用该选项后，软件会在项目关闭时自动保存项目的设定，比如通过编辑器中的 CHANGE 命令修改的设置以及该项目所激活的文件库等设置。在不启用该选项时关闭项目，则软件不会保存对该项目设定的修改。

注意：如果要让 EAGLE 每次启动时默认关闭 Automaticall save project file 项，则不仅需要在图 2.5 中取消该项的选中状态，并且还需要在 Control Panel 的菜单栏中选择 File → Save all 命令，这样在下次启动 EAGLE 时自动保存项目文件会默认处于禁用状态。但再次选中该功能后，不需要 Save all 即可成为默认开启状态。另外，尽管该功能可以自动保存某些设置，但在关闭编辑器或退出 EAGLE 时，如果看到提示保存的窗口，也应该选择保存，以保证所有修改生效。

3. User interface 命令

通过 User interface 对话框可以对 Schematic、Board 和 Library 编辑器对话框中进行配

置，如图 2.7 所示。

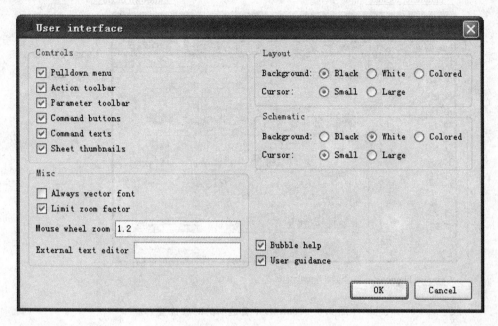

图 2.7　User Interface 对话框

　　User interface 配置对话框主要包含 Controls（控制）、Layout（PCB 编辑器）、Schematic（原理图编辑器）、Misc（杂项）以及 Bubble help（弹出气泡提示信息）与 User guidance（用户提示信息）命令，下面将对这些选项逐一进行介绍。

- Controls：控制部分所包含的选项用于决定是否在编辑器窗口上显示相对应的菜单、按钮或其他内容。每一个多选项对应一种内容，如图 2.8 所示。
- Layout：这一部分用于配置 PCB 编辑器的 Background（背景颜色）和 Cursor（鼠标光标）大小，Background 项包含了 Black（黑色）、White（白色）和 Colored（彩色）三种选择，Cursor 项下可以选择 Small（小鼠标指针）和 Large（大鼠标指针），小鼠标指针在编辑器内显示为小十字形状，大鼠标指针则显示为贯穿整个绘图区域的大十字坐标轴的形状。
- Schematic：这一部分的配置项与 Layout 部分类似，区别在于该部分是针对原理图编辑器的设置，而不是 PCB 编辑器。
- Misc：启用杂项下的 Always vector font 表示始终在编辑器内使用矢量字体，矢量字体能够在绘图缩放时保证字体清晰，不会变形。启用 Limit zoom fator 表示对绘图的最大缩放程度进行限制，Mouse wheel zoom 表示鼠标滚轮滚动一格时绘图缩放的倍数，有效值为 $-10 \sim +10$，负值表示反转滚轮滚动时的缩放效果。External text editor 文本

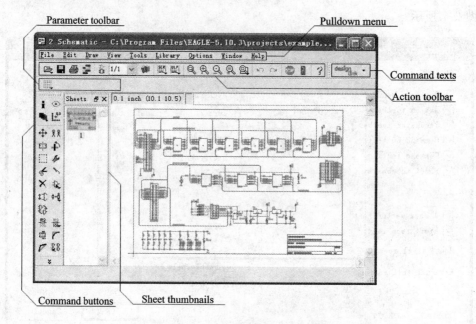

图 2.8　Controls 下各选项的对应位置

框用于指定外部文本编辑器,指定后在 Control Panel 的树形窗口中双击 ULP 或 SCR 文件时,将会用该文本编辑器来打开文件,而不是 EAGLE 自带的文本编辑器。

提示:若输入"C:\Program Files\Notepad++/notepad++.exe" -n%L -c%C"%F"（包括引号和空格）,则指定使用 notepad++作为默认文本编辑器。%F 表示打开被双击的文件,如果不输入该参数,则双击时会打开一个新建的空白记事本。-n 和-c 为 notepad++的行参数和列参数,%L 和%C 为行和列的数值,比如输入-n3 和-c3,则打开文件后鼠标指针自动停留在文本的第 3 行第 3 列的位置。其他编辑器可能参数有所不同,因此输入时需要不同的参数。

- Bubble help:启用该选项后,将鼠标指针放在 Schematic 或其他编辑器中的任意一个按钮上,将会在鼠标指针旁边显示该按钮的名称。
- User guidance:启用该选项后,如果在任意一个编辑器对话框中激活了某个命令,比如 "MOVE(移动)"命令,则在编辑器对话框底部会显示关于下一步操作的提示信息,比如"Left−click to select object to move(左键选择需要移动的对象)"。

4. Window positions 命令

Window positions 命令用于对话框状态的设置,如图 2.9 所示。

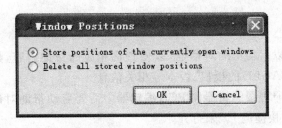

图 2.9 Window positions 对话框

- Store Positions of the currently open windows：选中该选项并单击 OK 按钮，软件会保存此时处于打开状态的每个对话框在桌面上的位置和大小，下次打开相同的对话框时会自动恢复到前一次关闭时的状态。
- Delete all stored window positions：选中该选项并单击 OK 按钮，即可以删除软件所保存的对话框位置信息。下次启动时软件将按照默认的位置和大小来显示窗口。

注意：通过单击 Control Panel 的树形查看对话框中 Projects 分支下项目文件夹右方的圆球，来关闭原理图和 PCB 编辑器窗口时，软件会自动保存对话框位置信息，但无法通过以上选项删除，即此时对话框位置信息不受以上两个选项影响。当直接通过双击 Projects 分支下项目文件夹内的文件来打开、或者通过 Control Panel→ File→ Open 菜单选择除 Projects 选项外的任意项来打开文件时，则需要关闭窗口前通过图中的第一个选项来手动保存窗口位置信息，关闭后可以通过第二个选项来手动删除窗口位置信息。

2.2.4 Window 菜单

Window 菜单列出了当前所有处于打开状态的对话框名称，如图 2.10 所示，表示当前 EAGLE 打开的 3 个对话框，可通过该菜单来切换到需要的对话框。

Window	
⚓ Control Panel - D:\EAGLE5.10.3\projects\examples\hexapod	Alt+0
📋 1 Board - D:\EAGLE5.10.3\projects\examples\hexapod\hexapod.brd	Alt+1
📋 2 Schematic - D:\EAGLE5.10.3\projects\examples\hexapod\hexapod.sch	Alt+2

图 2.10 Window 菜单

2.2.5　Help 菜单

通过 Help 菜单可以启动帮助对话框，以便查询相应的帮助内容，如图 2.11 所示。并且可以在该菜单下查看 EAGLE 的授权、版本等相关信息。

在 Control Panel、原理图编辑器和 PCB 编辑器中需要启动帮助对话框时，也可以直接在键盘上按下系统默认的快捷键 F1 来打开。

- General：单击该选项即可打开帮助对话框，对话框默认显示 General Help 的帮助信息。
- Context：单击该选项即可打开帮助对话框，对话框默认显示 Control Panel 的帮助信息。

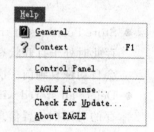

图 2.11　Help 菜单

- Control Panel：与 Context 选项的效果相同。
- EAGLE License：该选项打开的对话框包含 4 个按钮，分别是 Use license file（使用许可文件）、Freemium（使用免费试用码）、Run as freeware（以免费软件运行）和 Cancel（取消）。通过这些按钮可以重新选择 EAGLE 的许可授权方式。
- Check for Update：单击该选项后，软件会自动连接 EAGLE 官方网站检查是否存在最新版本。
- About EAGLE：通过该选项可以查看 EAGLE 的版本和注册信息。

2.3　Control Panel 的树形查看对话框

Control Panel 的树形查看对话框中包含了 Libraries、Design Rules、User Language Programs、Scripts、CAM Jobs 和 Projects 这 6 个分支项，下面将对每个分支项进行详细介绍。

2.3.1　Libraries 树形分支

单击 Libraries 左边的"＋"号就可以展开分支，如图 2.12 所示。Libraries 树形分支下列出了软件中所有可用的元件库名称以及相关描述（包括树形窗口内的 Description 栏和树形窗口右方的详细描述）。窗口底部显示的地址为当前选中的项目在计算机上保存的位置，如图 2.12 中的"C:\Program Files\EAGLE－5.10.3\lbr"。

单击任意一个元件库则可以查看该元件库中包含的所有 Device（元件，例如 4000）和 Package（封装，例如 DIL16），如图 2.13 所示。

选中任意一个元件后，右方窗口内会显示该元件的原理图符号和封装图形，并且列出可能的几种不同封装，如图 2.13 中的"4000D"和"4000N"，单击相应的封装则图形会随之变化。

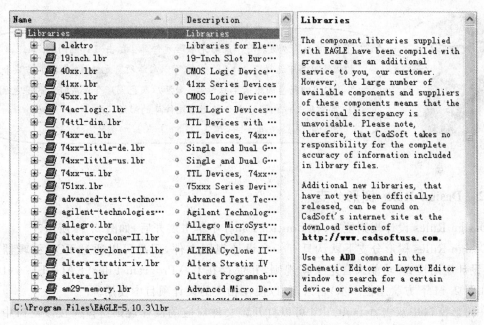

图 2.12　Libraries 树形分支

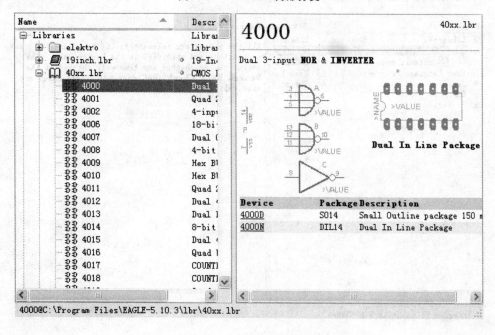

图 2.13　40xx.lbr 元件库

注意：为了方便调用，最好先激活元件库，右击 Libraries，在弹出的快捷菜单中选择 Use all 命令，可以激活所有元件库，或者单击某个元件库右边的灰色圆球来单独激活。激活后灰色圆球会变成较大的绿色圆球，再次单击绿色圆球则会取消该元件库的激活状态。

2.3.2 Design Rules 树形分支

Design Rules 设计规则检查，在 Control Panel 中单击展开后，如图 2.14 所示。

Design Rules 树形分支下默认只有一个设计规则文件，用户可以通过 PCB 编辑器中的 DRC（设计规则检查）功能来自定义新规则，并保存在 C:\Program Files\EAGLE - 5.10.3\dru（如图 2.14 下方状态栏所示）目录下，以便在相应的设计项目中使用。

在树形窗口中双击 default.dru 可以打开该文件对应的设计规则窗口。在该窗口中可以修改各项规则并且单击 OK 按钮即可以保存。

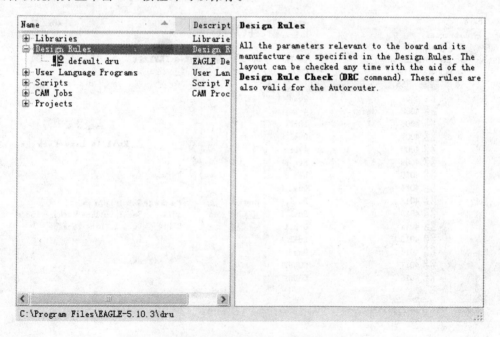

图 2.14 Design Rules 树形分支

2.3.3　User Language Programs 树形分支

该分支下列出了 EAGLE 自带的所有 ULP 程序,如图 2.15 所示,这些程序都保存在安装目录的 ULP 文件夹中。

EAGLE 集成了一种类 C 语言解释器,能够让用户以文本的方式编写类 C 语言程序并保存为 ULP 文件,通过这种程序设计人员可以访问 EAGLE 的内部数据以及来自其他位置(比如网站和远程计算机等)的外部数据。例如,熟悉 C 语言的用户可以自行编写一个文件转换器,将 EAGLE 的数据导出或者将外部数据导入 EAGLE,或者编写一个工具程序来实现特定的功能。关于 ULP 程序的语法将在第 10 章进行介绍,或者在软件的帮助里面查看,单击任意一个 ULP 程序,即可在右窗口中查看该程序的功能描述。

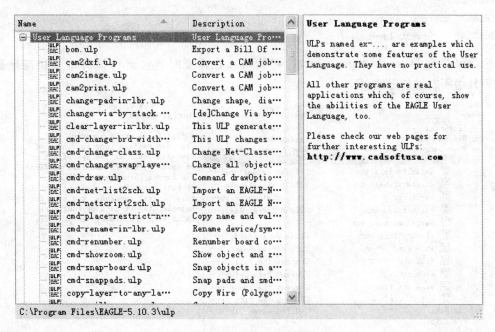

图 2.15　ULP 程序树形分支

 提示:EAGLE 的官方网站上提供了大量的 ULP 程序下载,这些程序大部分由 EAGLE 爱好者自行编写,涵盖了多种多样的功能。

下载地址为 http://www.cadsoftusa.com/download.htm。

2.3.4　Scripts 树形分支

Scripts 即脚本文件,在 Control Panel 中单击展开后,显示结果如图 2.16 所示。脚本文件是由一系列的 EAGLE 命令组成的文本文件,用于实现一连串的简单操作,避免逐条输入命令和参数,能够极大地减少重复工作量。

例如在文本编辑器中输入:

```
DISPLAY = _current_layers_ @;
DISPLAY ALL;
RIPUP;
DISPLAY NONE 19;
GRID INCH;
GROUP (－32 －32) (－32 32) (32 32) (32 －32);
DELETE (＞0 0);
GRID LAST;
DISPLAY_current_layers_;
DISPLAY = _current_layers_;
```

然后保存为 DeleteAllSignal. scr,这样就可以在需要时直接运行该脚本来快捷地删除 PCB 设计中所有的信号线路。

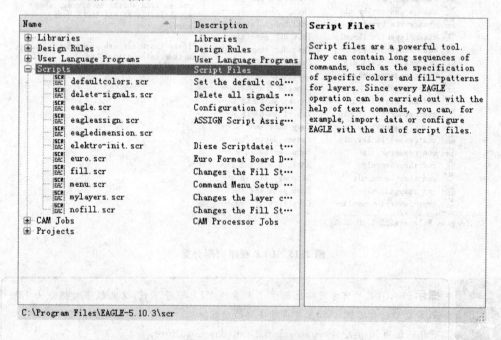

图 2.16　Scripts 树形分支

2.3.5　CAM Jobs 树形分支

CAM 处理程序可以产生用于制造电路板的文件,以便让 PCB 生产商按照设计者的要求来制作电路板,在 Control Panel 中单击展开后,显示结果如图 2.17 所示。CAM Jobs 树形分支下是 EAGLE 自带的几个 CAM 程序实例,单击选中任意实例后,可以在右边窗口查看该实例的描述。双击任意实例可以打开相应的配置窗口,设计人员可以在其中对输出数据进行配置。

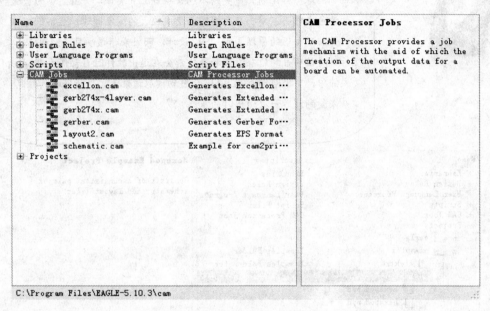

图 2.17　CAM Jobs 树形分支

2.3.6　Projects 树形分支

Projects 树形分支下列出了 EAGLE 软件保存的所有设计项目实例,如图 2.18 所示。单击项目右方的灰色圆球形标记,或者双击项目文件夹下的文件,就可以在相应的编辑器中打开文件,这时灰色圆球变成较大的绿色圆球,再次单击绿色圆球则会关闭该项目下的文件。

Projects 树形分支下的 eagle 文件夹路径为 $HOME\eagle,其中 $HOME 为 Windows 系统变量。而 examples 文件夹路径为 $EAGLEDIR\projects\examples,其中 $EAGLEDIR 代表 EAGLE 的安装目录。根据 $HOME 和 $EAGLEDIR 指向的路径就可以在硬盘中找到项目保存的实际位置。

注意：项目文件夹右方的圆球形标记表示该项目文件夹下包含了项目配置文件 *.epf（项目配置文件），这时该文件夹显示为红色。未带有圆球形标记的文件夹则不包含项目配置文件，并且显示为普通的黄色文件夹。单击灰色圆球会变成较大的绿色圆球，这不仅可以打开该项目下的原理图和 PCB 设计，而且表示该项目已经激活，之后针对该项目的所有设置和操作都会在退出软件时自动保存到 *.epf 文件中。下次启动时 EAGLE 会自动读取该配置文件所保存的信息，并恢复到最后一次退出时的状态。

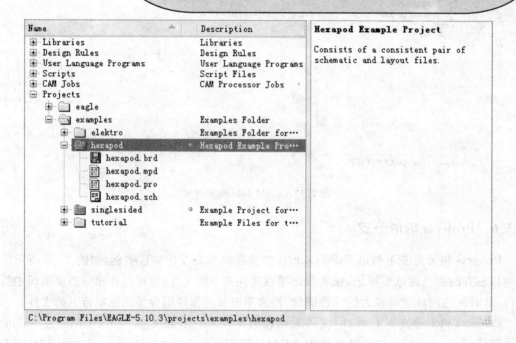

图 2.18　Projects 树形分支

第**3**章

EAGLE 的使用规则

本章主要介绍 EAGLE 软件中命令的不同执行方式，EAGLE 命令的语法格式，并介绍项目配置文件和用户配置文件。用户可以根据自己掌握的熟练程度选择不同的命令执行方式，以尽可能地提高软件的运用效率。

3.1 EAGLE 的命令执行方式

EAGLE 提供了多种命令执行方式，包括：

- 通过编辑器菜单执行；
- 通过命令输入框执行；
- 通过编辑器的按钮执行；
- 通过同时采用按钮和命令行输入的混合方式执行；
- 通过右击鼠标弹出菜单执行；
- 通过功能热键执行；
- 通过脚本文件执行；
- 通过户语言程序执行。

这些执行方式都可以在 EAGLE 的原理图、PCB 和元件库编辑器中实现，以原理图编辑器为例，界面如图 3.1 所示。

多种命令执行方式有利于适应具有不同熟练程度的 EAGLE 使用者。在熟悉 EAGLE 的命令语法后，则可以不再依赖大部分的菜单和按钮，而是直接在命令框中输入命令简写或者通过自定义的快捷键来运行，甚至能够自行编写批处理程序（脚本文件）和类 C 语言程序（ULP 用户语言程序），来快速实现一系列的复杂操作以及 EAGLE 的某些新功能。

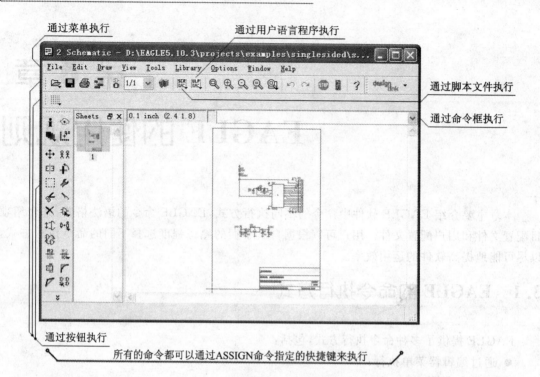

通过菜单执行

通过用户语言程序执行

通过脚本文件执行

通过命令框执行

通过按钮执行

所有的命令都可以通过ASSIGN命令指定的快捷键来执行

图 3.1　命令执行方式示意图

窍门: 在 EAGLE 命令框中执行过的命令可以通过上下方向键来重新调用,这些命令在关闭软件前都会保存在历史记录中,以避免重复输入相同或相似的命令。

3.2　EAGLE 的命令语法解读

　　通过命令行输入的方式来执行命令能够快捷、准确地实现各种操作和配置,并且对于高级用户来说,将 EAGLE 的一系列命令行集合组成脚本文件,或者采用类 C 语言的 ULP 用户语言程序,可以实现比单一命令行更复杂的操作以及各种额外的功能。

　　本节将着重介绍 EAGLE 的命令行输入语法。熟悉本节的内容能够让初学者对 EAGLE 的命令输入规则有一个大致的了解,更重要的是让初学者在需要查阅软件的 Help 界面时(通过菜单工具栏的 Help 命令打开),能够清晰快速地理解帮助界面中的各种命令,以及后面附带的参数输入规则和各种符号的意义,为以后得心应手地使用软件打下坚实的基础。

注意：EAGLE 的 Help 对话框提供了所有命令、参数和选项的参考内容，养成经常查阅 Help 界面的习惯，对于深入掌握软件的应用方法和技巧具有很大的帮助作用。

3.2.1　命令结尾的分号

分号一般用于脚本文件中每条命令的结尾处，用于终止该条命令以及与下一条命令隔开，并且让软件知道命令行后面不再需要其他参数。在命令框中一般不需要输入分号，直接回车运行命令即可。

通过双击，打开 Control Panel 树形查看窗口 Scripts 分支下的脚本文件，就可以查看分号在脚本文件中的应用实例。

3.2.2　大小写与下画线

EAGLE 命令不区分大小写，比如 GRID 与 grid 两种输入方式都可以运行命令。

下画线在 EAGLE 命令中用于表示该词组是命令行中的常数，在实际输入命令时需要直接输入词组。例如修改层颜色的命令语法如下：

```
SET COLOR_LAYER layer color
```

该命令用于修改指定层的颜色，其中 COLOR_LAYER 为常数，在执行时需要直接输入。layer 和 color 是变量，分别代表需要指定的层名称或编号以及需要指定的颜色名称或编号。以下是 PCB 编辑器中的实例：

```
SET COLOR_LAYER top red      ;第一种设置方式
SET COLOR_LAYER 1 4          ;第二种设置方式
```

执行命令后，Top（顶层）即第一层的颜色将会修改为红色（蓝色在 PCB 编辑器中的编号为 1，红色在 PCB 编辑器中的编号为 4）。

关于其他带下画线的常数，请在 Help 对话框中搜索"_"符号。

3.2.3　命令的简写

EAGLE 中有些命令比较长，这时可以只输入其中一部分字符就能够被 EAGLE 识别，但需要保证所输入的简单字符不会发生歧义。

例如输入：

```
DI
```

按 Enter 键后软件将自动将其识别为 DISPLAY 命令，并弹出 Display 设置对话框。

3.2.4　二选一参数

在某个命令支持多个可选参数的情况下，Help 对话框中解释该命令参数的用法时采用"|"符号来隔开多个参数，比如 Help 对话框对 SET 命令进行解释时，其中可以看到 SET BEEP ON | OFF 的命令行语法，表示该命令后可输入 ON 或者 OFF 来启用或关闭声音提示功能，实际输入时不需要该符号。

实际输入时的命令如下：

```
SET BEEP ON      ;启用声音提示功能
SET BEET OFF     ;关闭声音提示功能
```

3.2.5　鼠标单击符号

EAGLE 的 Help 对话框用"·"符号来表示单击鼠标左键，比如解释 MOVE 命令的使用时：

```
MOVE · ·
```

表示执行 MOVE 命令后可以通过单击鼠标左键选择元件，然后在需要的位置再次单击左键来将元件移动到新位置。输入命令时不需要输入该符号。

3.2.6　重复符号

EAGLE 在 Help 对话框中用".."来表示该符号前面的参数可以一次输入多个，或者该命令可以多次执行。

比如在解释 DISPLAY 命令语法时，规则如下：

```
DISPLAY [OPTIONS] LAYER_NAME..
```

OPTIONS 是可选项，包括 ALL、NONE、LAST 等。最后的".."符号表示可以输入多个层的名称，例如实际输入：

```
DISPLAY NONE BOTTOM TOP PINS
```

按 Enter 键后软件将只显示 Top 层、Bottom 层和 Pins 层，并隐藏其他的层。

再比如 MOVE 命令在 Help 对话框中的操作方法表示如下：

```
MOVE · ·
```

说明运行 MOVE 命令后，通过单击鼠标左键可以重复执行移动对象的功能。

3.2.7　坐标的输入方法

1. 绝对坐标的输入

EAGLE 中的绝对坐标是指编辑器中以原点为基准的坐标值,即某一点与原点的 X 和 Y 坐标,轴之间的栅格数。

比如实际输入命令如下:

```
WIRE (0.6 - 0.6) (1.6 - 0.6)
```

按 Enter 键,后将在编辑器中(0.6 -0.6)与(1.6 -0.6)两点之间绘制一条线段。

2. 相对坐标的输入

相对坐标是指相对于指定参考点的坐标值,坐标语法为(R x y)。比如以下命令:

```
GRID MM 0.5
MARK (20 10)
VIA (R 5 12.5)
MARK
```

这些命令的作用是首先将栅格设置为 0.5 mm,然后用 MARK 命令在相对于原点的(20 10)坐标点上放置一个参考点,接下来该参考点的 X 轴上 5 mm,Y 轴上 12.5 mm 处放置一个过孔,最后删除该参考点。

3. 极坐标的输入

极坐标的语法为(P radius angle),即通过指定半径和角度来确定某一点的位置。极坐标主要用于在圆周上放置元件、过孔或焊盘,例如命令如下:

```
GRID MM 0.5
MARK (20 10)
CIRCLE (R 0 0) (R 40 0)
VIA (P 40 0)
VIA (P 40 120)
VIA (P 40 240)
```

这些命令的作用是首先将栅格设置为 0.5 mm,然后用 MARK 命令在相对于原点的(20 10)坐标点上放置一个参考点,接下来以参考点为圆心,绘制一个半径为 40 mm 的圆周,然后在圆周上分别在 0°、120°和 240°的点放置过孔。

注意:如果没有使用 MARK 命令来制定参考点,软件将自动以默认的原点为参考点,即绘图中默认的(0 0)坐标点。

3.2.8 特殊字符

EAGLE 命令中还可以单独或同时使用一些特殊字符,以表示执行命令时按住其对应按键不放,或者表示指定坐标的类别。它们分别如下:

- A:代表 Alt 键,用于选择备用栅格,例如命令 GRID A 0.01 表示将备用栅格尺寸修改为 0.01。
- C:代表 Ctrl 键或 Mac OS X 系统下的 Cmd 键。
- S:代表 Shift 键。
- R:代表相对坐。
- P:代表极坐标。
- >:代表右击。主要用于对包含多个元件的元件组进行操作。例如用 GROUP ALL 命令选择所有元件后,再执行命令 MOVE (> 0 0) (10 0),整个元件组将在 X 轴上向右移动 10 个单位的距离。

3.3 EAGLE 原理图与 PCB 编辑器的正反向标注

在同时打开原理图和对应的 PCB 文件的情况下,EAGLE 可以通过正反向标注功能保持逻辑上的一致性。例如,当设计者在原理图中放置了一个新的元件,则在对应的 PCB 设计中电路板外框边缘会出现与该元件对应的封装;当在原理图中放置了一条新网络,则在 PCB 设计中会出现相应的信号线路,通常以鼠线(鼠线是指电路板上还没有进行布线的电气连接,这些连接以笔直的细线形式表示)的形式来表示。

注意:正反向标注功能只有在原理图和对应的 PCB 设计都打开的情况下才能生效,并且此时添加元件或网络等操作只能在原理图编辑器中进行,PCB 编辑器中不允许这种操作,否则会弹出警告提示信息。但重命名元件和修改元件的属性值在两种编辑器中都可以进行。

如果只打开了原理图或 PCB 图,并且添加了元件、网络或信号等具有电气属性的元素,第二次同时打开 PCB 图和原理图时,软件会自动运行 ERC(电气规则检查)来验证两个文件的一致性。当发现不一致的情况时,软件会弹出错误提示对话框,如图 3.2 所示。这时需要在原理图编辑器中执行 ERC 命令来检查不一致的地方并进行修改。

关于 EAGLE 原理图与 PCB 编辑器的正反向标注的更多信息,请参考 4.3.5 节的 Board 按钮内容。

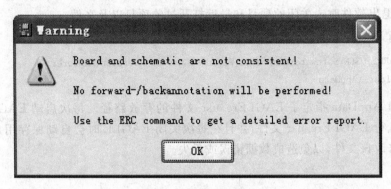

图 3.2　ERC 警告对话框

3.4　项目配置文件

在新建项目时,EAGLE 会为项目分配一个名为 eagle. epf 的配置文件,保存在新建的项目文件夹下,EAGLE 为新建项目定义了两个默认路径:$ EAGLEDIR 和 $ HOME。

该配置文件保存了其所在项目的大部分重要信息,包括该项目中原理图和 PCB 设计的线宽、孔径、尺寸等信息,以及该项目所使用的元件库信息和编辑器窗口关闭前的位置信息,并且可以通过文本编辑器打开查看其中的内容。如果需要在另一个新项目中采用相同的数据信息,可以直接将前一个项目所在文件夹下的 eagle. epf 文件复制到新项目中覆盖同名文件,这样就可以省时省力地应用以前已有的项目设置了。

 注意:EAGLE 会自动将项目的设置信息保存在相应的项目配置文件中,因此不建议手动修改该文件,以免造成数据错误或丢失。

3.5　用户配置文件

用户配置文件与项目配置文件不同,它保存的信息是针对整个软件环境,而并非某个特定的项目。该文件在 Windows 下的名称为 EAGLErc. usr,在 Linux 和 Max 系统下为 EAGLErc。其中包含了:

● SET 命令设置的所有数据;

- ASSIGN 命令分配的所有快捷键；
- 选择 Options→User Interface 命令打开的对话框中的所有用户界面设置；
- 上次退出软件时未关闭的项目和最近打开过的项目以及文件。

用户配置文件的保存路径通常由 Windows 注册表决定,注册表项如下：

```
HKEY_CURRENT_USER\Software\Microsoft\Windows\Current-Version\Explorer
\Shell Folders\AppData
```

字符串值 AppData 指定了 EAGLErc. usr 文件的存放路径。每次启动 EAGLE 时,软件都会查找并执行 EAGLErc. usr 文件,并且在每次关闭 EAGLE 时会自动保存用户设置,因此不建议手动修改该文件,以免造成数据错误或丢失。

第 4 章

原理图编辑器

本章主要对 EAGLE 原理图编辑器中的各种菜单栏、操作按钮和命令按钮进行详细的介绍。在原理图的设计过程中,需要对各种工具和按钮灵活运用,才能达到设计的规范和美观,并提高设计效率。

4.1 原理图编辑器主界面

通过在 Control Panel 中单击 File→New→Schematic 新建一个原理图,或者打开树形查看窗口中的 Projects 分支,双击该分支下的项目中的原理图,来打开原理图编辑器,如图 4.1 所示。

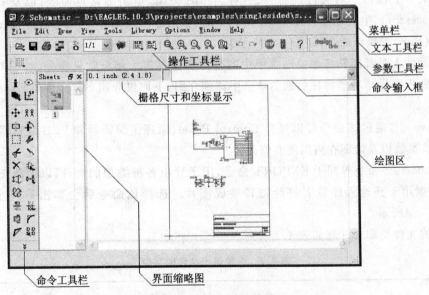

图 4.1 原理图编辑器

原理图编辑器的上方三行依次为菜单栏、操作工具栏及文本工具栏、参数工具栏,下方三列依次为命令工具栏、页面缩略图,以及栅格尺寸与坐标显示、命令输入框、绘图区。下面将依次介绍各部分所包含的内容。

4.2 菜单栏

EAGLE 原理图编辑器的菜单栏由 File、Edit、Draw、View、Tools、Library、Options、Window 和 Help 菜单组成,这些菜单中包括了绘制原理图的所有命令和设置命令,如图 4.2 所示。

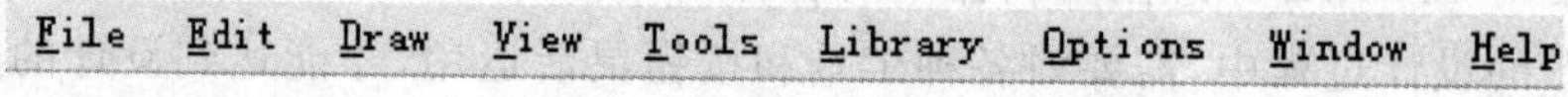

File   Edit   Draw   View   Tools   Library   Options   Window   Help

图 4.2　EAGLE 原理图编辑器的菜单栏

本节将简略地介绍菜单栏中每个菜单的命令,其中大部分命令与操作工具栏、参数工具栏及命令工具栏中的按钮功能完全相同,因此仅重点介绍没有包含在这些工具栏中的命令,其他命令可参考相应工具栏的章节。

4.2.1　File 菜单

File 菜单中包括了对文件的打开、保存、打印、关闭、退出等常见命令,以及 CAM 程序(CAM processor)、生成电路板(Switch to board)、数据导出(Export)、脚本程序(Script)、用户语言程序(Run)等操作命令,如图 4.3 所示。

通常设计人员都能熟练地使用菜单中的打开和保存等大部分常见命令,对于 CAM 程序和生成电路板等操作功能将在后面的章节中详细介绍,下面仅介绍 Save all 和 Export 这两个命令:

- Save all:通过该命令可以保存 Control Panel、原理图编辑器和 PCB 编辑器中包括设置、参数以及绘图在内的所有修改。
- Export:该命令等同于 EXPORT 命令,用于导出各种类型的文件,以便将 EAGLE 的数据用于其他程序或者将绘图转换成图片。选择该命令后会弹出另一个菜单,如图 4.4 所示。

导出的文件类型和注释如表 4.1 所列。

表 4.1　各种导出文件的类型

文件类型	注　释
Script	即导出保存为脚本文件 *.scr,该文件类型只能在元件库编辑器中才能导出,导出的文件包含了当前打开的元件库内所有原理图符号和封装的信息,在需要的时候可以在新建元件库窗口中用 SCR 命令导入

文件类型	注　释
Directory	即导出目录,指的是将元件库编辑器中当前打开的库所包含的所有元件信息导出成为一个文件
Netlist	即导出网络表,指的是将原理图或 PCB 设计中的网络连接信息导出成为网络表文件,只有与元件连接的网络才能被导出
Partlist	即导出元件列表,指的是将原理图或 PCB 设计中的元件导出成为一个列表文件,只有带有引脚或焊盘的元件才能被导出
Pinlist	即导出引脚列表,指的是将将原理图或 PCB 设计中的引脚和焊盘导出成为一个列表文件,该文件包含了引脚方向和连接到引脚的网络的名称等信息
Netscript	即导出网络脚本,指的是将原理图中的网络导出成为一个脚本文件,该文件可用于保存原理图当前的网络信息,以便在需要时从 PCB 编辑器中运行 SCR 命令导入该文件,使 PCB 设计与原理图具有相同的网络连接
Image	即导出图片,指的是将原理图、PCB 设计或者元件库的绘图导出成为图片文件,选择 Image 后弹出窗口如图 4.5 所示

图 4.3　原理图编辑器 File 菜单 　　　**图 4.4　选择 Export 命令弹出菜单**

图 4.5 中各对话框的含义如下:

- File:输入文件名,单击 Browse 按钮选择保存路径和格式。
- Clipboard:启用后,图片自动复制到剪贴板。
- Monochrome:启用后,导出为黑白图片。
- Resolution:定义图片分辨率,单位为 dpi(每英寸点数)。
- Image Size:表示在选定分辨率后,图片相应的尺寸,单位为 pixel(像素)。该项无法手

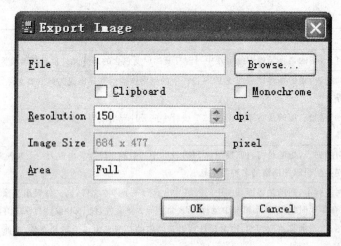

图 4.5 导出图片设置

动修改,而是根据上方分辨率而变化。

4.2.2 Edit 菜单

Edit 菜单包括了编辑绘图的大部分命令,以及 Global attribute 和 Net classes 两个命令,如图 4.6 所示。

● Global attribute:即全局属性。该属性是针对当前绘图的专用属性,不影响其他绘图。选择该命令后弹出的设置对话框中可以输入属性名称和属性值,例如在 Name 文本框中输入属性名称"Designer",在 Value 文本框中输入设计者名字"Designer:Jack",确定后该绘图中所有的>Designer 文本变量都会显示为 Designer:Jack。因此设置全局属性的主要用途是在元件库编辑器中绘制电路板外框(可在元件库编辑器中打开 Frame 元件库进行参考)时,可以在外框的标注信息区域添加与属性名称相应的文本变量,这样当在设置了相同全局属性名称的原理图或 PCB 编辑器中调用该外框时,外框的标注信息区域内相应的文本变量就会自动变成全局属性所设置的值,例如>Designer 文本变量就会显示为 Designer:Jack。

 提示:全局属性除了可以通过 Edit→Global attribute 菜单项进入外,还可以通过命令 ATTRIBUTE * 来进入设置窗口,其中通配符 * 表示该属性针对整个绘图文件。

● Net classes:即网络簇。网络簇是指信号线路所遵循的一组规则,其中包括线宽、钻孔直径,以及线路之间的最小间距。选择该命令或者在原理图编辑器中运行 CLASS 命令后打开设置对话框,如图 4.7 所示。

在图 4.7 所示对话框中可以设置 8 条网络簇规则,其中 0 号为默认网络簇。可以在余下的 1～7 号网络簇中的 Name 栏输入规则名称来激活后面的输入框,然后再对各项进行具体的设置。单击对话框右下角的箭头按钮,可以进入网络簇间距阵列设置对话框,如图 4.8 所示。

图 4.7 中的 Clearance 项与图 4.8 中的 Clearance Matrix 项不同,图 4.7 中的 Clearance 项表示相同网络簇的信号线路之间的最小间距,而图 4.8 中的 Clearance Matrix 列可以定义不同网络簇的信号线路之间的最小间距。例如图 4.8 中文字标出了定义网络簇 0 和 1,2 和 3,以及 2 和 7 之间相互间距的输入框的位置。通过阵列的纵向和横向编号的交叉点,可以找到其余不同网络簇之间的间距输入框。

网络簇主要用于 Autorouter 自动布线时,布线器能够通过分辨每条信号线路所归属的网络簇设置来进行更高效快捷地布线。同时网络簇也会对手动布线产生影响(前提在编辑器 Option/Set/Misc 标签下启用了 Automatically set width and drill for manual routing 选项),软件会自动根据当前正在布线的信号在原理图中的网络簇分配来选取线宽、钻孔直径等数值,因此推荐在原理图中绘制每条网络时都同时分配相应的网络簇,以免后期再进行分配造成时间的浪费。

图 4.6　Edit 菜单

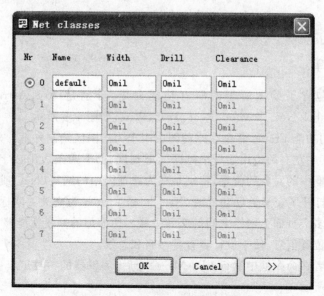

图 4.7　Net classes 设置对话框

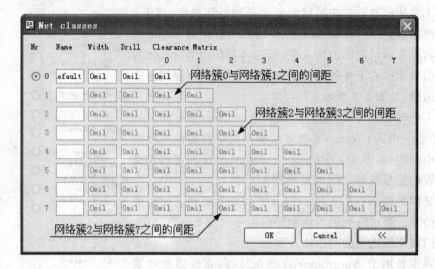

图 4.8   网络簇间距阵列设置对话框

技巧：电路图中的差分信号（比如 USB 的 DM 和 DP，HDMI 的差分数据和时钟）、数据和地址总线（比如 Flash，DDRAM，ADC/DAC）等具有特定相似属性的多个信号可以包含在一个网络簇中，便于更高效、简捷地布线以及后续的 ERC 检查。

4.2.3   Draw 菜单

Draw 菜单下包含了绘图所需的所有功能命令，分别是 Arc、Attribute、Bus、Circle、Frame、Junction、Label、Net、Ploygon、Rect、Text、Wire，如图 4.9 所示。

Draw 菜单中的功能 Frame 命令在原理图中用于为绘图区绘制外框。外框 4 个边可以被等分为多个刻度，其中左右两边用字母来顺序标记刻度，上下两条边用数字来顺序标记刻度，这样就能够确定外框中的对象的位置，特别是在为原理图中的网络（Net）或者总线（Bus）添加标签（Label），并且打开了交叉关联功能时（Xref label format 为交叉关联标签格式，Xref 用于启用或关闭原理图多个页面上网络之间的交叉关联），所添加的标签就能够显示另一个页面中同名网络的标签的位置信息，便于设计者查看网络和总线。

单击该命令或者在命令框中运行 FRAME 命令后，编辑器的参数工具栏就会显示相应的设置项，如图 4.10 所示。

FRAME命令的参数工具栏包含层选择下拉菜单、Columns 下拉菜单、Rows 下拉菜单，以及上下左右 4 个边的刻度按钮。

● 层选择下拉菜单：该下拉菜单用于选择放置外框的层，通常选择 Symbols 层。

● Columns 下拉菜单：该下拉菜单用于定义外框上下两个边的刻度数量。

● Rows 下拉菜单：该下拉菜单用于定义外框左右两个边的刻度数量。

● 4 个刻度按钮：这 4 个按钮分别用于启用或禁用 4 个边上的刻度。

设置好参数后，在绘图区按住鼠标左键并移动鼠标指针到适当的位置，再次单击就能够完成一个外框的绘制。如果需要外框的右下角包含作者和日期等信息，可以通过 ADD 命令从软件自带的 frames.lbr 库文件中调用（前提是该元件库已经激活）、或者在元件库编辑器中自定义一个外框的 Symbol。

图 4.9　Draw 菜单

图 4.10　FRAME 命令的参数工具栏

4.2.4　View 菜单

View 菜单下的选项用于设置绘图的不同显示效果，包括了 Grid、Display/hide layer、Mark、Show、Info、Redraw、Zoom to fit、Zoom in、Zoom out、Zoom select 选项，如图 4.11 所示。

4.2.5　Tools 菜单

Tools 菜单包括 Erc 和 Errors 两个命令，即电气规则检查和错误显示命令，如图 4.12 所示。

4.2.6　Library 菜单

Library 菜单用于针对元件库的 Use（激活）、Open（打开）、Update（更新）和 Update all（全部更新）等操作命令，如图 4.13 所示，各命令作用如下：

● Use：该命令用于激活需要使用的元件库。

● Open：该命令用于在元件库编辑器中打开某个库文件以便进行编辑，也可以在原理图编辑器的命令框

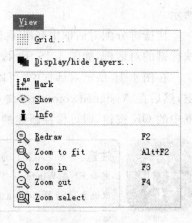

图 4.11　View 菜单

中输入 OPEN 命令来打开库文件。关于该命令的更多信息,请在编辑器 Help 菜单下 General 选项的窗口中搜索关键字 OPEN。

● Update:该命令用于更新绘图中的某个元件。当从某个元件库中调用了一个元件并放置到绘图中后,如果又在元件库编辑器中对该元件进行了修改和保存,则可以在选择该命令弹出的更新元件库选择对话框中选择修改过的元件库,从而使绘图中的元件更新为修改后的元件。该命令等同于 UPDATE 命令,关于该命令的更多信息,请在编辑器 Help 菜单下 General 命令的对话框中搜索关键字 UPDATE。

● Update all:该命令用于更新绘图中的所有元件,以便使这些元件与元件库中的元件保持一致。

4.2.7　Options 菜单

Options 菜单下包含了 Assign(分配快捷键)、Set(设置)和 User interface(用户界面)命令,如图 4.14 所示。

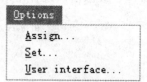

图 4.12　Tools 菜单　　　　图 4.13　Library 菜单　　　　图 4.14　Options 菜单

1. Assign

该命令用于为 EAGLE 的各种命令分配快捷键。Options→Assign 命令等同于命令 ASSIGN。选择该命令或者在编辑器命令框中运行 ASSIGN 命令会弹出分配对话框,如图 4.15 所示。

快捷键分配对话框中列出了 EAGLE 的默认快捷键定义项,单击 New 按钮可以打开新建快捷键的对话框,如图 4.16 所示。

在图 4.16 所示对话框中,可以通过 Key 下拉菜单和 Modifier 多选项来为命令分配组合键,然后在 Assigned command 文本框中输入快捷键对应的命令,最后依次单击以上两个对话框中的 OK 按钮,即可保存新建的快捷键设置。

注意: 在为 EAGLE 命令分配快捷键时,请尽量避免与 Windows 默认的快捷键冲突,例如 F1 在 Windows 下为默认启动帮助菜单,此时可在 Modifier 多选项中加上 Ctrl 键,以避免改动 Windows 默认设置。

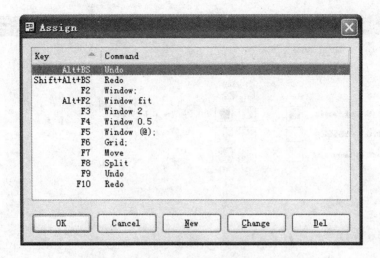

图 4.15　ASSIGN 命令的快捷键分配对话框

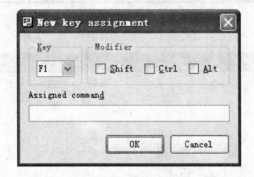

图 4.16　新建快捷键对话框

关于该命令的更多信息,请在编辑器 Help 菜单下 General 选项的窗口中搜索关键字 AS-SIGN。

2. Set

该菜单项用于设置编辑器中使用的各种颜色方案、DRC 设计规则用于标记错误多边形的图案,以及钻孔规格和杂项。Options→Set 命令等同于命令 SET。选择该命令,或者在命令框中运行命令 SET 后,将会打开设置对话框,如图 4.17 所示。

SET 命令的弹出对话框包含 Colors、DRC、Drill、Misc 这 4 个选项卡,下面将针对每个选项卡的内容进行了介绍。运行 SET 命令后弹出的对话框默认首先显示 Colors 选项卡,如图 4.18 所示。

该选项卡下包含了编辑器中的背景颜色和栅格线条颜色的设置按钮。Black background、White background 和 Colored background 三种背景色都采用 Palette(调色板)中编号

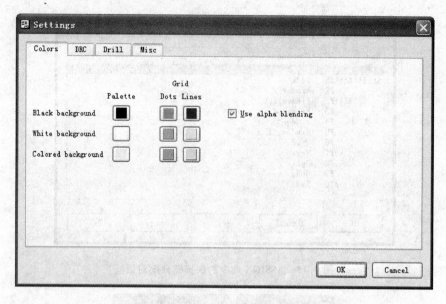

图 4.17　SET 命令弹出的设置对话框

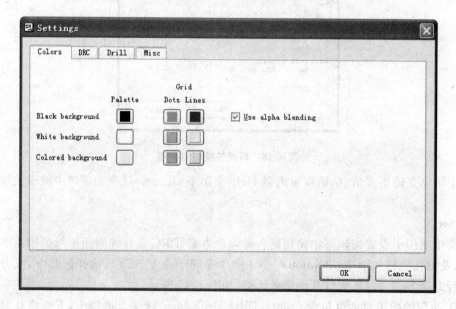

图 4.18　Colors 选项卡

为 0 的颜色,因此可以修改调色板中的 0 号颜色来修改编辑器的背景色,但由于打印时需要采用白色背景,因此软件不允许将白色背景定义成其他颜色。栅格颜色可以使用调色板中的任何颜色,如果调色板已有的颜色中找不到需要的颜色,也可以通过 Palette 项下的按钮自行定义一个新颜色,然后在 Grid 项下选择该颜色即可。

　　Use alpha blending 命令用于选择是否为颜色启用 alpha 混色功能,启用后调色板中颜色将根据各自的 alpha 值来显示与背景色混色后的颜色。alpha 的值由 0~255 的十进制数(定义栅格颜色的界面中)或两位十六进制数(命令行中)表示,用于改变颜色的透明度。例如 0 或者 0x00 表示颜色完全透明,255 或者 0xFF 表示颜色完全不透明。通过命令行定义颜色和 alpha 混色的命令语法为 SET PALETTE index argb,其中 PALETTE 为常量,index 为 0 到 63 之间的变量,表示颜色编号;argb 为 8 位十六进制数,包含 alpha、red、green 和 blue 的信息,例如 0xFFFFFF00(不透明的淡黄色),每种颜色信息由两位十六进制数表示。

　　以下是 Black background 背景色设置实例,首先单击 Palette(调色板)按钮,弹出调色板设置窗口,如图 4.19 所示。

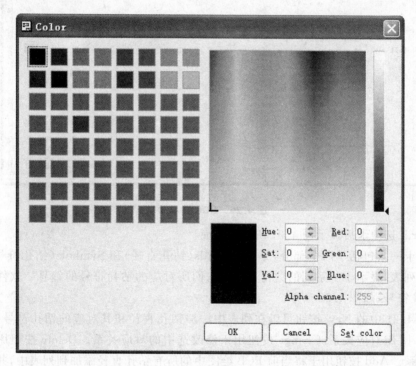

图 4.19　调色板设置对话框

　　选择第一个颜色框(即 0 号颜色),然后在右方的彩色区域通过单击鼠标选择需要的颜色,或者直接在右下方的颜色参数区域中输入相应的数据来定义颜色。颜色选择完成后,单击 Set color 按钮将新颜色加入到 0 号颜色框中,最后单击 OK 按钮即可完成设置。

　　设置完成后在编辑器菜单栏选择 Options→User interface 命令,然后在弹出对话框中的 Schematic 或 Layout 区域为原理图或 PCB 编辑器选择 Black 背景,这样编辑器的背景颜色将变成 0 号颜色框中设置的颜色（背景色默认为不透明，即 alpha 值必须是 255，因此不能对背景色的 Alpha channel 项的值进行修改）。

选择 DRC 选项卡之后，在该选项卡中可以选择某个图案，来对设计规则检查功能所查出的错误多边形进行标记，如图 4.20 所示。该设置仅对 PCB 编辑器有效，因为只有 PCB 编辑器才带有 DRC 功能。

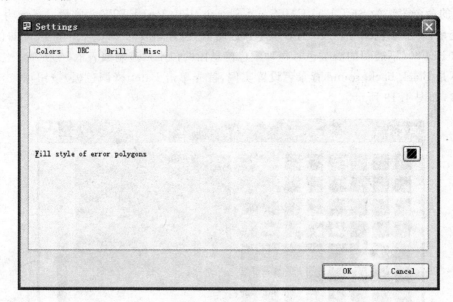

图 4.20　DRC 选项卡

选择 Drill 选项卡后显示图 4.21 所示的界面。

该选项卡一共包括了两个部分，分别为 Drills（钻孔直径）和 Symbols（钻孔符号）。Drills 部分为一份列表，显示了一系列的钻孔直径和它们所对应的钻孔符号的编号。软件默认提供了 18 种钻孔符号，如图 4.22 所示。

通过图 4.21 中的 New 按钮可以在列表中添加钻孔直径和其对应的钻孔符号的编号，最多能添加到 18 组对应关系，Change 按钮用于修改选中的对应关系。Delete 按钮用于删除选中的对应关系。Add 按钮用于将当前 PCB 绘图中的所有钻孔直径添加到列表中，并分别分配钻孔符号，但是只能从列表中的最后一个编号开始添加，最大数量限制同样为 18 个对应关系。Set 按钮用于将 PCB 绘图中的所有钻孔直径复制到列表中代替当前的列表，并分别分配钻孔符号。

界面右方的 Symbols 部分用于设定 PCB 设计中 VIA 和 HOLE 命令所放置的孔在 Drills 层上显示的钻孔符号直径（Diameter）和线宽（Width）。设置好直径和线宽后，PCB 设计中所有的过孔和非电镀孔在 Drills 层上所采用的钻孔符号尽管形状各不相同，但符号的直径和线

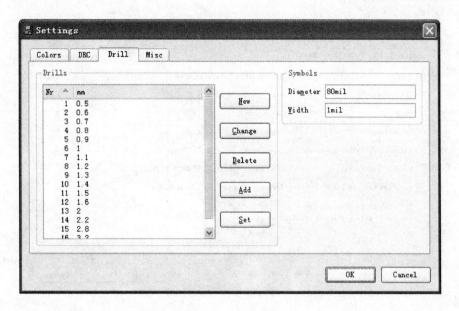

图 4.21　Drill 选项卡

宽都采用这两数值。

选择 Misc 选项卡后显示图 4.23 所示的界面。

Misc 选项卡用于设置编辑器中的各种操作,比如 Beep(提示音)、Check connects(检查连接状态)、Undo(撤销之前操作)、Min. visible text size(最小可见文本尺寸)等,以及 Display mode(显示模式)的设置。下面分别介绍:

- Beep:选择是否启用声音提示功能。启用时 EAGLE 中的某些操作完成后,计算机会发出声音提示。

- Check connects:启用该复选框后,当用 ADD 命令在原理图中添加元件时,软件会检查该元件库的原理图符号上的 Pin(引脚)是否关联到相应封装的焊盘(Pad 直插焊盘或者 SMD 贴片焊盘)上。如果存在引脚未连接焊盘的情况,软件将会报错,以避免在之后的设计中出现更多错误。建议启用该复选框。

图 4.22　钻孔符号列表

- Undo:该复选框用于决定是否启用"撤销之前操作"的功能。如果禁用,则在编辑器中所作的任何改动都不能撤销。建议启用该选项。

- Optimizing:该复选框用于对编辑器中所绘制的线段进行优化。当在编辑器中用 MOVE(移动)、ROUTE(布线)或 SPLIT(折线)命令对线段进行操作时,只要操作完成后有多条线段处于同一条直线上,软件会将这些线段整合成一条单一线段,以便减

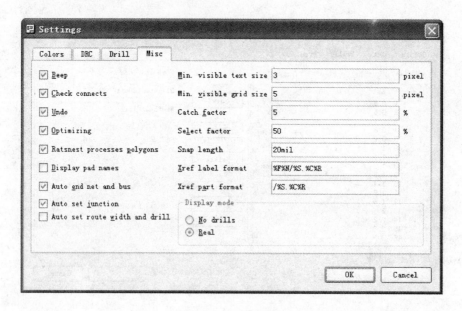

图 4.23 Misc 选项卡

少绘图中的对象数量,并且在需要移动所有线段时可以作为整体来移动,而不是分别
移动。建议启用该复选框。

- Ratsnest processes polygons:该复选框用于决定是否对 PCB 编辑器中的多边形进行
敷铜计算。启用时,执行 RATSNEST 命令后软件将会对多边形进行敷铜,反之则不
会执行敷铜操作。建议启用该复选框。

- Display pad names:即显示焊盘名称。启用该选项后,PCB 编辑器会显示每个元件上
所有焊盘的名称。建议禁用该复选框。

- Auto end net and bus:即自动终止网络和总线。启用该复选框后,当在原理图编辑器
中绘制网络和总线时,如果网络或总线连接到已经存在的一条网络、总线或者引脚上,
这时单击后,网络或总线会连接到已有的网络、总线或引脚上,并且不会再继续跟随鼠
标移动。如果禁用该选项,则单击左键后网络或总线不仅会连接到已有网络、总线或
引脚上,并且仍然会跟随鼠标移动,这时可以连续绘制下一段网络或总线。建议启用
该复选框。

- Auto set junction:即自动放置节点。启用该复选框,当在原理图中绘制网络时,如果
一条网络的终点落在另一条网络上除两端端点以外的位置,则软件会自动在交叉点上
添加一个圆形节点符号,以表示两条线段属于同一网络。建议启用该复选框。

注意: 两条新绘制的网络在没有自定义网络名称的情况下相交（相交是指一条网络的端点落在另一条网络两个端点之间的任意位置），或者一条新网络与另一条已分配自定义名称的网络相交时，软件会自动放置节点，而不会有任何提示。如果两条已存在的网络在相交前其中一条已经有了自定义名称，而另一条为软件自动命名，或者两条网络已经有了各自的自定义网络名称，则连接它们时软件会弹出询问窗口确认是否要合并网络，这时单击 OK 按钮后软件就会在交叉处放置一个节点。网络名称可以通过右键单击网络线段 > 选择 Properties 来查看，或者先执行 Information 命令，然后左键单击网络线段来查看。通过运行 NAME 命令可以对网络名称进行修改。

- Auto set route width and drill：即自动设置布线宽度和过孔参数。如果启用该复选框，则布线时软件会自动采用设计规则中规定的线宽和过孔参数。在布线过程中也可以随时对线宽和过孔的参数进行手动修改，直至此次布线操作完成。当开始再一次布线时，线宽和钻孔参数会再次恢复到设计规则规定的数值。视具体情况来启用或禁用该功能。

- Min visible text size：即最小可见文本尺寸，单位为 pixel（像素）。如果编辑器中的文本高度小于该选项设置的像素高度，则该文字会显示为长方形符号。设置为 0 时，所有的文本均按照实际大小显示。

- Mini visible grid size：即最小可见栅格尺寸，单位为像素。如果编辑器的栅格尺寸小于该选项设置的像素尺寸，则即使用 GRID 命令启用了显示栅格的功能，编辑器也不会显示栅格。设置为 0 时，任何尺寸的栅格都会显示，但通常不建议这样设置。

- Catch factor：该选项是指鼠标与对象之间所允许的执行操作的最大距离。输入的数值是绘图窗口的高度或宽度的百分比。百分比越大，则鼠标可以在离对象较远的位置实现对其操作，反之则需要尽量靠近对象再单击鼠标来执行操作。设置范围为 0～100%，默认值为 5%。当设置为 0 时，则取消了对鼠标操作距离的限制。

- Select factor：该选项是指在多个对象存在的绘图中使用鼠标右键时，鼠标光标周围能够被选中的对象与光标之间的最大距离，只有该距离内的对象才能被选中，其数值也是绘图窗口的高度或宽度的百分比。百分比越大，所能选中的对象越多，反之越少。例如：在较拥挤的区域内右击，弹出菜单上会显示 Next 命令，以便在多个可能的对象之间选择。或者运行 MOVE 命令后在该区域单击，这时某个对象将被选中，可以右击来切换到其他对象。

- Snap length：即吸附范围，该选项表示焊盘（SMD 或 Pad）周围的吸附半径。比如在使用 ROUTE 命令布线时,当线路端点移动到焊盘附近,并且与焊盘的距离小于 Snap length 的值时,线路端点会自动"被吸附"到焊盘上。

● Xref label format:即交叉关联标签格式。交叉关联是指当具有相同名称的多条网络或总线处于不同的原理图页面中时,它们之间存在的逻辑关系。当通过 LABEL 命令为位于这些原理图界面中的同名网络或总线放置标签时,标签将采用该选项规定的交叉关联格式来显示(前提是每个原理图界面都通过 FRAME 命令或者使用 ADD 命令添加了带有刻度的外框)。

但这种逻辑关系默认是关闭的,需要运行 CHANGE 命令,选择 Xref→on 命令,然后选择网络选项卡来开启,或者在网络的标签上右击,选择 Properties 命令,然后在弹出对话框中启用 Xref 命令来开启。

Xref label format 的参数格式默认为%F%N/%S. %C%R:

%F　　;在标签的周围绘制一个外框

%N　　;网络名称

%S　　;相关联的另一条网络或总线所在的页数

%C　　;相关联的另一条网络或总线的标签所在界面中的列数。列数只有在原理图中添加了带有刻度的 Frame(外框)的时候才能显示,否则显示为"?"

　%R　　;相关联的另一条网络或总线的标签所在界面中的行数。行数只有在原理图中添加了带有刻度的 Frame(外框)的时候才能显示,否则显示为"?"

● Xref part format:即元件的交叉关联格式。这种交叉关联用于原理图中诸如继电器这样的元件符号可能会有一部分处于其他原理图页面的情况。例如某个继电器的线圈 gate 处于第一个界面中,其他的触点 gate 处于第二个界面中,这时只要两个界面都通过 FRAME 命令添加了带有刻度的外框,并且线圈 gate 的 Addlevel 等级为 Must,以及每个触点 gate 上都添加了文本变量">XREF"(修改 Addlevel 等级和添加文本变量的操作都在元件库编辑器的 Device 编辑界面中通过 CHANGE 和 TEXT 命令按钮完成),软件就会依照交叉关联格式(默认为/%S. %C%R)自动将触点 gate 上的文本变量">XREF"替换为线圈 gate 在第一个界面中的位置,比如位置/1.4B 表示线圈 gate 处于第一个界面中,外框刻度坐标为 4B 的位置。

● Display mode:即显示模式。有两种模式可选:No drills 模式表示不显示 Pad(直插式焊盘)和 Via(过孔)中所钻的孔,只显示实心的符号。Real 模式则会在 Pad 和 Via 中显示出实际的孔洞。

3. User interface

原理图编辑器的用户界面设置项与 Control Panel 的 Options→User interface 设置界面基本相同。两个界面唯一不同在于 Misc 区域内,原理图编辑器的用户界面设置比 Control Panel 多了一个 Persistent in this drawing 复选框,如图 2.24 所示。

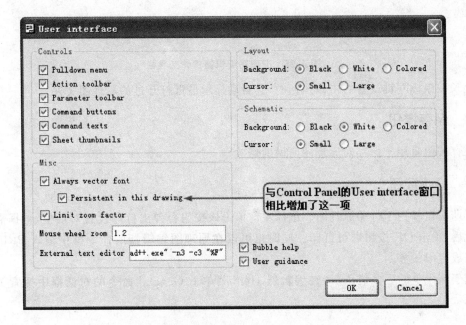

图 4.24　原理图的 User interface 设置对话框

4.2.8　Window 菜单

原理图编辑器的 Window 菜单与 Control Panel 上的 Window 菜单相同,请参考 2.2.4 节 Window 菜单的内容。

4.2.9　Help 菜单

原理图编辑器的 Help 菜单内容已在介绍 Control Panel 菜单栏时进行了解释,请参考 2. 2.5 节 Help 菜单的内容。除此以外,Help 功能在原理图中还能实现针对性地显示帮助内容, 例如在激活命令工具栏中的某个按钮时按下键盘的 F1 键,这时会弹出 Help 窗口,其中会直 接显示关于该按钮的帮助内容。

4.3　操作工具栏

原理图编辑器的操作工具栏位于菜单工具栏的下方,其中包含打开文件、保存、打印以及 激活元件库、运行脚本和 ULP 程序、窗口调整等常用的操作按钮,如图 4.25 所示。

4.3.1　打开按钮

打开按钮 用于打开原理图或 PCB 设计文件,其功能与 File→Open 菜单项相同。在该

图 4.25　原理图编辑器操作工具栏

按钮上长按鼠标左键或者右击该按钮时,会自动显示最近打开过的原理图文件。

4.3.2　保存按钮

保存按钮用于保存对原理图所做的修改。

4.3.3　打印按钮

打印按钮用于打印原理图。鼠标左键单击该按钮会弹出打印设置对话框,根据需要进行设置后,单击 OK 按钮即可打印。同时也可以在原理图编辑器的命令框中输入 PRINT 命令来完成打印任务。

关于该命令的更多信息,请在编辑器 Help 菜单下 General 命令的对话框中搜索关键字 PRINT。

4.3.4　CAM 按钮

CAM 按钮即 CAM 程序按钮,用于启动 CAM 程序以便输出电路板制造数据。单击该按钮后会弹出 CAM 程序的设置窗口,如图 4.26 所示。

注意:通常情况下,CAM 程序仅用于在 PCB 编辑器中输出电路板制造数据,但是 EAGLE 也支持 HPGL、Calcomp 和 DesignJet 等绘图仪格式,因此可能需要对原理图进行数据输出。

CAM 程序设置窗口包含上方的菜单栏、中间的设置区域和下方的按钮栏。下面详细介绍各个部分的作用和含义。

① 菜单栏包含 File 菜单、Layer 菜单、Window 菜单、Help 菜单几个部分:
- File 菜单:该菜单用于载入需要输出制造数据的原理图、电路板、钻孔表、孔径表或者 CAM 工作文件。
- Layer 菜单:该菜单包含 Deselect all、Show selected、Show all 三个选项,分别用于取消所有层的选中状态、仅显示被选中的层、显示所有层。选择这些选项后窗口右方的层列表会做出相应的变化。
- Window 菜单:该菜单用于在当前所打开的窗口之间切换。
- Help 菜单:该菜单用于打开相应的帮助窗口以及查看 EAGLE 的版本和注册信息。

② 设置区域默认包含了 Job、Output、Style、Sheet 和窗口右方的层列表几个部分。

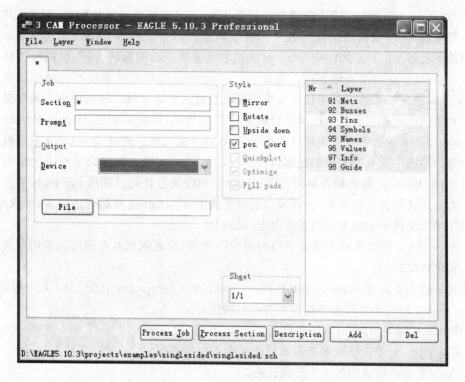

图 4.26　CAM 程序设置窗口

- Job：包含 Section 和 Prompt 两个文本框。一个 Job（即 CAM 工作）可以有几个 Section（分段任务），即针对相应的层所定义的独立任务，每个分段任务都可以设置一套完整的 CAM 程序参数和选中不同的层。例如一个典型的 CAM 程序工作一般包含两个分段任务，一个用于为光电绘图仪输出顶层的数据，另一个则用于输出底层数据。在 Section 文本框中可以输入本 Job 的一个分段任务名称，该名称将代替"＊"显示在标签上。而 Prompt 文本框用于输入该分段任务的提示信息，该信息将会在执行该分段任务前弹出显示。

- Output：在这一部分中可以选择 Device（电路板制造设备）类型和通过 File 按钮或文本框指定输出的制造数据的保存位置。如何选择电路板制造设备，需要与电路板制作厂商联系，以便明确设备类型。根据所选的不同设备类型，对话框中会添加和修改相应的命令，比如当选择 GERBER 时，对话框会增加 Wheel（孔径表）、Offset（偏移量）、Tolerance（容差）、以及 Emulate（仿真）等项目，并且已有的命令也会进行相应的调整。

- Offset：这一部分用于定义绘图仪的原点相对于绘图本身的原点在 X 轴和 Y 轴上的偏移量，例如将某个 Section（分段任务）的 X 轴偏移量设置为 1 inch，则该分段任务输出后的绘图位置会以绘图仪原点为准在 X 轴上向右平移 1 inch。

- Style：这一部分包含 7 个复选框。选择 Mirror 复选框表示镜像输出，即整个绘图沿 Y 轴翻转 $180°$，也就是正负 X 轴坐标沿 Y 轴翻转 $180°$。选择 Rotate 复选框表示将整个绘图旋转 $90°$。选中 Upside down 选项表示将整个绘图旋转 $180°$，当同时选择 Rotate 复选框时，则绘图旋转 $270°$。选择 pos. Coord 复选框表示对绘图的坐标位置进行修正，以便使绘图始终处于相对于绘图仪原点的正坐标区域。该选项用于避免某些设备检测到绘图处于负坐标区域时会提示错误的情况，因此前面的 Mirror、Rotate 和 Upside down 被选中时应该同时选择 pos. Coord 复选框。选择 Quickplot 复选框表示仅输出绘图中所有的对象的轮廓，以便实现快速绘图（该选项取决于所选的输出设备）。选择 Optimize 复选框表示对绘图仪的绘图顺序进行优化。选择 Fill pads 复选框表示对直插式焊盘进行填充，该选项仅适用于像 PostScript 这样的普通设备，如果不选中，则输出文件中会显示直插式焊盘上所钻的孔。
- Sheet：该下拉菜单用于选择不同的原理图界面，设置区域右方的层列表用于选择需要输出数据的层。

③ 按钮栏主要包含 Process、Job Process Section、Description、Add、Del 几个按钮选项。

- Process Job：单击该按钮执行所有的分段任务。
- Process Section：单击该按钮执行当前选中的分段任务。
- Description：单击该按钮查看和修改本次工作的描述。
- Add：单击该按钮添加一个分段任务。
- Del：单击该按钮删除一个当前的分段任务。

4.3.5 Board 按钮

Board 按钮 用于从原理图生成 PCB 文件，与菜单栏中的 File→Switch to board 选项，以及命令栏中运行 BOARD 命令的功能相同。在原理图编辑器中单击该按钮，软件会自动生成相应的 PCB 文件（如果在同一目录下没有同名的 PCB 设计文件），或者切换到已有的 PCB 文件（如果在同一目录下存在同名的 PCB 设计文件），并自动在 PCB 编辑器中打开。新生成的 PCB 文件中所有的元件都会放置在 PCB 外框的外缘，元件之间的电气连接由一系列的鼠线来表示。

关于 BOARD 命令的更多信息，请在编辑器 Help 菜单下 General 选项的窗口中搜索关键字 BOARD。

4.3.6 选择下拉菜单

下拉菜单 1/1 用于选择原理图的界面，也可以在原理图编辑器的缩略图区域直接通过单击鼠标左键来选择需要编辑的界面。

通过该下拉菜单或者通过右击原理图编辑器的缩略图区域，都可以添加或者删除界面（在弹出的列表中选择 New 或者 Remove 命令）。

4.3.7　Use 按钮

Use 按钮█等同于 USE 命令,用于激活需要使用的元件库。单击该按钮或者在原理图编辑器的命令框中运行 USE 命令,会弹出元件库选择窗口,在窗口中选中需要的元件库并单击 OK 按钮即可激活这些元件库,激活后才可以通过 ADD 命令将该元件库中的元件放置到原理图中。

在放置元件前应该先激活需要的元件库,如果不激活任何元件库,则编辑器无法通过 ADD 命令调用任何元件。虽然在 Control Panel 的 Libraries 分支下可以将需要的元件通过拖曳的方式放置到原理图或 PCB 设计中,但仍然建议首先激活需要使用的元件库。

USE 命令的语法实例如下:

- USE＊:激活所有元件库。
- USE －＊:取消所有元件库的激活状态。
- USE 19inch.lbr 4＊.lbr:激活名称为 19inch 的元件库和名称符合 4＊.lbr 的元件库(＊为通配符)。
- USE －＊ D:\EAGLE5.10.3\lbr:先取消所有元件库的激活状态,再激活 D:\EA-GLE5.10.3\lbr 目录下的所有元件库。

关于该命令的更多信息,请在编辑器 Help 菜单下 General 命令的对话框中搜索关键字 USE。

注意:指定需要激活的文件路径时,路径中可以包含中文。如果包含空格,则需要在路径的前后加上单引号,如'D:\EAGLE 5.10.3\lbr',这样软件才能够正确地识别。

4.3.8　SCR 按钮

SCR 按钮█用于选择需要执行的脚本文件,等同于命令 SCR。单击该按钮或者在命令框中运行 SCR 命令即可打开脚本文件选择对话框。EAGLE 预先提供了一些特定功能的脚本文件,并保存在 EAGLE 安装目录的 SCR 文件夹下。用户也可以在文本编辑器中编写并保存为＊.scr 文件来实现自定义的功能。

关于该命令的更多信息,请在编辑器 Help 菜单下 General 选项的对话框中搜索关键字 SCR。

4.3.9　ULP 按钮

ULP 按钮█用于选择需要执行的 ULP 文件,即用户语言程序文件,等同于命令 RUN。

单击该按钮或者在命令框中运行 RUN 命令即可打开 ULP 选择对话框。EAGLE 预先提供了一些特定功能的 ULP 文件,并保存在 EAGLE 安装目录的 ULP 文件夹下。用户也可以在文本编辑器中编写并保存为 *.ulp 文件来实现自定义的功能。

关于 RUN 命令的信息,请在编辑器 Help 菜单下 General 选项的对话框中搜索关键字 RUN。

4.3.10 缩放按钮

原理图编辑器在操作工具栏中包含了 5 个针对绘图区显示效果的按钮,可以对绘图区进行缩放和刷新。它们分别是 、 、 、 和 ,即缩放到绘图区大小、放大绘图、缩小绘图、刷新绘图和选择放大区域。

这些按钮的功能等同于 WINDOW 命令,即通过 WINDOW 命令和不同的参数就能实现这些按钮的功能。例如在编辑器命令框中运行:

```
WINDOW FIT      ;即将绘图缩放到绘图区的大小
WINDOW 2        ;即将绘图放大到两倍
WINDOW 0.5      ;即将绘图缩小一倍
WINDOW;         ;即刷新整个绘图(注意后面带有分号)
WINDOW          ;即选择放大区域(注意后面没有分号)
```

最后一个 WINDOW 命令按钮还支持将绘图区域的当前大小保存为某个自定义名称。通过按住鼠标左键,或者直接用右击该按钮,即会弹出图 4.27 所示菜单。

菜单中的 Last 命令用于将绘图区调整为最后一次缩放后的大小。而要保存当前绘图的大小设置时,则需要选择 New 命令,然后在弹出窗口中输入自定义名称,例如 MyZoom,最后单击 OK 按钮。这样在下次需要相同大小的绘图区时,即可以通过右击 WINDOW 按钮,并选择这个自定义名称来将绘图区缩放到该名称所保存的大小。

图 4.27　WINDOW 按钮上的菜单

另外通过命令行也可以保存放大区域设置,例如在命令框中运行:

```
WINDOW = MyZoom  (0 0)(4 3)    ;将自定义的放大区域范围保存在名称 MyZoom 中
```

提示:滚动鼠标中键(或滚轮)也可以对绘图进行缩放;按住鼠标中键(或滚轮)并拉动鼠标可以对绘图进行移动;在命令框中执行 WINDOW LAST 命令可以让绘图恢复到上一次的大小。

关于该命令的更多信息,请在编辑器 Help 菜单下 General 命令的对话框中搜索关键字 WINDOW。

4.3.11 撤销和恢复按钮

撤销按钮 ↶ 和恢复按钮 ↷ 等同于命令 UNDO 和 REDO,它们的功能与其他软件中常见的撤销和恢复按钮功能相同,这里不再赘述。

也可以通过系统默认的快捷键 F9 和 F10 来分别执行撤销和恢复功能。

关于 UNDO 和 REDO 命令的更多信息,请在编辑器 Help 菜单下 General 命令的对话框中搜索关键字 UNDO 或 REDO。

4.3.12 停止按钮

停止按钮 ⊗ 用于退出当前运行的命令。当某个命令运行后,该按钮会变成红色,单击该按钮后变成灰色,即可退出命令。

 注意:在执行诸如绘制线条、信号或多边形等操作的过程中,可以通过键盘上的 ESC 键来暂时中止绘制操作,但这时命令仍然处于激活状态,并没有完全退出。

4.3.13 GO 按钮

GO 按钮 ⊞ 在原理图编辑器中仅对 MARK 和 CUT 命令有效,当分别运行这两个命令时该按钮会由灰色变成彩色,用于实现特定的功能。

4.3.14 帮助按钮

帮助按钮 ? 与菜单栏 Help→Schematic Editor 的功能相同,用于打开原理图编辑器的帮助窗口,同时也可以在编辑器的命令框中运行 HELP 命令或者直接按 F1 键来打开帮助窗口。

关于该命令的更多信息,请在编辑器 Help 菜单下 General 选项的窗口中搜索关键字 HELP。

4.4 文本菜单栏

文本菜单栏默认位于操作工具栏的右方,可以通过 MENU 命令自行添加需要的文本菜单。在没有自定义之前,编辑器的文本菜单栏默认包含 EAGLE 特有的电路设计辅助菜单,即 Designlink 菜单。

4.4.1 DesignLink 下拉菜单

单击 DesignLink 下拉菜单 design link 会显示两个命令,如图 4.28 所示。

该下拉菜单所包含的功能可以帮助设计人员直接在 EAGLE 母公司 element14 的服务器上搜索需要的元件,搜索完成后会在对话框中列出元件的制造商、库存量、价格和订购编号等信息。

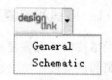

① General 菜单项的功能为常规搜索,需要输入所搜索的关键字,单击该选项后打开图 4.29 所示对话框。

图 4.28 DesignLink 下拉菜单

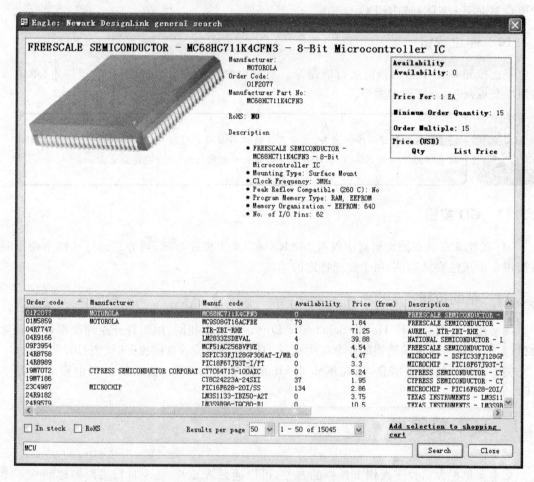

图 4.29 General 搜索对话框

在图 4.29 所示对话框底部的搜索框中输入搜索关键字,比如 MCU,并单击右方的 Search 按钮,软件会将搜索到的产品信息显示在上方的两个窗格中,其中第一个窗格显示被选中的产品的详细信息,第二窗格则显示搜索到的所有产品。

● 如果想让搜索的结果更少和更准确,请输入比较完整的信息,比如:MC9S08MM128。

- 选择搜索框左上方的 In stock 复选框，表示只搜索有库存的产品，选择 RoHS 复选框，表示只搜索符合 RoHS 标准的产品。
- 搜索框正上方的 Results per page 包含两个下拉菜单，第一个用于选择每页显示的产品数量，第二个用于翻页。
- 搜索框右上方的 Add selection to shopping cart 链接可以让设计人员直接将选中的产品放入购物车，以方便购买。

② Schematic 菜单项用于对原理图中所有元件依次自动进行搜索。单击该选项后等待片刻会显示图 4.30 所示对话框。

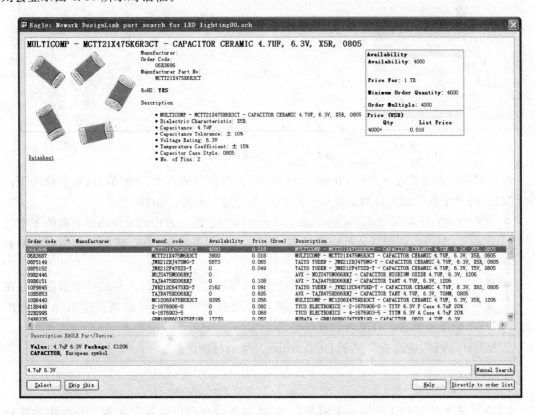

图 4.30　Schematic 搜索对话框

该搜索对话框会根据原理图中每个元件的 Value 进行搜索，例如图 4.30 中首先对 Value 值为 $4.7\mu F$ 6.3V 的元件进行搜索，然后设计人员从搜索结果中选中需要的元件，并单击 Select 按钮，该元件则被选定，然后软件会继续搜索下一个元件并让设计人员选择，以此反复，直至完成所有元件的搜索。

如果在搜索结果中找不到需要的元件，可以单击 Skip this 按钮来跳过该元件，软件会自动开始搜索下一个元件,没有找到的元件也可以在搜索框中手动输入关键字并单击 Manual Search 按钮来搜索。完成搜索和选定元件后,单击窗口右下角的 Directly to order list 进入订购列表,如图 4.31 所示。

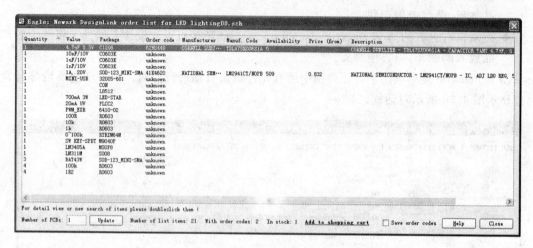

图 4.31　订购列表对话框

在订购列表对话框左下角的 Number of PCBs 文本框中输入 PCB 的数量,然后单击 Update 按钮,列表中各个的元件数量将会根据 PCB 数量进行相应的调整。

- 订购列表右下角的 Add to shopping cart 链接用于将列表中的元件添加到购物车中以便购买,单击该链接后软件会自动启动浏览器并打开购买界面,界面会将购物车中有库存的产品显示出来。
- Save order codes 用于将列表中的订购编号、制造商、制造商的产品编号等信息保存在元件的 Attribute 属性里,选中该选项并关闭搜索窗口后,可以通过运行 ATTRIBUTE 命令并单击元件来查看这些信息。

单击 Help 按钮,可以查看关于 DesignLink 功能的帮助信息。

4.4.2　MENU 命令

MENU 命令是 EAGLE 的一个隐藏命令,通过该命令可以自定义文本工具栏中的菜单项,使用者可以通过该命令在文本工具栏中加入常用的命令以及参数,例如在编辑器命令框中运行:

MENU ´Grid { Fine ; Grid inch 0.001; | Coarse ; Grid inch 0.1; }´

这样在文本工具栏中的 Deisgnlink 菜单会变成该命令自定义的菜单,如图 4.32 所示。

图 4.32　自定义文本菜单栏

通过图 4.32 中自定义的栅格菜单,就可以快捷地选择常用的两种栅格设置,减少了许多操作步骤。

关于该命令的更多信息,请在编辑器 Help 菜单下 General 选项的窗口中搜索关键字 MENU。

4.5 参数工具栏

参数工具栏如图 4.33 所示,默认情况下仅显示栅格设置按钮 ▦,该按钮等同于 GRID 命令。单击该按钮或者在编辑器命令框中运行 GRID,则会弹出栅格设置对话框,如图 4.34 所示。

图 4.33   参数工具栏

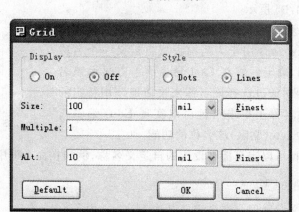

图 4.34   栅格设置对话框

在栅格设置对话框中可以指定栅格是否显示、显示类型、尺寸以及备用栅格等参数。下面依次介绍:

- Display:选择 On 单选按钮可以让编辑器显示栅格,选择 Off 单选按钮则不显示栅格。也可以运行 GRID ON 和 GRID OFF 命令来分别实现两种显示设置。
- Style:选择 Dots 单选按钮以点状线显示栅格,选择 Lines 单选按钮以实线显示栅格。相应的命令为 GRID DOTS 和 GRID LINES。
- Size:在文本框中输入栅格尺寸前,应该首先在后面的下拉菜单中选择栅格的单位。栅格单位包括 mic(微米)、mm(毫米)、mil(密耳)、inch(英寸)4 种单位,相应的命令可以输入 GRID MIC,设置为其他单位时依此类推。

- Multiple：在文本框中输入一个整数，表示编辑器中实际显示的栅格大小是指定尺寸的整数倍。例如输入 2，则编辑器中显示的栅格大小是 Size 项指定长度的 2 倍。默认设置为 1。
- Alt：在文本框中输入备用栅格的尺寸前，应该首先在后面的下拉菜单中选择栅格的单位，备用栅格也包括 mic（微米）、mm（毫米）、mil（密耳）、inch（英寸）四种单位。备用栅格的尺寸通常设置为小于默认栅格，这样可以在编辑器比较拥挤的区域放置元件时，按住 Alt 键切换到尺寸更小的备用栅格，以便更准确快捷地将元件放置到需要的位置。相应的命令实例：GRID ALT 1 MM，表示将备用栅格设置为 1 mm。
- Finest：该按钮用于将栅格尺寸设置为系统默认的最小值。相应的命令为 GRID FINEST。
- Default：单击该按钮将栅格尺寸设置恢复到系统默认值。相应的命令为 GRID DEFAULT。

当单击栅格按钮时，按住鼠标左键或者右击该按钮，会弹出一个菜单，其中包括 Last 和 New 两个命令，如图 4.35 所示。

Last 命令用于恢复到上一次的栅格设置，但只能在最后两次设置之间切换。New 命令用于为当前设置自定义一个名称（Alias），例如 MyGrid，确定后将在 Last 命令的上方显示该名称，这样就可以在需要时通过选择该名称来快捷地调用特定的栅格设置。在自定义名称上单击右键可以实现 Edit（编辑）、Rename（重命名）和 Delete（删除）该名称的功能。

图 4.35　栅格按钮上的菜单

另外通过命令行也可以定义栅格设置的自定义名称，例如在命令框中运行：

```
GRID = MyGrid inch 0.1 lines on
```

同样能够将自定义设置保存在自定义名称 MyGrid 中。

关于该命令的更多信息，请在编辑器 Help 菜单下 General 选项的窗口中搜索关键字 GRID。

参数工具栏除了栅格设置按钮外，还会显示不同的命令参数。当激活某个命令时，该命令相应的参数项就会出现在参数工具栏的空白部分。

注意：由于当前包括 EAGLE 在内的绝大部分 EDA 工具的原理图和元件库都是默认基于 100mil 的栅格设置，因此为了实现兼容和避免错误，推荐在绘制原理图时将栅格设置为 100mil。

4.6　命令工具栏

原理图编辑器的命令工具栏中几乎包含了绘制原理图时所需要的所有命令，这些命令分别以按钮的形式排列在编辑器的左侧，如图 4.36 所示。

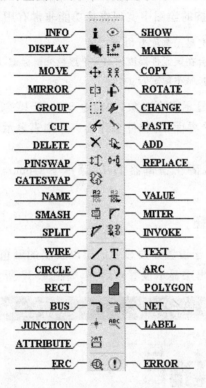

图 4.36　原理图编辑器的命令工具栏

4.6.1　INFO 命令按钮

INFO 命令按钮 **i** 用于查看编辑器中任意对象的属性，并且可以在属性窗口中对属性进行修改。单击该按钮或者在命令框中运行 INFO 命令，然后选择某个对象，即会弹出该对象的属性窗口。

除了通过 INFO 命令来查看和修改对象的属性外，还可以通过右击对象并选择 Properties 命令来打开属性窗口，并可修改属性。

关于该命令的更多信息，请在编辑器 Help 菜单下 General 命令的窗口中搜索关键字 INFO。

4.6.2 SHOW 命令按钮

SHOW 命令按钮⊙用于高亮显示指定的对象。单击该按钮或者在命令框中运行 SHOW 命令,然后单击某个对象或者在命令框中输入某个对象的名称,该对象则会高亮显示,并且在编辑器底部的状态栏中会显示该对象的名称、元件库、封装等详细信息。

SHOW 命令对于在较拥挤的绘图中实现查找功能非常有用,例如以下命令:

```
SHOW U1              ;高亮显示名称为 U1 的对象
SHOW @ U1            ;则会在该元件周围添加一个黑色外框标记,以便更容易识别
SHOW + gate's name   ;高亮显示指定的 gate
```

SHOW 命令还支持同时显示多个对象,如命令 SHOW IC1 IC2 IC3,则会同时显示 3 个对象。如果这些对象不在同一个界面中,软件会弹出一个列表显示各个对象所在的界面,单击某个对象就可以找到它。

关于该命令的更多信息,请在编辑器 Help 菜单下 General 选项的窗口中搜索关键字 SHOW。

4.6.3 DISPLAY 命令按钮

DISPLAY 命令按钮🔖用于设置需要显示的层以及层的颜色。单击该按钮或者在命令框中运行 DISPLAY 命令,会弹出层显示设置对话框,如图 4.37 所示。

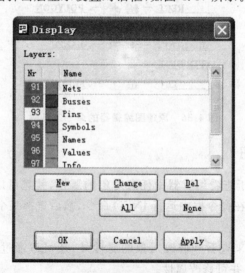

图 4.37　层显示设置对话框

对话框中编号项被标记为蓝色的是需要显示的层,白色编号的层将隐藏。可以通过单击层编号来切换隐藏和显示状态。

① New 按钮：该按钮用于新建自定义的层，自定义层可用于添加额外的信息而不影响原理图本身。层的编号可为 100～255。单击该按钮会弹出新建层的对话框，如图 4.38 所示。在对话框中可以指定层编号（Number）、名称（Name）、颜色（Color）和填充类型（Fillstyle），也可以指定该层是否显示（Displayed），对话框中的 Supply Layer 命令仅对 PCB 编辑器有效。

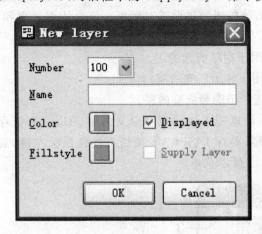

图 4.38 新建层对话框

● 单击 Color 项右边的颜色按钮，则会弹出颜色设置窗口，如图 4.39 所示。对话框中的颜色依据从左到右的顺序从 0 开始进行编号，例如红色为第 4 号颜色，因此其编号为 4（这里仅针对原理图编辑器；在 PCB 编辑器中的虽然编号也是从 0 开始依照从左到右的顺序，但同一个编号对应的颜色不同）。在该对话框中可以为层上的对象选择一种颜色，每种颜色的下方是其高亮状态时的颜色，例如红色在高亮时的颜色为 12 号色。这些颜色的编号可以直接用于编辑器的命令行中进行颜色的指定。

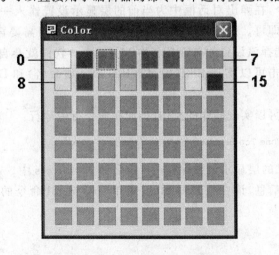

图 4.39 层颜色选择对话框

● 单击新建层对话框中 Fillstyle 项右边的按钮,会弹出填充选择对话框,用于为层上的对象选择填充图案,如图 4.40 所示。对话框中的填充图案依据从左到右的顺序从 0 开始进行编号(原理图编辑器与 PCB 编辑器采用相同的填充图案格局和编号)。这些图案的编号可以直接用于编辑器的命令行中,对每一层的填充图案进行指定。

② Change 按钮:单击该按钮弹出设置对话框。该对话框外观和设置项与新建层对话框相同,但不能修改层编号,只能对其他设置项进行修改。

③ Del 按钮:该按钮用于删除所选的层。

④ All 按钮:该按钮用于显示所有的层。

⑤ None 按钮:该按钮用于隐藏所有的层。

编辑器当前的层显示设置还可以通过自定义名称(Alias)来保存,以便在需要时直接调用。设置自定义名称时只需要在 DISPLAY 按钮上按住鼠标左键,或者通过右击 DISPLAY 命令按钮,即会弹出图 4.41 所示菜单。

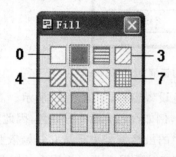

图 4.40　层填充图案选择对话框　　　　图 4.41　DISPLAY 按钮上的菜单

菜单中的 Last 选项用于将上一次使用的层显示设置应用在当前绘图中。设置自定义名称则需要选择 New 命令,在弹出对话框中为当前的层显示设置输入一个名称,例如 MyLayers,然后单击 OK 按钮即可。这样在下次需要使用该设置时,只需要再次右击 DISPLAY 命令按钮,在弹出菜单中选择该设置的自定义名称 MyLayers,软件就会自动显示该设置规定的层。在自定义名称上右击可以实现 Edit(编辑)、Rename(重命名)和 Delete(删除)该名称的功能。

另外通过命令行也可以实现同样的操作,例如在命令行中运行:

```
DISPLAY = MyLayers None Top Bottom Pads Vias Unrouted
```

同样,能够将自定义的层显示设置保存在自定名称 MyLayers 中。

关于该命令的更多信息,请在编辑器 Help 菜单下 General 命令的对话框中搜索关键字 DISPLAY。

4.6.4 MARK 命令按钮

MARK 命令按钮 用于定义一个新的原点,定义后鼠标指针相对于该点的坐标将显示在绘图区的左上角区域,并在坐标前加上字母 R 表示该坐标为相对坐标。以栅格尺寸为 1 mm 的绘图为例,当相对坐标为(R 1 2)时,表示鼠标位置位于新原点 X 轴上 1 mm,Y 轴上 2 mm 的位置。另外在相对坐标右方显示的是极坐标,以字母 P 表示,坐标值为鼠标指针到原点的距离以及与 X 轴的夹角。例如(P 1.00 30.00°)表示鼠标距离原点 1 mm,与 X 轴夹角为 30°。

单击该按钮或者在命令框中运行 MARK 命令,然后在绘图区内单击鼠标即可确定新的原点。需要清除自定义的原点时,先运行 MARK 命令,然后单击编辑器操作工具栏中的 GO 按钮即可。该命令主要用于在给定的点上定义电路板外框、绘制圆形以及在圆周上放置元件。

关于该命令的更多信息,请在编辑器 Help 菜单下 General 命令的对话框中搜索关键字 MARK。

4.6.5 MOVE 命令按钮

MOVE 命令按钮 用于移动被选中的对象。单击该按钮或者在命令框中运行 MOVE 命令,然后单击绘图中需要移动的对象即可对其进行移动,最后通过单击来放置到新的位置。

在比较拥挤的区域往往容易选错对象,出现某个不需要移动的对象高亮显示的情况,这时通过右击可以在一定范围内依次切换周围的对象,直至切换到需要移动的对象为止。

运行 MOVE 命令后,参数工具栏中会显示相应的参数按钮,如图 4.42 所示。

图 4.42 MOVE 命令参数按钮

这些参数按钮分别表示当前被移动对象的旋转方向以及是否镜像翻转,前面 4 个按钮分别表示逆时针旋转 0°、90°、180°和 270°。需要旋转对象时可以直接通过鼠标左键单击相应的按钮,或者右击以每次 90°为单位进行旋转。后面两个按钮分别表示对象的初始状态和镜像状态,可以通过鼠标左键来进行选择,或者通过单击鼠标中键(或滚轮)来切换镜像状态。实现镜像状态后对象会以其自身的原点(即对象上的小十字形标记)为基准沿 Y 轴翻转 180°。

当需要移动多个对象时,需要先将这些对象定义为一个 GROUP(对象组),然后再执行 MOVE 命令来进行整体移动。

在命令框中执行 MOVE 命令时,可以同时指定对象的名称和目的地坐标来直接移动该对象,例如在命令框中执行:

MOVE IC1 (3.8 11.4)   ;将名称为 IC1 的对象直接移动到(3.8 11.4)的坐标位置

关于该命令的更多信息,请在编辑器 Help 菜单下 General 命令的对话框中搜索关键字

MOVE。

4.6.6 COPY 命令按钮

COPY 命令按钮用于复制编辑器中的对象,以便在需要重复放置某个对象时能够快捷地实现多次放置的操作。该命令只能在同一个绘图区中复制和放置对象,而不能将一个绘图中的对象复制后,放置到另一重新打开的绘图中,也就是说被复制的对象并不会保存到操作系统剪贴板中,而仅仅是添加对象的重复操作,因此与 Windows 系统中的 COPY(复制)操作有所区别。

通过单击命令按钮或者在命令框中执行 COPY 命令后,选择编辑器中需要复制的对象,该对象就会附着在鼠标指针上,通过单击鼠标中键(或滚轮)可以实现对象的镜像,最后移动到需要的位置后再次单击左键则完成放置。除了 Bus(总线)和 Net(网络)外,被复制和放置好后的对象都会得到一个新的名称,但其 Value(值)保持不变。为了避免出现问题,并不推荐对总线和网络进行复制。

COPY 命令在参数工具栏中会显示与 MOVE 命令相同的参数按钮,以便将被复制的对象进行旋转和镜像。

当需要复制多个对象时,需要先将这些对象定义为一个 GROUP(对象组),然后再执行 COPY 命令来进行整体复制。

> 提示:在元件库编辑器中输入命令 COPY deviceset@library 或者 COPY package@library,可以将某个元件或者某个封装复制到当前打开的元件库中,例如当前打开的元件库为 TYCO.1br,执行 COPYVG32.dev@19inch.1br 命令后,会将元件库 19inch.1br 中的名为 VG32 的元件复制到 TYCO.1br 中,若将命令中的 VG32.dev 改为 VG32.pac,则会将该封装复制到 TYCO.1br 中。

关于该命令的更多信息,请在编辑器 Help 菜单下 General 命令的对话框中搜索关键字 COPY。

4.6.7 MIRROR 命令按钮

MIRROR 命令按钮用于对象的镜像操作。单击该按钮或者在命令框中运行 MIRROR 命令,然后左键选择需要镜像的对象来完成操作。镜像操作后的对象会以其自身的原点为基准,沿 Y 轴翻转 $180°$。顶层的对象在实施镜像操作后会放置在底层上,而中间层(2~15 层)的对象则不会改变其所在的层。

当需要镜像多个对象时,需要先将这些对象定义为一个 GROUP(对象组),然后再执行 MIRROR 命令来进行整体镜像操作。

关于该命令的更多信息,请在编辑器 Help 菜单下 General 命令的对话框中搜索关键字 MIRROR。

4.6.8　ROTATE 命令按钮

ROTATE 命令按钮 ⊕ 用于对象的旋转操作。单击该按钮或者在命令框中运行 RO-TATE 命令,然后左键选择需要旋转的对象,该对象将逆时针旋转 90°。ROTATE 命令的参数工具栏与 MOVE 和 COPY 命令相同。

在命令框中运行 ROTATE 时可以同时指定旋转对象以及其方向、角度和是否镜像,例如将 IC1 逆时针旋转 90°(原理图编辑器中只能进行直角旋转),并且对其进行镜像操作命令如下:

```
ROTATE MR90 IC1    ;MR 即为 Mirrored Rotate
```

将 IC1 顺时针旋转 90°的命令如下:

```
ROTATE R - 90 IC1
```

无论 IC1 当前旋转了几次,都会将 IC1 从之前的初始状态开始重新顺时针旋转 90°并镜像的命令如下:

```
ROTATE = MR - 90 IC1    ;请注意" = "等号前面需要空格
```

关于该命令的更多信息,请在编辑器 Help 菜单下 General 选项的窗口中搜索关键字 RO-TATE。

4.6.9　GROUP 命令按钮

GROUP 命令按钮 ⊡ 用于将多个对象定义为一个对象组,以便对该对象组进行整体操作,例如 MOVE(移动)、COPY(复制)或者 ROTATE(旋转)等操作。

单击该按钮或者在命令框中运行 GROUP 命令,然后在编辑器绘图区按住鼠标左键并拖动鼠标,形成一个覆盖多个对象的长方形阴影,再单击鼠标左键即可以选中多个对象。接下来运行命令,以运行 MOVE 命令为例,命令运行后在绘图区边框外右击,选择 Move:Group 命令,或者按住键盘的 Ctrl 键并在绘图区任意位置右击,即能实现对整个对象组的移动操作。

当需要将整个绘图区定义为对象组时,除了鼠标操作外,也可以在命令框中运行 GROUP ALL 来快捷的实现。

当需要取消对象组中某个单一对象的选中状态,或者需要将对象组之外的对象添加进去时,可以再次运行 GROUP 命令,然后按住 Ctrl 键并用左键选择该对象,即能够实现取消和添加操作。

当需要在现有的对象组中添加另一个对象组时，可以再次运行 GROUP 命令，然后按住 Shift 键并拖动左键来定义另一个对象组，完成后新的对象组即会与之前的对象组合并成为更大的一个对象组。

如果需要取消对象组，可以通过在绘图区的任意位置右击来实现。

关于该命令的更多信息，请在编辑器 Help 菜单下 General 命令的对话框中搜索关键字 GROUP。

4.6.10　CHANGE 命令按钮

CHANGE 命令按钮 ▸ 用于实时修改绘图区中对象的形状、线宽、显示等一系列的属性。单击该按钮或者在绘外框中运行 CHANGE 命令会弹出一个列表菜单，该菜单列出了可以修改的项目，如图 4.43 所示。

- Cap：该命令用于修改绘图中用 ARC 命令绘制的弧形的端点形状。鼠标指针指向该选项时会弹出子菜单，其中包含 Flat（平头）和 Round（圆头）两个选项，选择 Flat 后通过左键单击某个圆弧，会将圆弧的两个端点变为平头形状；选择 Round 则可以将端点变为圆头形状。

- Class：该命令用于修改当前选择的网络簇。网络簇是手动布线和自动布线器布线时所要遵循的一组布线规则。在该选项的子菜单中会列出当前已设置的网络簇编号和名称，选择某个网络簇，或者直接在命令框中运行 CLASS＋网络簇编号或名称（命令不包括加号，例如 CLASS 1 即可）之后，在原理图中绘制的线路都属于该网络簇，这样当在 PCB 绘图中绘制相应的信号线路时，软件会自动采用其所属网络簇的线宽、间距等参数。关于 CLASS 命令的更多信息，请在编辑器 Help 菜单下 General 命令的对话框中搜索关键字 CLASS。

图 4.43　CHANGE 命令菜单

- Display：该命令下包含 4 个子命令。Off（关闭）子命令表示不显示 ATTRIBUTE 命令所定义的属性信息。Value（值）子命令表示仅显示 ATTRIBUTE 命令所定义的 Value 项。Name（名称）子命令表示仅显示 ATTRIBUTE 命令所定义的 Name 项。Both（都显示）子命令表示同时显示 ATTRIBUTE 命令所定义的 Name 项和 Value 项。选择了相应的子命令后单击某个对象，就能够改变 ATTRIBUTE 命令所定义的 Name 项和 Value 项的显示状态（前提是该对象已经用 ATTRIBUTE 命令定义了 Name 和 Value，否则无法看到修改效果）。但选择 Off 关闭了显示后，只有通过 ATTRIBUTE

命令才能重新显示这两种信息。

- Font：该命令用于修改文本字体，包含 Vector（向量字体）、Proportional（比例字体）和 Fixed（固定字体）。向量字体能够在绘图缩放和打印时保持清晰并且不会变形，而比例字体和固定字体则有可能在缩放和打印时出现不清晰的问题，因此推荐采用向量字体，选择字体后单击需要修改的字体即可。如果需要始终在绘图中采用向量字体，并且保证在不同设置的 EAGLE 中打开该绘图时不会改变字体设置，可以通过选中编辑器的 Option→User interface 菜单中的 Always vector font 命令和 Persistent in this drawing 命令来实现。

- Layer...：该命令用于显示当前被隐藏的层。选择该命令后会弹出一个层列表，如果其中某一层在 DISPLAY 命令弹出窗口中设置为隐藏，则可以在该列表中选中这一层，确定后就会在绘图中显示该层，并且 DISPLAY 命令的弹出窗口中该层也会标记为显示。

- Package：该命令用于为元件选择不同的封装。选择该命令后单击需要选择封装的元件，然后在弹出的封装列表中选择并确认即可。

- Ratio：该命令用于修改字体的线宽，以字体高度的百分比表示。选择该选项后，在弹出的文本框中指定需要的比例（范围为 0 到 31），确定后左键单击需要修改线宽的文字即可。该选项虽然对前面提到的三种字体都能实现肉眼可见的效果，但是除了向量字体外，修改其他字体的线宽没有任何实际意义。

- Size：该选项用于指定字体的高度，其单位与栅格单位相同。选择该命令后会弹出子菜单，其中列出了一系列的可选高度。也可以选择子菜单底部的"…"命令来自行输入需要的高度，最大允许高度为 2inch。指定好高度后单击需要修改高度的文字即可。

- Style：该选项用于修改绘图中 WIRE、NET 和 BUS 命令所绘制的线段风格，可选项有 Continuous（连续）、LongDash（不连续长线）、ShortDash（不连续短线）以及 DashDot（线段与点交错）。选择线段风格后单击需要修改的连线即可。在原理图编辑器中对于线段风格没有限制，但是在 PCB 编辑器中不允许在信号层中采用不连续的线形来绘制线路，否则 DRC 功能会报错。

- Technology：该命令用于修改绘图中元件所采用的 Technology。选择该命令后，单击需要修改的元件，然后在对话框的左面选择不同 Technology 即可。关于 Technology 的定义，请参考 5.4.3 节 Technologies 设置项的内容。

- Text：该命令用于修改绘图中采用 TEXT 命令添加的文本。选择该命令后单击需要修改的文本，然后在弹出的文本框中输入新的文本并确认即可。

- Width：该命令用于修改绘图中采用 WIRE、NET 和 BUS 等命令所绘制的线段宽度。选择该后弹出的子菜单中列出了当前可用的线宽，单位与当前绘图的栅格单位相同。选择需要的线宽或者通过"…"选项自定义一个线宽，然后单击需要修改的线段即可。

● Xref：该命令用于启用或关闭原理图多个页面上网络之间的交叉关联。选择该下的 On 或者 Off 子命令后，左键分别单击不同原理图界面中同名网络的 Label（标签）（前提是已经用 LABEL 命令为该网络在两个界面中同时添加了标签），即可实现启用或关闭多个界面上网络之间的交叉关联。当然也可以在添加标签之前先启用交叉关联，再为多个界面中的网络添加标签。

关于 CHANGE 命令的更多信息，请在编辑器 Help 菜单下 General 选项的窗口中搜索关键字 CHANGE。

4.6.11　CUT 命令按钮

CUT 命令按钮✁用于将选中的对象或对象组（需要运行 GROUP 命令）复制到操作系统剪贴板中，这样就能够将这些对象粘贴到其他绘图中。

与 Windows 系统中的 CUT（剪切）不同，EAGLE 的 CUT 命令仅将对象或对象组复制到系统缓存中（类似于 Windows 系统的复制操作），而不会删除原始对象。该命令支持在不同的原理图、PCB 设计和元件库之间进行复制和粘贴。

实现 CUT 命令的功能首先需要运行 GROUP 命令来选中对象或对象组，然后单击 CUT 命令按钮或者在命令框中运行 CUT，这时编辑器操作工具栏中的 GO 按钮▇由灰色变成彩色，单击 GO 按钮后被选中的对象或对象组就会复制到剪贴板中，最后通过 PASTE 命令来将其放置到当前或者另一个绘图中。

关于该命令的更多信息，请在编辑器 Help 菜单下 General 选项的窗口中搜索关键字 CUT。

4.6.12　PASTE 命令按钮

PASTE 命令按钮✎用于将 CUT 命令所复制的对象或对象组粘贴到当前绘图中。单击该按钮或者在命令框中运行 PASTE 命令，鼠标指针上即会附着上 CUT 命令所复制的对象或对象组，这时右击可以对其进行旋转，单击鼠标中键（或滚轮）可以实现镜像操作，最后通过单击就可以在当前绘图进行粘贴。

运行 PASTE 命令后，在编辑器的参数工具栏中会显示与 MOVE 命令相同的参数按钮，其功能即与右击和单击鼠标中键（或滚轮）的功能相同。

关于该命令的更多信息，请在编辑器 Help 菜单下 General 命令的窗口中搜索关键字 PASTE。

4.6.13　DELETE 命令按钮

DELETE 命令按钮✕用于删除绘图中选中的对象或对象组。单击该按钮或者在命令框中运行 DELETE 命令，然后选择需要删除的对象或者对象组即可删除。

DELETE 命令还能够删除直线中的连接点,例如通过 WIRE 命令分两次绘制了一条直线,则直线实际上是由两条线段组成,其间会存在一个连接点,当 SET 命令的弹出对话框中 Misc 标签下的 Optimizing 选项未启用时,软件不会自动删除该连接点,这时就可以运行 DE-LETE 命令并按住键盘的 Ctrl 键,然后选择该直线即可删除连接点。

　　当按住 Shift 键删除某个对象时,该对象的上一级对象将被删除,这对于一次性删除带有多个 gate(可以单独放置到原理图中的某个元件的一部分)的元件非常有用,免除了逐个删除 gate 的麻烦。例如元件 INVERTER1 带有两个 gate,这时只要先执行 DELETE 命令,然后按住 Shift 键并用鼠标单击任意 gate,整个元件将一次性实现删除。

　　关于该命令的更多信息,请在编辑器 Help 菜单下选择 General 命令弹出的对话框中搜索关键字 DELETE。

4.6.14　ADD 命令按钮

　　ADD 命令按钮用于将已激活的元件库中的元件添加到绘图中。单击该按钮或者命令框中运行 ADD,即可打开元件选择对话框(需要先激活元件库才能在元件选择对话框中看到可用的元件)。元件选择窗口如图 4.44 所示。

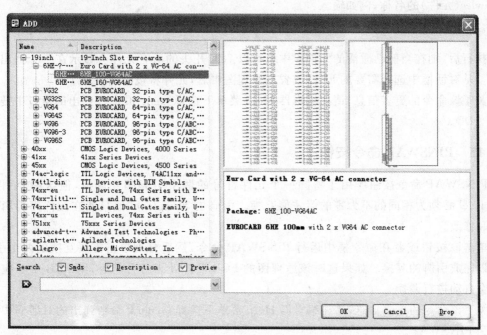

图 4.44　ADD 命令的元件选择对话框

　　在图 4.44 所示对话框中选中某一个元件后,将会在右方显示原理图符号和封装预览,以及该元件的相关描述。双击需要的元件后,则可以在原理图编辑器中单击来放置元件。这时在编辑器的参数工具栏中会显示 ADD 命令的参数项,即旋转和镜像参数,以便对附着在鼠标上的元件进行旋转和镜像。通过右击和单击鼠标中键(或滚轮)也能够实现旋转和镜像操作。

元件选择对话框下方的 OK 按钮与双击元件的效果相同,Cancel 按钮用于退出元件选择,Drop 按钮用于取消被选中元件库的激活状态。

注意: ADD 命令的元件选择对话框只能显示已经处于激活状态的元件库,如果没有激活任何元件库,则对话框左边的内容会显示空白。当然在没有激活元件库的情况下,也可以在 Control Panel 的树形查看对话框内选中需要的元件,然后右键单击该元件,并选择 Add to Schematic 命令,即可放置到原理图中。另外直接双击需要的元件或者将元件拖放到原理图中,也可以实现同样的效果。在放置过程中可以右击键来让元件作 90°旋转,单击鼠标中键(或滚轮)可以使元件符号镜像翻转。

另外,在命令框中输入 ADD 命令时也可以在后面添加参数,比如 Package(PCB 封装)或者 Device(元件)的名称,例如输入:

ADD 78L * IC1

执行后,则在当前已激活的元件库中名称以 78L 开头的所有元件会显示在一个弹出对话框内。从对话框中选择需要的元件,放置在原理图中后,元件将被命名为 IC1。

关于该命令的更多信息,请在编辑器 Help 菜单下选择 General 命令弹出的窗口中搜索关键字 ADD。

4.6.15 PINSWAP 命令按钮

PINSWAP 命令按钮 用于将同一个元件符号的两个引脚相互调换,但这两个引脚的 Swaplevel 必须为相同的不为零的值才能互换。引脚的 Swaplevel 值只能在元件库编辑器中查看和修改。

单击该按钮或者在命令框中运行 PINSWAP 命令,然后分别单击需要互换的两个引脚,即可以完成引脚的互换。如果这时该原理图的 PCB 设计处于打开状态,则 PCB 中相应的焊盘也会自动进行调换。

关于该命令的更多信息,请在编辑器 Help 菜单下选择 General 命令弹出的对话框中搜索关键字 PINSWAP。

4.6.16 REPLACE 命令按钮

REPLACE 命令按钮 用于替换绘图中已经放置的元件。替换和被替换元件之间必须兼容,也就是说新元件的引脚数必须等于或大于旧元件的引脚数,并且两个元件的引脚以及焊盘必须具有相同的名称或者相同的位置,否则无法实现替换操作。

单击该按钮或者在命令框中运行 REPLACE 命令,然后在弹出的对话框中双击用于替换的元件,最后在编辑器的绘图区中单击被替换的元件即可。

如果在某个元件被放置到绘图中后,该元件的元件库进行了修改,则在通过 REPLACE 命令替换该元件时,软件会提示是否需要将该元件更新为修改后的状态。

关于该命令的更多信息,请在编辑器 Help 菜单下选择 General 命令弹出的对话框中搜索关键字 REPLACE。

4.6.17　GATESWAP 命令按钮

GATESWAP 命令按钮用于将绘图中的两个 gate 相互调换。这两个 gate 可以属于不同的元件,但是它们必须具有相同的引脚数,并且这些引脚都具有相同的 Swaplevel 值。单击该按钮或者在命令框中运行 GATESWAP 命令后,分别选择需要调换的两个 gate 即可完成操作。

关于该命令的更多信息,请在编辑器 Help 菜单下选择 General 命令弹出的对话框中搜索关键字 GATESWAP。

4.6.18　NAME 命令按钮

NAME 命令按钮用于查看或编辑绘图区中所选对象的名称。单击该按钮或者在命令框中运行 NAME 命令,然后选择需要查看或修改名称的对象并输入新名称即可。

在原理图编辑器中,如果同一界面中多条不连续的线段都属于同一网络,即网络名称相同,并且在其他 3 界面中还存在有名称相同的网络线段,则在通过 NAME 命令修改该网络某条线段的网络名称时,软件会在修改对话框中显示 3 个单选按钮,如图 4.45 所示。

● This Segment:表示修改被选中网络线段的名称。

● every Segment on this Sheet:表示修改当前界面中所有同名网络线段的名称。

● all Segment on all Sheets:表示修改当前编辑器中存在的所有界面中的同名网络线段的名称。

关于该命令的更多信息,请在编辑器 Help 菜单下选择 General 命令弹出的对话框中搜索关键字 NAME。

4.6.19　VALUE 命令按钮

VALUE 命令按钮用于查看或者编辑绘图区中所选对象的值。单击该按钮或者在命令框中运行 VALUE

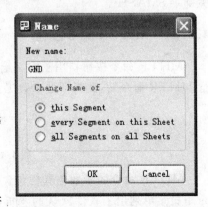

图 4.45　NAME 命令弹出对话框

命令,然后选择需要查看或修改值的对象并输入新的值即可。通过 VALUE 命令可以为元件输入型号、规格等信息,以便在绘图中显示出来。例如为某个电容的值输入 $10\mu F$,确定后该元件在原理图中所显示的值就能够直观地告诉设计人员电容的容量。

如果需要将相同的值赋予多个相同类型的对象,例如将多个电容的值修改为 $10\mu F$,可以先执行:

VALUE $10\mu F$

然后依次单击每个电容符号即可快捷地将这些电容的值修改为 $10\mu F$ 了。

关于该命令的更多信息,请在编辑器 Help 菜单下选择 General 命令弹出的对话框中搜索关键字 VALUE。

4.6.20 SMASH 命令按钮

SMASH 命令按钮 用于将元件上的文字(如名称和值)和图形分离开来,以便对文字进行移动并放置到适当的位置。单击该按钮或者在命令框中运行 SMASH 命令,然后选择绘图区中的元件即可实现文字与元件图形的分离。这时文字边上会出现一个十字符号形状的鼠标指针,表示该文字的原点位置。接下来运行 MOVE 命令,并选择需要移动的文字,就可以通过拖动鼠标来改变文字的位置。

如果需要对多个元件的文字进行分离,可以先使用 GROUP 命令选中这些元件,然后运行 SMASH 命令来一次性完成多个元件的文字分离操作。

如果需要将元件上分离的文字恢复原状,可以右击该元件,然后在弹出菜单中选择 unSmash 命令、或者在激活 SMASH 命令后按住键盘的 Shift 键,然后单击需要恢复的元件即可。该操作也可以与 GROUP 命令一起使用,来实现对整个对象组中分离文字的恢复操作。

关于该命令的更多信息,请在编辑器 Help 菜单下选择 General 命令弹出的对话框中搜索关键字 SMASH。

4.6.21 MITER 命令按钮

MITER 命令按钮 用于定义绘图区中线路的弯折形状。单击该按钮或者在命令框中运行 MITER 命令后,编辑器的参数工具栏会显示该命令的相关选项,如图 4.46 所示。

图 4.46 MITER 命令的参数工具栏

MITER 命令的参数工具栏包含一个 Radius(半径)下拉菜单和两个弯折选项,其中 Radius 下拉菜单列出了软件默认的弯折半径。如果需要自定义半径,例如 0.5 个栅格单位的半径,可以在命令框中运行命令:MITER 0.5,或者直接在 Radius 框中输入数字并按 Enter 键,然后单击需要修改的弯折处即可。两个弯折选项分别表示圆弧弯折和斜线弯折,弯折的半径越大,弧线或者斜线越长。需要注意的是,MITER 命令仅对具有相同线段类型和相同线宽的两条相交线段有效。

在 MITER 命令激活的情况下,单击弯折处并按住不放,然后拖动鼠标可以动态直观地选择弯折大小。同时,右击可以在圆弧弯折和斜线弯折之间切换。

关于该命令的更多信息,请在编辑器 Help 菜单下选择 General 命令弹出的对话框中搜索关键字 MITER。

4.6.22　SPLIT 命令按钮

SPLIT 命令按钮用于将完整的线段或多边形的某条边拆分成两段,以便将被选中的线段修改为新的形状。单击该按钮或者在命令框中运行 SPLIT 命令后,编辑器的参数工具栏会显示该命令的相关选项,如图 4.47 所示。

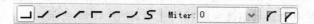

图 4.47　SPLIT 命令的参数工具栏

4.6.23　INVOKE 命令按钮

INVOKE 命令按钮用于将绘图中某个元件未使用的 gate 添加到绘图中。该命令仅对包含两个或两个以上 gate 的元件有效。

例如,在通过 ADD 命令放置了元件库中的 4010D 的 6 个 gate 后,还需要添加电源符号,这时就可以运行 INVOKE 命令,然后在绘图区中单击 4010D 的任意一个 gate,则会弹出 IN-VOKE 对话框,其中已经放置的 gate 会显示为灰色,未放置的电源符号显示为黑色。在电源符号上双击后符号会附着在鼠标指针上,这时可以右击来实现旋转,或者单击鼠标中键(或滚轮)来实现镜像操作,最后单击将其放置在绘图中。INVOKE 对话框如图4.48 所示。

图 4.48 中 Gate 一栏下的符号 P 就表示 4010D 的默认隐藏的电源符号。需要注意的是,元件的电源 gate 只能通过 INVOKE 命令添加,而不能通过 ADD 命令。

使用 INVOKE 按钮或者鼠标右键菜单中的 IN-VOKE 命令,仅仅只能在同一原理图界面内添加已经

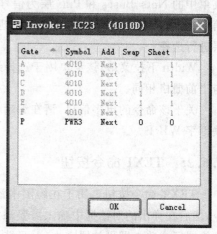

图 4.48　INVOKE 对话框

存在的多 gate 原理图符号中未使用的 gate,如果想将某界面内未使用的 gate 放到另一原理图界面,必须在命令框中输入文本命令 INVOKE 来实现,比如:在另一原理图界面中调用上图中 IC23 的电源符号 P,使用如下命令:

```
INVOKE IC23
```

关于该命令的更多信息,请在编辑器 Help 菜单下选择 General 命令弹出的对话框中搜索关键字 INVOKE。

4.6.24 WIRE 命令按钮

WIRE 命令按钮 / 用于在信号层以外的层上绘制不具备电气属性的图形。尽管该命令在原理图中某些层上所绘制的线路也会具有电气属性,例如 Nets 层、Buses 层和 Pins 层,但是为了避免与这些层上的线路相互混淆,建议在这三层以外的层上使用该命令来绘制线段和图形。

单击该按钮或者在命令框中运行 WIRE 命令即可以在绘图区中绘制线段和图形,这时在编辑器的参数工具栏中会显示该命令的相关选项,如图 4.49 所示。

图 4.49 WIRE 命令的参数工具栏

WIRE 命令的参数工具栏由层选择下拉菜单、线路形状选择、Miter 参数选择、Width 下拉菜单和 Style 下拉菜单组成。其中线路形状选择、Miter 参数选择以及 Style 下拉菜单在前面已有介绍。

层选择下拉菜单:该菜单用于选择原理图中不同的层,以便在这些层上绘制线路和图形。菜单中的 Nets、Buses 和 Pins 层为信号层,用于绘制具有电气属性的线段或图形,其他层为非信号层,用于放置元件名称、值以及原理图符号等。通过单击鼠标中键(或滚轮)可以快速地对层进行选择。

Width 下拉菜单:该菜单用于选择线宽,也可以在其中直接输入所需要的线宽。线宽单位与当前栅格相同。

关于该命令的更多信息,请在编辑器 Help 菜单下选择 General 命令弹出的对话框中搜索关键字 WIRE。

4.6.25 TEXT 命令按钮

TEXT 命令按钮 **T** 用于在绘图中添加文本。单击该按钮或者在命令框中运行 TEXT 命令,然后在弹出的对话框中输入需要添加的文本,确定后该文本将会附着在鼠标上,这时通过在绘图区中单击即可放置文本,并且能够进行多次放置。建议在 Nets 层、Buses 层和 Pins 层以外的层上放置文本信息。

编辑器的参数工具栏上会显示该命令的相关选项,如图 4.50 所示。

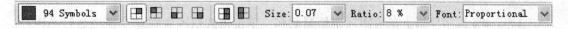

图 4.50 TEXT 命令的参数工具栏

TEXT 命令的参数工具栏由层选择下拉菜单、旋转和镜像按钮、Size 下拉菜单、Ratio 下拉菜单和 Font 下拉菜单组成。其中旋转和镜像按钮在 4.6.5 节中已说明,这里不再赘述。

层选择下拉菜单:该菜单用于选择原理图中不同的层,以便在这些层上放置文本。建议将文本放置在除了 Nets、Buses 和 Pins 以外的层上。通过单击鼠标中键(或滚轮)可以快速地对层进行选择。

- Size 下拉菜单:该选项用于指定字体的高度,高度单位与栅格单位相同。
- Ratio 下拉菜单:该选项用于修改字体的线宽,以字体高度的百分比表示。
- Font 下拉菜单:该选项用于修改文本字体,包含 Vector(向量字体)、Proportional(比例字体)和 Fixed(固定字体)。

关于该命令的更多信息,请在编辑器 Help 菜单下选择 General 命令弹出的对话框中搜索关键字 TEXT。

4.6.26 CIRCLE 命令按钮

CIRCLE 命令按钮 O 用于在绘图区中绘制圆形。单击该按钮或者在命令框中运行 CIRCLE 命令,然后在绘图区中单击鼠标左键并拖动鼠标即可绘制一个圆形。建议在 Nets 层、Buses 层和 Pins 层以外的层上放置圆形。

在编辑器的参数工具栏中会显示该命令的参数项,如图 4.51 所示。

图 4.51 CIRCLE 命令的参数工具栏

层选择下拉菜单和 Width 下拉菜单已经在前面几个命令的介绍中进行了解释,这里不再赘述。

如果需要在特定的位置绘制一个具有特定半径的圆形,则可以通过命令行的形式轻松实现,例如运行:

CIRCLE (0 0)(1 0) ;表示以绘图的原点为圆心绘制一个半径为 1 个栅格单位的圆形

关于该命令的更多信息,请在编辑器 Help 菜单下选择 General 命令弹出的对话框中搜索关键字 CIRCLE。

4.6.27　ARC 命令按钮

ARC 命令按钮⌒用于在绘图区中绘制圆弧。单击该按钮或者在命令框中运行 ARC 命令，然后在绘图区中单击并拉动鼠标即可绘制一个圆弧。建议在 Nets 层、Buses 层和 Pins 层以外的层上放置弧形。

在编辑器的参数工具栏会显示该命令的参数项，如图 4.52 所示。

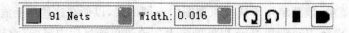

图 4.52　ARC 命令的参数工具栏

层选择下拉菜单和 Width 下拉菜单已经在前面几个命令的介绍中进行了解释，这里不再赘述，仅介绍后面的几个参数按钮。

- 按钮⌒表示圆弧的绘制方向为顺时针方向；
- 按钮⌒表示圆弧的绘制方向为逆时针方向；
- 按钮■表示圆弧的两个端点形状为平头形，类似于一个铁环沿半径方向被切开后，俯视状态下切口是一条笔直的线段；
- 按钮▶表示圆弧的两个端点形状为圆弧形。

关于该命令的更多信息，请在编辑器 Help 菜单下选择 General 命令弹出的对话框中搜索关键字 ARC。

4.6.28　RECT 命令按钮

RECT 命令按钮▓用于绘制长方形。单击该按钮或者在命令框中运行 RECT 命令，然后在绘图区中单击并拉动鼠标，即可绘制一个长方形。建议在 Nets 层、Buses 层和 Pins 层以外的层上放置长方形。

该命令在编辑器的参数工具栏内仅有一个参数项，即层选择下拉菜单，该菜单在前面的命令中已有介绍，这里不再赘述。

通过命令行可以实现准确地绘制一个长方形，例如：

RECT（0 0）（1 5）；以（0 0）和（1 5）两个点作为长方形的两个对角点来绘制一个长方形

关于该命令的更多信息，请在编辑器 Help 菜单下选择 General 命令弹出的对话框中搜索关键字 RECT。

4.6.29　POLYGON 命令按钮

POLYGON 命令按钮▨用于绘制不规则的多边形。单击该按钮或者在命令框中运行 POLYGON 命令，然后通过多次单击来确定每条线段的端点，并且右击来切换线段的弯折形状,最终在起始点再次单击来完成多边形的绘制。建议在 Nets 层、Buses 层和 Pins 层以外的层上放置多边形。

在编辑器的参数工具栏会显示该命令的参数项,如图 4.53 所示。

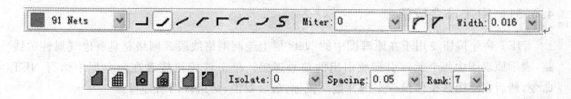

图 4.53　POLYGON 命令的参数工具栏

图中的层选择下拉菜单、线路形状选择、Miter 参数选择以及 Width 下拉菜单,已经在前面命令的参数工具栏中进行了解释,这里不再赘述,仅解释余下的参数项。

- 第一个按钮▨表示绘制一个实心的多边形。
- 第二个按钮▦表示绘制一个以网格形状填充的多边形。
- 后面 4 个按钮▨、▨(Thermals)、▨、▨(Orphans)以及 Isolate、Spacing 和 Rank 下拉菜单仅对 PCB 编辑器有效,对于原理图没有任何影响。

注意:多边形的线宽不宜设置过细,否则可能会造成大量的制造数据,并且在将来 PCB 制造商制造电路板时带来某些问题。

关于该命令的更多信息,请在编辑器 Help 菜单下选择 General 命令弹出的对话框中搜索关键字 POLYGON。

4.6.30　BUS 命令按钮

BUS 命令按钮ᒣ用于在原理图中的 Buses 层上绘制总线。总线是具有电气属性的线路,用于表示线路上传输了多个信号连接上的信号,这样能够减少网络线段的数量,让绘图显得更加简洁清晰。单击该按钮或者在命令框中运行 BUS 命令,然后在绘图区单击左键并拖动鼠标,最后双击鼠标结束该总线即可。

在编辑器的参数工具栏会显示该命令的参数项,如图 4.54 所示。

图 4.54　BUS 命令的参数工具栏

Style 下拉菜单包含 Continuous(连续)、LongDash(不连续长线)、ShortDash(不连续短

线)以及 DashDot(线段与点交错)4 种线形,可根据需要选择适用的线路形状。

关于该命令的更多信息,请在编辑器 Help 菜单下选择 General 命令弹出的对话框中搜索关键字 BUS。

4.6.31 NET 命令按钮

NET 命令按钮 用于在原理图中的 Nets 层上绘制网络线段。网络是具有电气属性的线路,表示原理图中每个元件引脚所引出的信号连接。单击该按钮或者在命令框中运行 NET 命令,然后在绘图区按住鼠标左键并拖动鼠标,最后双击,结束该网络即可。

在编辑器的参数工具栏会显示该命令的参数项,如图 4.55 所示。

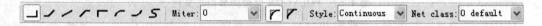

图 4.55　NET 命令的参数工具栏

NET 命令的参数工具栏大部分选项,已经在之前章节内其他命令的参数介绍中进行了讲解,这里不再赘述。

Net class:即网络簇。网络簇是用于手动布线和自动布线器布线的一组预定义的规则,通过该下拉菜单可以为当前的网络线路选择一组规则,以便在 PCB 绘图中布线时能够将其作为布线的标准来执行。如果没有预定义规则,则需要通过 CLASS 命令来定义一组布线规则。

当在原理图中网络与总线连接时,推荐先根据网络的名称对总线命名,以便顺利地连接不同的网络线段。例如当某条总线需要同时传输 NET1 和 NET2 两个网络的信号时,先执行 NAME 命令将总线名称由默认的 B＄1 修改为"NET1,NET2"或者"NET(1..2)"(都不包括引号),这样在连接网络线段与总线时软件会弹出包含 NET1 和 NET2 名称的菜单,此时选择当前正在连接的网络的名称即可顺利地连接总线和网络。

关于该命令的更多信息,请在编辑器 Help 菜单下选择 General 命令弹出的对话框中搜索关键字 NET。

4.6.32 JUNCTION 命令按钮

JUNCTION 命令按钮 用于为原理图中相互交叉的两个网络线段添加网络接点,以便清楚地表示两条线段在电气属性上处于相互连接的状态。单击该按钮或者在命令框中运行 JUNCTION 命令,然后单击需要放置网络结点的地方即可。

EAGLE 在默认情况下会自动为相互交叉的两个网络线段放置结点,如果需要禁用该设置,可以通过命令 SET AUTO_JUNCTION OFF 来实现、或者通过编辑器菜单栏进入 Options/Set/Misc 选项卡并禁用 Auto set junction 复选框即可。

关于该命令的更多信息,请在编辑器 Help 菜单下选择 General 命令的对话框中搜索关键字 JUNCTION。

4.6.33　LABEL 命令按钮

LABEL 命令按钮 用于为原理图中的网络或总线添加标签,以方便识别。单击该按钮或者在命令框中运行 LABEL 命令,然后单击需要添加标签的网络或总线,鼠标指针上便会附着以该网络或总线名称命名的标签符号,在适当的位置单击即可完成标签的放置。

在编辑器的参数工具栏会显示该命令的参数项,如图 4.56 所示。

图 4.56　LABEL 命令的参数工具栏

LABEL 命令的参数工具栏中的层选择下拉菜单、旋转和镜像按钮、Size 下拉菜单、Ratio 下拉菜单和 Font 下拉菜单在前面的命令中已经提及,这里不再赘述。

按钮 分别表示启用和禁用标签的交叉关联功能。启用后标签将会以另一种格式来显示处于不同界面上的相同网络的信息。

图 4.57 和图 4.58 展示的是两个原理图界面中启用交叉关联后添加标签的效果。

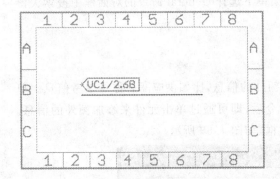

图 4.57　原理图第一个界面中的 VC1 网络

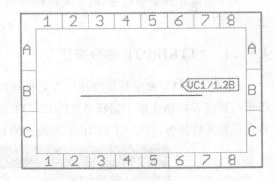

图 4.58　原理图第二个界面中的 VC1 网络

图 4.57 中的标签内容为 VC1/2.6B,其中 VC1 为网络名称,2.6B 则表示在原理图第二个界面中的外框内的 6B 位置(即外框边框上的数字和字母刻度所确定的位置)上存在一个同名网络的标签。图 4.58 中的标签内容为 VC1/1.2B,其中 1.2B 表示在原理图第一个界面中的外框内的 2B 位置存在一个同名网络的标签(标签位置即标签自身的原点的位置)。

注意: 如果不添加带有刻度的外框,则标签无法知道另一个网络的具体位置,这时标签内容会显示为例如 VC1/2.××的形式。外框可以通过 FRAME 命令来自定义或者从 frames.lbr 库中调用。

如果同时有 3 个或 3 个以上的界面需要为网络线段添加交叉关联标签,则中间界面的标签有可能指向上一界面或者下一界面中的网络。这时如果中间页面内的标签从标签原点开始(注意原点为起始点)所指向的方向为左方或上方,则标签的内容会显示上一个界面中的同名网络的位置。如果从标签原点开始指向的方向为右方或下方,则标签内容会显示下一个页面中的同名网络的位置。

请注意 EAGLE 的标签方向是以原点为起始点,指向标签平直端的方向,而不是标签尖端的方向,如图 4.59 所示。

图 4.59 指向左方的标签(左图)和指向右方的标签(右图)

网络或总线的标签默认放置在 Names 层上,虽然放置在 Nets 层、Buses 层和 Pins 层上时 EAGLE 的 ERC 功能并不会报错,但由于标签不具备电气属性,因此不推荐在这几层上放置。

关于该命令的更多信息,请在编辑器 Help 菜单下选择 General 命令的对话框中搜索关键字 LABEL。

4.6.34 ATTRIBUTE 命令按钮

ATTRIBUTE 命令按钮 用于为元件添加额外的信息,比如供应商名称等参考信息。单击该按钮或者在命令框中运行 ATTRIBUTE 命令后,即可通过单击元件来添加额外的信息。单击任意元件后弹出的 ATTRIBUTE 配置对话框,如图 4.60 所示。

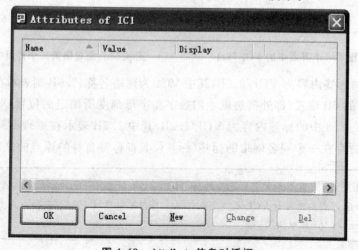

图 4.60 Attribute 信息对话框

如果在建立元件库时没有为 Device 定义 Attribute 信息,则对话框显示为空白。这时可以单击 New 按钮来添加信息,弹出对话框如图 4.61 所示。

在该对话框中输入需要为该元件添加的信息,例如:在 Name 文本框中输入 Manufacturer,在 Value 文本框中输入 ADI,然后在 Display 下拉菜单中选择显示信息的方式,包括 Off(不显示)、Value(只显示 Value 项输入的内容)、Name(只显示 Name 项输入的内容)、Both(都显示)。如果选择 Both 后单击 OK 按钮确认,将会在原理图中的元件上显示信息"Manufacturer＝ADI"。

关于该命令的更多信息,请在编辑器 Help 菜单下选择 General 命令弹出的对话框中搜索关键字 ATTRIBUTE。

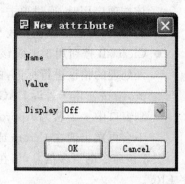

图 4.61　新建 Attribute 对话框

4.6.35　ERC 命令按钮

ERC 命令按钮用于对原理图进行电气检查。ERC 的全称为 Electrical Rule Check,即电气规则检查,用于查找原理图中存在的电气错误,并将检查出来的错误显示在结果列表中以供查看。

单击该按钮或者在命令框中运行 ERC 命令后,EAGLE 便会对原理图进行电气规则检查,并将检查结果显示在检查结果窗口中,如图 4.62 所示。

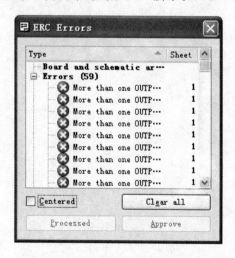

图 4.62　ERC 命令的检查结果

ERC 命令弹出的检查结果对话框列出了原理图中的电气错误和警告信息,并且当选中某条错误报告或警告信息时,会在绘图中用黑色的直线与框标记出来。如果原理图和 PCB 设计同时打开,ERC 命令也会对两个绘图进行一致性检查,并将检查结果显示在窗口的第一行信息中。

- Centered 复选框能够将被选中的错误在绘图中所在的位置显示在绘图区的中央。当该选项启用时，通过单击选择某条错误或警告信息，其对应的位置就会显示在绘图区的中央，并通过黑色直线与框进行标记。
- Clear all 按钮用于清除该窗口中所有的错误、警告等信息。Processed 按钮用于对已经处理的错误进行标记，标记后相应的错误或警告信息前面的图标会变成灰色。Approve 按钮用于告诉 EAGLE 被选中的错误信息可以忽略，这时该错误信息将会移动到窗口中一个名为 Approved 的树形目录下，即使再次运行 ERC 命令，该错误信息也不会再次出现在 Errors 或者 Warning 树形目录中。

关于该命令的更多信息，请在编辑器 Help 菜单下选择 General 命令的对话框中搜索关键字 ERC。

4.6.36　ERRORS 命令按钮

ERRORS 命令按钮用于显示上一次运行 ERC 命令所显示的错误或警告信息。单击该按钮或者在命令框中运行 ERRORS 命令，EAGLE 就会显示与图 4.62 中 ERC 命令的检查结果相同的对话框和内容。如果之前还没有运行过 ERC 命令，则系统会先自动执行 ERC 检查，然后再显示结果。

关于该命令的更多信息，请在编辑器 Help 菜单下选择 General 命令弹出的对话框中搜索关键字 ERRORS。

第 **5** 章

元件库编辑器及应用

尽管 EAGLE 集成了大量的元件库供用户使用，但是在某些情况下仍然需要自行建立元件库，这时就要用到元件库编辑器。本章将对元件库编辑器的界面、命令及其应用方法进行详细讲解。

5.1 元件库编辑器主界面

本节主要介绍元件库编辑器主界面，以及主界面的各个组成部分。但读者需要先了解元件库的基本概念。

EAGLE 的元件库以文件的形式默认保存在安装路径的 LBR 文件夹内，文件格式为 *.lbr。每一个元件库都由 3 种元素组成，即 Symbol（原理图符号）、Package（封装符号）以及 Device（元件）。Symbol 和 Package 分别用于原理图和 PCB 编辑器的绘图中，而 Device 则包含了 Symbol 的引脚和 Package 的焊盘之间的对应关系，因此在建立元件库时需要同时建立这 3 种元素，才能完成一个元件库的创建工作。需要注意的是，在 Control Panel 的 Libraries 树形分支中并不会单独显示 Symbol，而仅显示元件库名称、Device 以及 Package，相应的 Symbol 会包含在其所属的 Device 中。

EAGLE 的元件库、Device 和 Package 三者的关系结构如图 5.1 所示。

从图 5.1 中可以看出，EAGLE 的每一个元件库即为一个扩展名为 .lbr 的文件，其中包含了多个 Device 和 Package。Device 可以被原理图编辑器调用，以便放置 Symbol，即原理图符号，而 Package 则只能由 PCB 编辑器调用，以便放置封装。

了解元件库的基本概念，是理解元件库编辑器的基础。如果需要创建新元件，就要在元件库编辑器里进行。元件库编辑器不仅可以创建元件符号，并且还可以创建接地和电源符号，尽管它们没有任何引脚，仍然可以作为一个 Device 来单独保存。

通过 Control Panel 的 File→New→Library 菜单即可以打开 EAGLE 的新元件库编辑主界面，如图 5.2 所示。

元件库

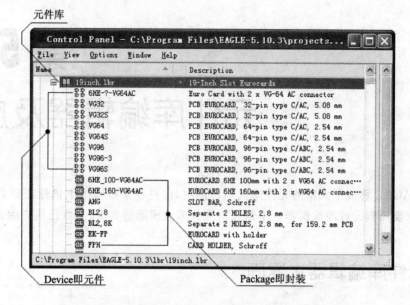

Device即元件

Package即封装

图 5.1　元件库、Device 和 Package 三者的关系

菜单栏　　　　　　　　　　　操作工具栏

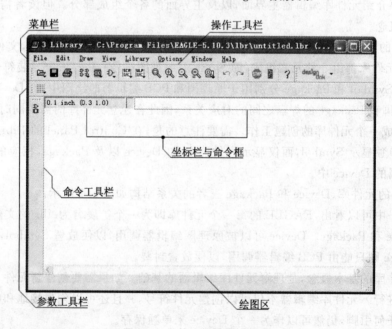

坐标栏与命令框

命令工具栏

参数工具栏　　　　　　　　　　绘图区

图 5.2　元件库编辑器主界面

　　与原理图编辑器类似，元件库编辑器的主界面也是由菜单栏、操作工具栏、参数工具栏、命令工具栏、坐标栏与命令框以及绘图区组成，下面将依次介绍这些内容。

5.1.1 菜单栏

元件库编辑器的菜单栏与原理图编辑器类似,仅有部分菜单项存在差别,因此本节只介绍二者存在差异的部分。元件库编辑器的菜单栏如图 5.3 所示。

File Edit Draw View Library Options Window Help

图 5.3　元件库编辑器的菜单栏

① File 菜单:元件库编辑器的 File 菜单与原理图编辑器类似,唯一不同的是,通过元件库编辑器 File 菜单的 Open 命令所打开的是某个元件库,而不是原理图或 PCB 设计文件。在命令框中直接输入 OPEN 命令也能够打开元件库。

② Edit 菜单:在新建元件库时打开的主界面上,Edit 菜单仅包含 Stop command 命令。

③ Draw 菜单:该菜单在主界面上无效,只有在编辑 Symbol、Package 或者 Device 的时候才会显示相应的选项,这些选项将会在这 3 种编辑模式中分别介绍。

④ View 菜单:该菜单与原理图编辑器相同。

⑤ Library 菜单:元件库编辑器的 Library 菜单包含 Description、Device、Package、Symbol、Remove、Rename 和 Update 等命令,如图 5.4 所示。

● Description:该命令等同于 DESCRIPTION 命令,用于为当前的 Device、Package 或元件库添加描述信息。单击该命令后会弹出描述输入对话框,如图 5.5 所示,在该对话框的下半部分可以输入相应的描述信息,并且支持 HTML 语言格式。为 Device、Package 和元件库输入的描述信息会显示在不同的地方,由于这里新建的对象是元件库,因此输入的信息会在选中 Control Panel 的 Libraries 树形分支下的相应元件库时,出现在右边的对话框区域内。

图 5.4　元件库编辑器的 Library 菜单

关于 DESCRIPTION 命令的更多信息,请在编辑器 Help 菜单下 General 对话框的窗口中搜索关键字 DESCRIPTION。

● Device:该命令用于载入当前编辑器所打开的元件库中的元件,或者新建元件库。选择该命令后,如果编辑器已经通过 OPEN 命令打开了某个元件库,例如 40xx.lbr,则在弹出的窗口中会显示该元件库中所有的元件,如图 5.6 所示。在该窗口中选择需要载入的元件并单击 OK 按钮,相应的元件所包含的原理图符号和 PCB 设计中的封装等信息就会显示在编辑器中,其他各命令作用如表 5.1 所列。

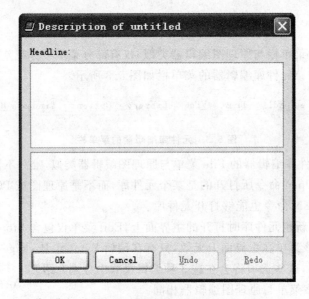

图 5.5 元件库描述窗口

图 5.6 元件库 40xx.lbr 中包含的元件

表 5.1 元件编辑对话框各选项作用

选 项	作 用
New 文本框	新建一个元件,在其中可以输入新建元件的名称,单击 OK 按钮后,该元件则会保存在当前打开的元件库中
Dev 按钮	在对话框中显示当前元件库中所有的元件
Pac 按钮	在对话框中显示当前元件库中所有的封装
Sym 按钮	在对话框中显示当前元件库中所有的原理图符号

● Package:该命令用于载入当前编辑器所打开的元件库中的封装,或者新建封装。选择该命令后所弹出的窗口与图 5.6 中单击 Pac 按钮所显示的界面内容完全相同。

● Symbol:该命令用于载入当前编辑器所打开的元件库中的原理图符号,或者新建原理图符号。选择该命令后所弹出的对话框与图 5.6 中单击 Sym 按钮所显示的界面内容完全相同。

● Remove:该命令用于删除元件库文件以及元件库中的 Device、Package 和 Symbol。需要注意的是,不论当前是否已经打开了某个元件库,该命令都可对任意元件库进行删除,例如在该命令的弹出对话框中输入 40xx.lbr,确定后即可删除该元件库文件。但是在单独删除 Device、Package 和 Symbol 时则只对当前打开的元件库有效,而不能对其他元件库中的这三种元素进行删除,并且需要先删除 Device 后才能删除相应的 Symbol,否则系统会提示该 Symbol 正在使用中,当前元件库中的 Package 可以直接删除,例如在 Remove 的弹出对话框中,输入该元件库中包含的某个元件 4000.dev,或者某个原理图符号 4000.sym,或者某个封装名称 DIL08.pac,确定后即可删除相应的元素。

Remove 命令等同于 REMOVE 命令,在元件库编辑器命令框中,输入 REMOVE 和对象的名称也能实现相同的功能,例如运行 REMOVE 40xx.lbr,则可以删除该元件库的文件。

REMOVE 命令同样可以用于原理图和 PCB 编辑器中。可以删除指定的原理图和 PCB 设计文件,例如在原理图编辑器中运行 REMOVE 1.sch,或者在 PCB 编辑器中运行 REMOVE 1.brd,则可以删除这两个文件。并且在原理图编辑器中还可以删除某个界面,例如运行 REMOVE .s2(请注意 s2 前面有点)则会删除第二个原理图界面。

注意:如果不指定路径,则被删除的库文件必须位于安装目录的 lbr 根目录下,例如 40xx.lbr 必须保存在 D:\EAGLE-5.10.3\lbr\ 目录下,否则无法删除。如果路径不同,就需要指定路径(有空格的路径加引号)。

关于该命令的更多信息,请在编辑器 Help 菜单下 General 命令的对话框中搜索关键字 REMOVE。

● Rename：该命令用于对当前打开的元件库中的 Device、Package 和 Symbol 进行重新命名。例如在打开元件 40xx.lbr 后，选择该选项并在命令行中（仅限于主界面，在其他对话框中会直接弹出新名称的输入对话框）输入修改目标的名称（需要扩展名），比如 4001.sym 并按 Enter，然后在弹出对话框中输入新名称（不需要扩展名）。当然也可以直接在命令框中运行 RENAME 4001.dev、或 RENAME 4001.sym、或 RENAME DIL08.pac，然后在弹出的对话框中输入新的名称即可对这三种元素进行重命令。也可以在命令后加上新名称来一步实现重命名，例如运行 RENAME 4001.dev 4002，则该元件重新命名为 4002.dev。注意，被重名的对象必须带有扩展名，而后面的新名称则可以省略扩展名。

该命令等同于 RENAME 命令，关于该命令的更多信息，请在编辑器 Help 菜单下 General 选项的窗口中搜索关键字 RENAME。

● Update：该命令用于将指定的元件库作为更新源，对当前打开的元件库中类型相同的封装进行更新，以实现同类型封装的一致性。

5.1.2 操作工具栏

元件库编辑器的操作工具栏中的大部分内容与原理图编辑器相同，如图 5.7 所示，只有 3 个新出现的按钮，即 Device 按钮、Package 按钮和 Symbol 按钮。这 3 个按钮与菜单栏中 Library 菜单下的 3 个命令功能相同。

图 5.7 元件库编辑器的操作工具栏

5.1.3 参数工具栏

元件库编辑器的参数工具栏与原理图编辑器相同，如图 5.8 所示。元件库编辑器的参数工具栏在没有激活任何命令的情况下默认仅显示栅格设置按钮。

图 5.8 元件库编辑器的参数工具栏

 注意：由于当前包括 EAGLE 在内的绝大部分 EDA 工具的原理图符号，即 Symbol 都是默认基于 100mil 的标准栅格设置，因此为了实现兼容和避免错误，推荐在新建 Symbol 时将栅格设置为 100mil。

5.1.4　命令工具栏

元件库编辑器的命令工具栏在编辑器还没有打开任何库文件时,仅显示 EDIT 命令按钮 🔓 。单击该按钮后会弹出与图 5.6 类似的对话框,在该对话框中可以新建 Device、Package 和 Symbol,关于新建这些元素的方法,在本章后面的元件库创建实例中介绍。

与其他命令按钮相同,EDIT 命令按钮的功能也可以通过在命令框中执行 EDIT 来实现,并且当编辑器已经打开了某个元件库时,也可以通过执行 EDIT 命令来弹出 0 所示的对话框,选择该元件库中的任一种元素来进行编辑。

命令工具栏在编辑器载入了某个元件库的 Device、Package 或 Symbol 后,都会发生相应的变化。

关于该命令的更多信息,请在编辑器 Help 菜单下 General 命令的对话框中搜索关键字 EDIT。

5.2　元件库编辑器的 Symbol 编辑界面

在元件库编辑器主界面的操作工具栏中单击 Symbol 按钮 🗘 ,然后在弹出对话框的 New 文本框中输入新建原理图符号的名称,并单击 OK 按钮,即可进入 Symbol 编辑界面,如图 5.9 所示。

Symbol 编辑界面与主界面大体相似,只有 Edit 菜单、Draw 菜单、View 菜单,以及命令工具栏和绘图区中增加了相应的内容。

Edit、Draw 和 View 菜单中增加的命令绝大部分都能够在编辑器的操作工具栏、参数工具栏和命令工具栏中找到相同的按钮,并且由于操作工具栏已经在元件库编辑器主界面中进行了介绍,下面将着重介绍命令工具栏中增加的、之前没有接触过的命令按钮和参数工具栏中相应的参数项,以及 Draw 工具栏中的 Frame 命令。

5.2.1　CHANGE 命令按钮

Symbol 编辑界面中的 CHANGE 命令按钮 ✏ 包含了针对创建原理图符号的各种命令,如图 5.10 所示。

这里仅介绍原理图编辑器中未涉及的命令:

● Direction、Function、Length、SwapLevel、Visible 命令:这 5 个选项用于修改 Symbol 的引脚参数。
● Pour 命令:该选项用于修改敷铜区的填充显示样式。如果在绘图区中使用 POLY-GON(多边形)命令绘制了敷铜区,则可以通过该命令选择 Solid(实心填充)或者 Hatch(网格填充)样式。

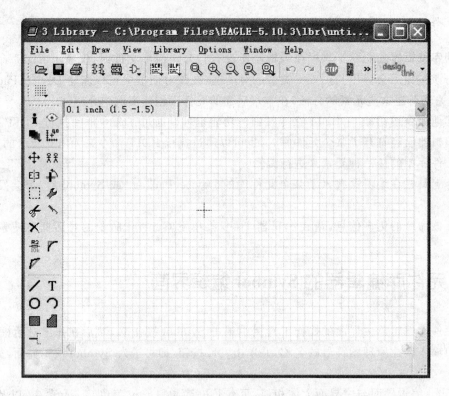

图 5.9　Symbol 编辑界面

● Spacing 命令:该命令用于修改网格填充方式的敷铜区中填充线之间的距离。

5.2.2　Frame 命令

Draw 菜单中包含的 Frame 命令用于自定义外框,如图 5.11 所示。当软件自带的 frames. lbr 库文件中包含的外框样式无法满足设计要求时,可以通过 Symbol 编辑界面中的 Draw→Frame 命令,或者在命令框中运行 FRAME 命令来自行创建一个外框库文件。

例如在编辑器中的 Symbols 层上自定义一个上下左右刻度都为 5,并且带有设计项目名称、最后保存时间和界面数的外框,其步骤如下:

① 选择 Control Panel 上的 File→New→Library 菜单来打开元件库编辑器主界面。

② 在主界面的操作工具栏中单击 Symbol 按钮 ,然后输入新建的符号名称,例如 FRAME_SYMBOL 并确定,进入原理图符号编辑界面。

③ 在命令框中运行 FRAME 命令,然后在参数工具栏中的层下拉菜单中选择 94 Symbols 层,Columns 下拉菜单和 Raws 下拉菜单中都选择 5,最后在绘图区按住鼠标左键并拖动鼠标,直至外框尺寸达到适当大小时,再次单击确定外框,所绘制的外框如图 5.12 所示。

图 5.10　Symbol 编辑界面的　　　　　图 5.11　Symbol 编辑界面的

CHANGE 命令菜单　　　　　　　　　Draw→Frame 命令

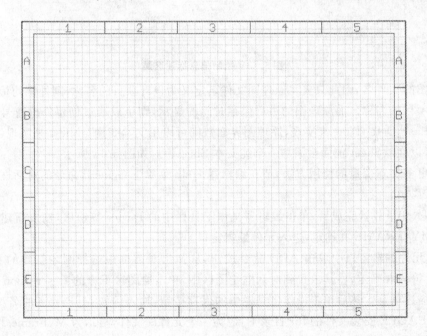

图 5.12　绘制外框

④ 单击命令工具栏中的 WIRE 命令按钮／，在外框的右下角绘制出信息标注区域，如图5.13 所示。

⑤ 单击命令工具栏中的 TEXT 命令按钮，在弹出窗口中输入文本变量＞Drawing_Name 并确定，然后将其放置在信息标注区中。该文本变量将在外框符号放置到某个原理图中时显

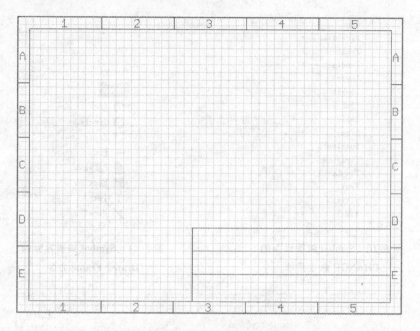

图 5.13　绘制信息标注区域

示该原理图的文件名,因此只要将原理图文件名定义为设计项目的名称,则外框的标注区域就会显示该项目的名称。而原理图的最后保存时间的显示,则可以通过创建外框符号时添加文本变量＞Last_Date_Time 来实现,原理图界面数则可以用文本变量＞Sheet 来实现(为了表达更清楚,可以在＞Sheet 前面多添加一个纯文本 Sheet＝),如图 5.14 所示。

关于更多文本变量的使用方法,请在编辑器 Help 菜单下 General 命令的对话框中搜索关键字 TEXT。

⑥ 文本变量放置完成后,单击编辑器操作工具栏中的 Device 按钮🖧,输入新建的元件名称,例如 MY_FRAME 并确定,进入元件编辑窗口。

⑦ 在元件编辑窗口中单击 ADD 命令按钮,从弹出对话框中选择刚才新建的 FRAME_SYMBOL 符号并确定,将其放置到对话框绘图区中,单击绘图区下方的 Description 可以为该元件提供描述信息。然后单击操作工具栏中的保存按钮,输入例如 MyFrame 的名称后,将元件保存在 EAGLE 安装文件的 lbr 目录下,成为一个元件库文件,显示为 MyFrame.lbr。

这样便完成了自定义外框符号的创建过程。

注意:由于外框符号不存在封装,因此并没有涉及创建封装的内容,而只包括了 Symbol 和 Device 的创建。关于创建封装的详细内容将在本章后面通过具体的实例来进行介绍。

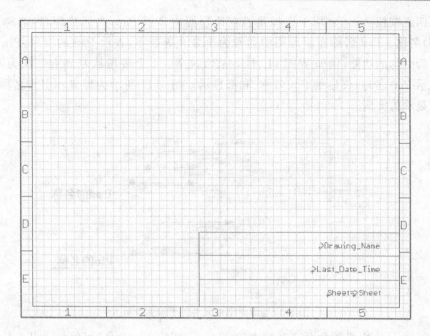

图 5.14 放置文本变量

5.2.3 PIN 命令按钮

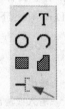

在 Symbol 编辑窗口的命令工具栏中会出现一个新的命令按钮，即 PIN 命令按钮 ⊣，如图 5.15 所示，该按钮用于在创建元件符号时添加引脚。单击该按钮或者在命令框中运行 PIN 命令后，在编辑器的参数工具栏会出现相应的参数项，如图 5.16 所示。

图 5.15 PIN 命令按钮

PIN 命令的参数工具栏包括了 16 个按钮和两个下拉菜单，其中左边的 16 个按钮以 4 个按钮为一组，每一组按钮都具有不同的功能：

图 5.16 PIN 命令的参数工具栏

- 第一组按钮 ⊣T⊥ 用于选择引脚的方向，每个方向相差 90°，也可以通过单击鼠标右键来实现旋转。
- 第二组按钮 ⊢▷←↔ 用于选择引脚的功能，其中包括普通引脚、反向信号引脚、时钟引脚、反向时钟引脚。通过编辑器命令工具栏中的 Change→Function 选项可以修改已经放置的引脚的功能。
- 第三组按钮 ⌐⊢⌐ 用于选择引脚线条的长短，可根据需要进行选择。

● 第四组按钮 ⌐⊦⊣⊢ 用于选择是否在原理图中显示 Pad(直插式焊盘)名称和 Pin(引脚)名称。Pad 名称在原理图中通常为 1、2、3 等数字,表示 Pad 的编号,Pin 名称则表示为引脚的功能,例如 WRITE、JUM、RTN 等。4 个按钮从左到右依次为不显示、仅显示 Pad 名称、仅显示 Pin 名称、和都显示。图 5.17 所示为焊盘和引脚名称在原理图中显示的实例。

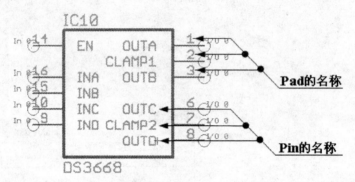

图 5.17 原理图中元件的 Pad 和 Pin

通过 Symbol 编辑界面命令工具栏中的 Change→Visible 命令,可以修改已经放置的引脚的 Pad 和 Pin 名称显示方式。

● Direction 下拉菜单用于选择信号传输的逻辑方向,其中包括:

NC ；无连接

In ；输入

Out ；输出

I/O ；输入或输出

OC ；集电极开路或漏极开路

Pwr ；电源(V_{cc}、Gnd、V_{ss}、V_{dd} 等)

Pas ；被动连接(连接电阻、电容等)

Hiz ；高阻抗输出(例如三态式输出)

Sup ；通用电源引脚(例如连接接地符号)

如果元件符号上带有 Pwr 引脚,并且在原理图中存在相应的 Sup 引脚,则它们会自动连接。Sup 引脚不能用来作为新建元件的一个引脚,而是用于创建单独的电源符号。

通过编辑器命令工具栏中的 Change→Direction 选项可以修改已经放置的引脚的信号方向。

● Swaplevel 下拉菜单用于选择引脚(或 gate)的互换等级,等级范围为 0~255。等级 0 表示该引脚(或 gate)不能和任何引脚(或 gate)互换。互换等级大于 0 的引脚(或 gate)可以和等级相同的引脚(或 gate)相互调换,例如一个 NAND 门的所有引脚相互间都可以任意调换,因此可以为它们分配相同的互换等级。

通过编辑器命令工具栏中的 Change→Swaplevel 命令可以修改已经放置的引脚的互换等级。

关于 PIN 命令的更多信息,请在编辑器 Help 菜单下 General 命令的窗口中搜索关键字 PIN。

5.3　元件库编辑器的 Package 编辑界面

在元件库编辑器的操作工具栏中单击 Package 按钮,然后在弹出对话框中输入新建封装的名称并确定,即可以进入封装编辑界面,如图 5.18 所示。

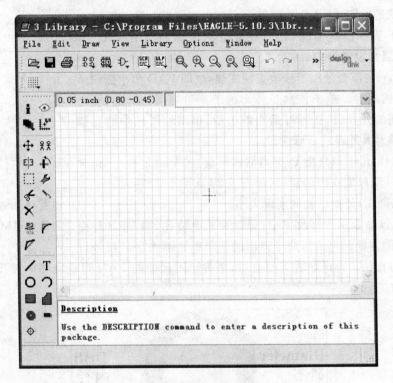

图 5.18　Package 编辑界面

Package 编辑界面与 Symbol 编辑界面类似,只是 CHANGE 命令按钮中包含了更多内容,并且增加了 PAD(直插式焊盘) 、SMD(表面贴装焊盘) 、HOLE(钻孔) 等命令功能,以及绘图区下方的封装描述框。

5.3.1 CHANGE 命令按钮

与之前介绍的编辑器相同，CHANGE 命令按钮用于修改绘图中不同对象的各种参数。PCB 编辑器的 CHANGE 按钮 ✍ 包含了针对 PCB 设计的特有命令，如图 5.19 所示。

这里仅介绍 Package 编辑界面特有的命令：

① Cream：该命令用于修改封装的 PAD 和 SMD 焊盘的焊膏层开关状态，可以选择 On（启用）或者 Off（禁用），默认为 On。将 PAD 和 SMD 焊盘的焊膏层修改为 Off 时，该封装放置到 PCB 编辑器中后，相应的 PAD 或 SMD 上就不会出现焊膏层标记图案（通过 DISPLAY 命令选中第 31 层 tCream 层来显示标记图案），从而之后为焊膏层生成的 GERBER 文件中就不会在相应位置上涂刷焊膏。

建议除了某些特殊情况以外，在建立封装时将所有 PAD 和 SMD 的焊膏层都设置为 On。

② Diameter：该命令用于修改直插式焊盘（即 PAD 命令按钮所放置的焊盘）的外径。单击该命令弹出的子菜单底部的"..."符号可以自定义新的外径值，选择好适当的值后，单击绘图区中的直插式焊盘就能够对其外径进行修改。

- 外径（Diameter）是指 Pad（直插式焊盘）或 Via（过孔）上包含金属外圈厚度在内的直径，如图 5.20 和图 5.21 所示。
- 内径（Drill）是指钻孔的实际大小。

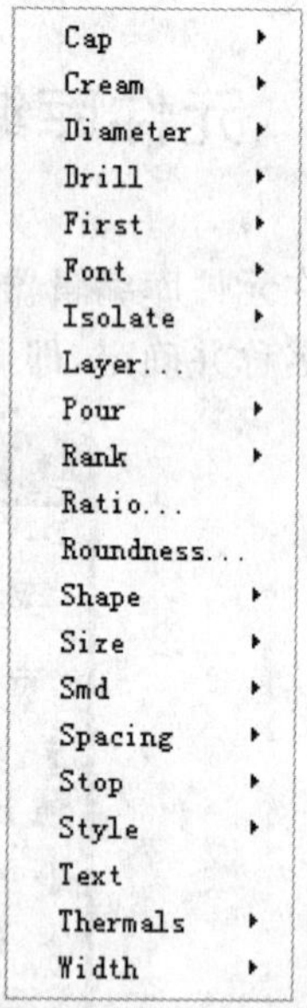

Cap	▶
Cream	▶
Diameter	▶
Drill	▶
First	▶
Font	▶
Isolate	▶
Layer...	
Pour	▶
Rank	▶
Ratio...	
Roundness...	
Shape	▶
Size	▶
Smd	▶
Spacing	▶
Stop	▶
Style	▶
Text	
Thermals	▶
Width	▶

图 5.19 Package 编辑界面的 CHANGE 命令菜单

③ Drill：该命令用于修改 PAD 焊盘和非电镀孔（即 DRILL 命令放置的孔）的内径。单击该命令弹出的子菜单底部的"…"符号可以自定义新的直径。选择好适当的值后，单击绘图区中的 PAD 焊盘或非电镀孔就能够对其直径进行修改。

Diameter 外径　　**Drill 内径**

图 5.20　Via 的外径和内径

EAGLE 在元件库编辑器和 PCB 编辑器中采用不同的符号来标记不同内径范围的孔。如果需要查看这些符号，通过在编辑器菜单栏选择 View→Display/hide layers 命令或者在命

图 5.21　Pad 的外径和内径

令框中运行 DISPLAY 命令,然后在设置窗口中选中第 44 层(Drills 层),单击 OK 按钮即可,如图 5.22 所示。

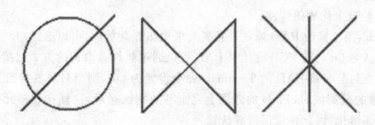

图 5.22　钻孔标记符号

EAGLE 会根据不同范围的钻孔直径自动分配不同的标记符号。

④ First:该命令用于对封装的第一个焊盘进行标记。在该命令的弹出菜单中选择 On 命令,然后单击封装的某个焊盘,则该焊盘会被标记成该封装的第一个焊盘。如果在 DRC 命令弹出对话框上 Shape 标签内的 First 下拉菜单中选择了标记形状,例如 Octagon(八角形),则当该封装放置到 PCB 设计中时,被标记的焊盘就会显示成六角形,以便与其他焊盘区别。

⑤ Isolate:该命令用于修改多边形敷铜区与不同信号的对象之间的间距。单击该命令弹出的子菜单底部的"..."符号可以自定义新的间距值,选择好适当的值后,单击绘图区中的多边形就能够实现修改。

⑥ Rank:该命令用于修改多边形敷铜区的等级,可选等级为 0 和 7。如果将封装中的多边形等级设置为 0,则该封装放置到 PCB 编辑器中后,其多边形不会被其他任何多边形覆盖。而如果将等级设置为 7,则其多变形可以被 PCB 设计中的任意多边形覆盖。

另外,如果封装中的多边形等级设置为 7,并且将该多边形作为一个异形 SMD 焊盘,这样当封装放置到 PCB 设计中时,就能够被 PCB 上的敷铜层覆盖,这对于接地散热非常有用。

⑦ Roundness:该选项用于修改 SMD 焊盘 4 个角的圆弧形状。单击该命令后在弹出对话框中输入 0~100 之间的值,确定后再单击 SMD 焊盘即可完成修改。默认值为 0,表示 4 个角均为直角。输入的数值越大,4 个角的弧形半径就越大。

⑧ Shape：该选项用于修改 PAD 命令放置的焊盘形状。一共有 5 个子选项，包括 Square（正方形）、Round（圆形）、Octagon（八角形）、Long（长条形）、Offset（偏置形）。选择需要的形状后单击焊盘即可以完成修改。

⑨ Smd：该命令用于修改 SMD 焊盘的尺寸。单击该命令弹出的子菜单底部的"…"符号可以自定义新的 SMD 尺寸。选择好适当的尺寸后，单击绘图区中的 SMD 符号即可以实现修改。

⑩ Stop：该命令用于修改 PAD 和 SMD 焊盘的阻焊层开关状态，可以选择 On（启用）或者 Off（禁用）命令，默认为 On。将 PAD 和 SMD 焊盘的阻焊层修改为 Off 时，该封装放置到 PCB 编辑器中后，相应的 PAD 或 SMD 上就不会出现阻焊层标记图案（通过 DISPLAY 命令选中第 29 层 tStop 层来显示标记图案），从而之后为阻焊层生成的 GERBER 文件中就会在该 PAD 或 SMD 的相应位置上涂刷阻焊漆。

⑪ Thermals：用于修改 PAD 焊盘是否需要采用热焊盘敷铜，可以选择 On（启用）或者 Off（禁用）命令，默认为 On。在 PCB 设计中 PAD 可以通过热焊盘敷铜的方式连接相同信号的敷铜区，如果在建立封装时将 PAD 的 Thermals 命令设置为 Off，则当封装放置到 PCB 设计中并且处于相同信号的敷铜区时，PAD 的四周会完全与敷铜区接触，这样在焊接元件时热量散发过快，不利于焊锡熔化，因此建议保持默认设置。

5.3.2 PAD 命令按钮

PAD 命令按钮●用于添加直插式焊盘。单击该按钮或者在命令框中运行 PAD 命令后，在编辑器的参数工具栏会显示相应的参数项，如图 5.23 所示。

图 5.23 PAD 命令的参数工具栏

PAD 命令按钮的参数工具栏包括了 5 个按钮和 3 个下拉菜单，其中这 5 个按钮用于选择不同的焊盘形状。Diameter 下拉菜单用于定义焊盘的外径。Drill 下拉菜单用于定义焊盘的钻孔直径。Angle 下拉菜单用于定义焊盘的旋转角度，也可以通过右击来切换旋转角度。

通过编辑器命令工具栏中的 CHANGE 命令按钮中的 Shape、Diameter、Angle，可以对已经放置的焊盘的形状、外径、钻孔直径和旋转角度进行修改，另外也可以通过 CHANGE 命令按钮中的 Stop、Cream、Thermal 以及 First 命令，来启用或禁用自动生成阻焊符号、焊膏符号、散热符号以及 First 标记（即使用特殊形状来将某个焊盘标记为封装的第一个引脚所连接的焊盘，特殊形状可以在 PCB 编辑器中运行 DRC 命令，进入 Shapes 选项卡，找到 First 下拉菜单进行设置）。

关于该命令的更多信息，请在编辑器 Help 菜单下 General 选项的窗口中搜索关键字 PAD。

5.3.3　SMD 命令按钮

SMD 命令按钮 ■ 用于添加表面贴装焊盘。单击该按钮或者在命令框中运行 SMD 命令后，在编辑器的参数工具栏会显示相应的参数项，如图 5.24 所示。

图 5.24　SMD 命令的参数工具栏

SMD 命令的参数工具栏包括层选择下拉菜单、Smd 下拉菜单、Roundness 下拉菜单和 Angle 下拉菜单。

层选择下拉菜单用于选择 SMD 焊盘符号所放置的层，由于 SMD 只能在顶层或底层上，因此下拉菜单只提供了 Top(顶层)和 Bottom(底层)两个命令，也可以通过单击鼠标中键(或滚轮)来切换不同的层。Smd 下拉菜单用于定义表面贴装焊盘的尺寸。Roundness 下拉菜单用于定义表面贴装焊盘四个角的圆弧形态，以百分比表示，数字越大，圆弧的半径就越大，选择 0 时，则表示直角。关于 Angle 下拉菜单请参考上面的 PAD 命令参数工具栏的内容。

同样，通过 CHANGE 命令按钮中的 Layer、Smd、Roundness、Stop、Cream、Thermal 命令也可以对已经放置的 SMD 焊盘进行相应的修改。

关于该命令的更多信息，请在编辑器 Help 菜单下选择 General 命令弹出的对话框中搜索关键字 SMD。

5.3.4　HOLE 命令按钮

HOLE 命令按钮 ⊕ 用于添加不带任何电气属性的钻孔，例如安装孔等。单击该按钮或者在命令框中运行 HOLE 命令后，在编辑器的参数工具栏会显示相应的参数项，如图 5.25 所示。

HOLE 命令的参数工具栏中只有一项参数，即 Dirll 下拉菜单。该菜单用于定义钻孔直径，选择不同的钻孔直径时，钻孔符号会发生相应的变化，以便进行区别。例如在图 5.25 中所选择的钻孔直径对应的符号如图 5.26 所示。

图 5.25　HOLE 命令的参数工具栏　　　**图 5.26　HOLE 命令绘制的孔**

钻孔符号由两部分组成,一部分即中心位置的圆形,另一部分则是代表不同尺寸的标记符号。其中圆形符号放置在 20 Dimension 层上,其直径即就是钻孔的真实直径;而剩下的标记符号则放置在 45 Holes 层上,用于区分不同直径的孔。

如果需要修改已经放置的钻孔的直径,可以通过编辑器命令工具栏中 CHANGE 命令按钮下的 Drill 选项来实现。

关于该命令的更多信息,请在编辑器 Help 菜单下选择 General 命令弹出的对话框中搜索关键字 HOLE。

5.3.5 Description 设置项

绘图区下方的 Description 用于为当前的封装添加描述信息。当在 Control Panel 的 Libraries 树形分支中的相应元件库下选中封装时,这些信息将会显示在右方的对话框内。

单击 Description 或者在命令框中运行 DESCRIPTION 命令后,在弹出对话框的下半部分输入描述。

关于该命令的更多信息,请在编辑器 Help 菜单下选择 General 命令弹出的窗口中搜索关键字 DESCRIPTION。

5.4 元件库编辑器的 Device 编辑界面

单击元件库编辑器操作工具栏中的 Device 按钮,然后在弹出对话框中输入新建元件的名称并确定,即可以进入 Device 编辑器界面,如图 5.27 所示。

Device 包含了 Symbol 的引脚和 Package 的焊盘之间的对应关系,因此在完成 Symbol 和 Package 的创建工作后,需要在 Device 编辑器界面中将两者关联起来。

Device 编辑器界面的介绍将重点关注绘图区出现的新内容。

5.4.1 CHANGE 命令按钮

CHANGE 按钮包含两个子菜单:Addlevel 和 Swaplevel。关于 Swaplevel 子菜单请参考 5.2.3 节 PIN 命令按钮的内容。这里仅介绍 Addlevel 子菜单中的内容。

Addlevel 表示在原理图中使用 ADD 命令放置元件的 gate 时,该 gate 的优先等级。如果需要查看某个元件的 Addlevel 和 Swaplevel 等级,可以在该元件的 Device 编辑器界面中右击原理图符号,并选择 Properties 命令即可。

Addlevel 子菜单下包含的命令如图 5.28 所示。

● Must:表示该元件中任何 gate 放置到原理图中时,该 gate 也会自动出现在原理图中。如果要删除 Addlevel 为 Must 的 gate,则必须先删除其他等级的 gate。

● Can:表示元件中具有该等级的 gate(电源 gate 除外)需要使用 INVOKE 命令来放置

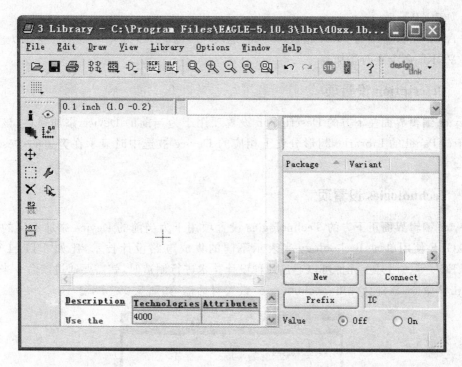

图 5.27　Device 编辑界面

到原理图中。例如一个包含 A、B、C、D 共 4 个
gate 的逻辑元件符号,它们的 Addlevel 通常都为
Next,放置该逻辑元件时,前一个 gate 放置后会
自动切换到下一个 gate,直至 4 个 gate 放置完
成;如果将第 4 个 gate 的 Addlevel 改为 Can,则
前 3 个 gate 放置完成后再次放置时,会从第一个
gate 重新开始,而不会自动放置第 4 个 gate。这

图 5.28　Addlevel 子菜单下的命令

时就需要使用 INVOKE 命令手动选择来完成整个元件的放置。

- Next:表示具有该等级的 gate 依照名称顺序进行放置。例如 4 个 gate 的名称为 A、B、
  C、D,并且它们的 Addlevel 均为 Next,则放置元件时会依照建立元件库时各个 gate 放
  置到元件库编辑器中的先后顺序来进行放置。

- Request:该等级专用于元件的电源 gate。通常电源符号都属于 Request 等级,不能自
  动添加,与 Can 等级一样需要使用 INVOKE 命令来进行放置。但与 Can 等级不同的
  是,当元件由两个 gate 组成,并且其中一个的 Addlevel 是 Request 的电源 gate,则元
  件放置到原理图中后的名称通常为 IC1、IC2 或 IC3 等等,而不会在名称后加上 gate 的
  名称。而电源 gate 被放置到原理图中时,其名称为前缀＋数字＋gate 名称,例

如 IC1P。

● Always：该等级与 Must 相似，不同的是该等级的 gate 可以单独删除，也可以通过 IN-VOKE 命令重新添加。

5.4.2 Description 设置项

Device 编辑界面左下方的 Description 设置项用于为当前的 Device 添加描述，该描述会在 Control Panel 的 Libraries 树形分支下相应的 Device 被选中时显示在旁边的 Description 一栏中。

5.4.3 Technologies 设置项

Device 编辑界面正下方的 Technologies 设置项用于为当前的 Device 添加不同的技术标识。EAGLE 使用单词 Technology 来表示不同的集成电路设计技术，比如 TTL、LVTTL、CMOS、ECL 等。当某个元件可以通过几种设计技术进行制造时，就需要通过该命令来添加。

单击该命令，软件会弹出 Technologies 设置对话框，如图 5.29 所示。

图 5.29 Technology 设置对话框

在 New 文本框中输入该元件的 Technology 名称，例如 AS、HC、LS 等，然后单击两次确定即可完成 Technology 的添加工作。

这里添加的 Technology 名称会加入元件的名称中，例如当通过 ADD 命令在原理图中添加元件库 74xx-eu.lbr 中的元件时，ADD 命令弹出对话框中该元件库下的 74*00 元件内就能够找到诸如 74HC00FK 和 74HC00N 的元件，其名称中间就包含了 Technology 的名称

HC。如果在为新创建的 Device 输入名称时,在名称中加入"＊"号,则 Technology 的名称会取代"＊"号的位置。如果不加入"＊"号,则 Technology 的名称会直接添加到 Device 名称的后面,然后再加上 Variant name(用于区分不同的封装)。

  Technology 命令等同于在 Device 编辑界面中运行 TECHNOLOGY 命令,关于该命令的更多信息,请在编辑器 Help 菜单下 General 命令的对话框中搜索关键字 TECHNOLOGY。

5.4.4 Attribute 设置项

  Device 编辑器界面正下方的 Attribute 设置项用于为选择的 Technology 添加附加信息,单击该命令会弹出图 5.30 所示对话框。

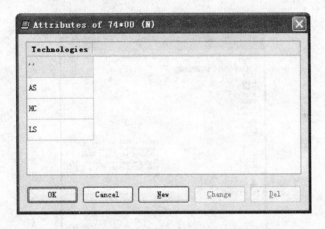

图 5.30 Technology 的 Attribute 设置对话框

  在该对话框中选中某个 Technology,然后单击 New 按钮,弹出图 5.31 所示的对话框。

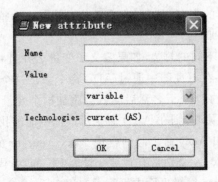

图 5.31 Technology 的 Attribute 设置对话框

  在该对话框中的 Name 文本框中输入属性名称,例如 Manufacturer;在 Value 文本框中输入值,例如 NXP;在下方的下拉列表中选择 Variable(可修改)或者 Constant(不可修改选项),

如果选择前者,则可以在原理图中通过 ATTRIBUTE 命令来对该元件在图 5.31 中定义的 Value 进行修改,如果选择后者,则只能通过 ATTRIBUTE 查看,而无法修改;在 Technologies 文本框内选择添加附加信息的对象,current 命令表示只为当前选中的 Technology 添加信息,也可以选择 all 来为该元件包含的所有 Technology 添加附加信息。

Attribute 命令等同于在 Device 编辑界面中运行 ATTRIBUTE 命令,关于该命令的更多信息,请在编辑器 Help 菜单下 General 命令的窗口中搜索关键字 ATTRIBUTE。

5.4.5 New 按钮

Device 编辑界面右下方的 New 按钮用于将已经创建好的封装添加到元件中。单击该按钮后弹出对话框如图 5.32 所示。

图 5.32 添加 Package 对话框

在对话框中选择要添加的封装,然后在 Variant name 文本框中输入被选中封装的变量名,例如输入 D,并单击确定即可。

Variant name 用于区分不同的封装,如果定义了变量名并且将该变量名对应的封装与某个 Symbol 进行了关联,那么在原理图中通过 ADD 命令添加这个 Symbol 时,ADD 命令的弹出窗口中与该 Symbol 对应的 Device 名称后面就会添加这个变量名。如果该 Symbol 与多个定义了变量名的封装进行了关联,则在 ADD 命令对话框中能够找到多个相应的 Device,名称带有不同的封装变量名,例如 ADD 命令对话框中 74xx－eu.lbr 元件库中,74＊＊00 分组下的元件 74HC00FK 和 74HC00N 分别带有封装变量名 FK 和 N,代表不同的封装。

New 按钮等同于在 Device 编辑界面中运行 PACKAGE 命令,关于该命令的更多信息,请在编辑器 Help 菜单下 General 选项的对话框中搜索关键字 PACKAGE。

5.4.6　Connect 按钮

Device 编辑界面右下方的 Connect 按钮用于将创建好的 Symbol 的引脚和 Package 的焊盘相互关联起来。单击该按钮后弹出的对话框如图 5.33 所示。

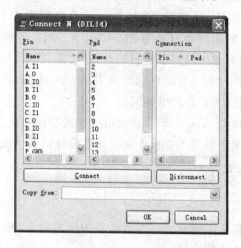

图 5.33　Symbol 和 Package 关联对话框

图 5.33 中 Pin 栏和 Pad 栏分别列出了 Symbol 和 Package 的引脚和焊盘名称,选择需要关联的某个引脚和某个焊盘,然后单击下方的 Connect 按钮,即可以将它们关联起来,并出现在右方的 Connection 栏内,然后继续对其他引脚和焊盘进行关联。Disconnect 按钮用于取消关联,选择 Connection 栏内的某对引脚和焊盘,然后单击 Disconnect 按钮即可。Copy from 下拉菜单中可以选择其他具有相同焊盘数量的封装,单击 OK 按钮后就能直接将引脚和焊盘的关联关系复制到当前选择的 Symbol 和 Package 上,免去多次进行引脚和焊盘关联的操作。

Connect 按钮等同于 CONNECT 命令,关于该命令的更多信息,请在编辑器 Help 菜单下 General 命令的对话框中搜索关键字 CONNECT。

5.4.7　Prefix 按钮

Device 编辑界面右下方的 Prefix 按钮用于为元件或者元件的 gate 添加前缀字符。单击该按钮并在弹出对话框中输入需要的前缀字符来进行添加。定义了前缀后,当在原理图中放置该元件或元件的 gate 时,软件会自动将该字符作为该元件或元件 gate 名称的开头部分。例如将前缀定义为 IC,则在原理图中放置该元件的 Symbol 时,软件会自动将其命名为"IC+数字(表示这是第几个同前缀名的元件)+gate 名称",比如 IC5A,表示该 Symbol 是原理图中第5 个前缀名为 IC 的原理图符号,gate 名称为 A。

Prefix 按钮等同于 PREFIX 命令,关于该命令的更多信息,请在编辑器 Help 菜单下 Gen-

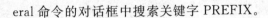

eral 命令的对话框中搜索关键字 PREFIX。

5.4.8 Value 单选项

如果将 Device 编辑界面右下方的 Value 单选项设置为 Off,则表示自动将 Device 的名称作为原理图中元件所显示的 Value 的值,例如 Device 的名称为 74HC00FK,则当该元件被放置到原理图中时,其 Value 的值自动定义为 74HC00FK。当在原理图编辑器中通过 VALUE 命令对其进行修改时,系统会弹出询问框进行确认,这时需要确认后才能修改。如果选择 On,则当该元件被放置到原理图中时,不会自动定义其 Value 的值,而需要手动定义,这时通过 VALUE 命令来进行定义时,则不会弹出询问框。

在 Device 编辑界面中运行 VALUE 命令也可以实现相同的设置功能,关于该命令的更多信息,请在编辑器 Help 菜单下选择 General 命令弹出的对话框中搜索关键字 VALUE。

5.5 元件库创建实例

前面几节的介绍基本包括了创建元件库所需要的所有命令,现在通过实际元件库的创建工作来更进一步熟悉这些命令的应用。

本节将由浅入深地分别介绍两种具有代表性的元件库创建工作:创建简单电阻的元件库,以及创建带有多个 gate 的元件库。通过对这些内容的学习,将能够帮助设计人员利用 EAGLE 轻松快捷地完成有关元件库的创建。

5.5.1 创建简单的电阻元件

电阻元件库的创建步骤如下:

1. 建立简单电阻的 Symbol

通过 Control Panel 的 File→New→Library 菜单进入元件库编辑器主界面。

单击操作工具栏中的 Symbol 按钮 ，在弹出窗口中输入新建 Symbol 的名称,例如 RE-SISTOR,确定后进入该电阻的 Symbol 编辑界面。

单击操作工具栏中的 GRID 按钮 或在命令框中运行 GRID 命令,将栅格尺寸设置为 100mil(或 0.1inch)。

单击命令工具栏中的 WIRE 按钮／或在命令框中运行 WIRE 命令,设置好参数工具栏中的参数后,在 94 Symbols 层上绘制电阻的轮廓,如图 5.34 所示。

图 5.34　电阻轮廓

注意：绘制元件轮廓时，所绘制的图形应该尽量靠近绘图区的原点，甚至将原点包含在图形中，避免图形离原点距离太远。这是因为当通过 ADD 命令放置元件时，元件会附着到鼠标指针上，而附着点则是以这个原点为准，如果距离太远，在放置时图形就会离鼠标指针较远，不利于准确地实现元件放置操作。

单击命令工具栏中的 PIN 按钮或者在命令框中运行 PIN 命令，在参数工具栏的 Direction 下拉菜单中选择 Pas 属性，Swaplevel 下拉菜单中选择 1（电阻的两个引脚可以互换，因此该值选择大于 0 的数值），然后将引脚放置在电阻轮廓的左右两边，如图 5.35 所示。

图 5.35　添加电阻的引脚

图 5.35 中的 P$1 和 P$2 为系统默认添加的引脚名称，单击命令工具栏中的 NAME 按钮，然后分别单击两个引脚来自定义名称，例如分别定义为 A 和 B，如图 5.36 所示。

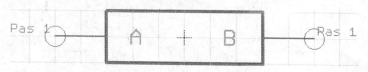

图 5.36　修改电阻引脚名称

在命令工具栏中单击 TEXT 按钮 **T**，或者在命令框中运行 TEXT 命令，然后在弹出对话框中输入文本变量＞NAME，确定后将该变量放置在电阻的附近，然后再使用 TEXT 命令添加文本变量＞VALUE，同样放置在电阻附近，如图 5.37 所示。

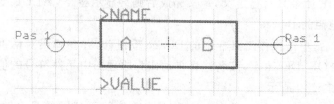

图 5.37　添加文本变量

放置文本变量＞NAME 后，当该元件添加到原理图中时，软件会自动在该变量的位置上采用 Device 界面中的 Prefix 按钮(为元件或者元件的 gate 添加前缀字符)所定义的字符作为元件名称的前缀,并在后面加上数字序号来显示名称。如果 Prefix 定义为 R,则第一个放置在在原理图中的该电阻的名称显示为 R1,第二个则为 R2,依此类推。

2. 建立简单电阻的 Package

电阻的 Symbol 绘制完成后,不需要立刻保存,可以直接单击编辑界面操作工具栏中的 Package 按钮,并在弹出对话框中输入新建电阻封装的名称,例如 R1,单击 OK 按钮进入 Package 编辑界面。

通常具有金属引脚的通孔标准元件都使用 50mil 的栅格尺寸来创建封装,因此先运行 GRID 命令,然后将栅格设置为 50mil。

单击命令工具栏中的 Pad 按钮 ● 或 SMD 按钮 ▬,或者在命令框中运行 PAD 或 SMD 命令(根据需要的封装选择直插式焊盘或表面贴装焊盘),然后在参数工具栏中对参数项进行适当的调整,最后按照实际封装的焊盘间隔放置在绘图区中,并通过 WIRE、RECT 等命令绘制封装外形和引脚,如图 5.38 所示。

单击命令工具栏中的 NAME 命令按钮 ,然后分别单击两个焊盘来定义新的名称,例如分别定义为 1 和 2。

在命令工具栏中单击 TEXT 按钮 **T** ,或者在命令框中运行 TEXT 命令,然后在弹出的对话框中输入文本变量＞NAME,确定后将该变量放置在封装的附近,然后再使用 TEXT 命令添加文本变量＞VALUE,同样放置在封装附近,如图 5.39 所示。

图 5.38　绘制封装图形　　　　　图 5.39　添加文本变量

放置了名称和值的文本变量后,当封装添加到 PCB 设计中时,软件会自动为该封装命名,例如 E＄1,通过 PCB 编辑器中的 NAME 命令可以对其进行修改。封装的值需要通过 PCB 编辑器中的 VALUE 命令来自行定义,定义完成后则会显示在＞VALUE 变量的位置上。

3. 建立简单电阻的 Device

封装建立完成后,单击操作工具栏中的 Device 按钮 ,并在弹出对话框中输入 Device 的名称,例如 RESISTOR_DEVICE,该名称将自动作为原理图中元件符号的值,确定后进入 Device 创建界面,如图 5.40 所示。

单击 ADD 按钮 ,在弹出对话框中选择刚才建立的原理图符号名称 RESISTOR 并确定,然后将该元件符号放置在绘图区中。

单击右下角的 New 按钮,在弹出对话框中选择刚才建立的封装名称 R1,并在下方为该封

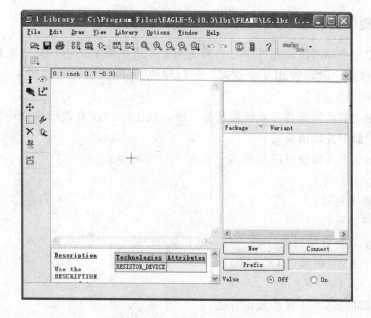

图 5.40　Device 创建界面

装定义一个变量名,以便在该元件具有多种封装时进行区别,确定后封装会显示在右方的上半部分窗口内,并在下半部分窗口内显示封装名称和变量名。

　　双击封装名称(或者单击窗口右下方的 Connect 按钮),在弹出窗口中分别选中相互对应的引脚和焊盘,然后单击该窗口中的 Connect 按钮将它们关联起来,确定后单击 Device,创建界面右下角的 Prefix 按钮,为该元件在原理图中所显示的名称输入前缀,例如 R。最后单击操作工具栏中的保存按钮■,将该元件保存为 lbr 文件,例如 Simple_Resistor.lbr,建议保存在EAGLE 安装目录的 lbr 目录下,以方便以后使用。

　　　　注意: 这里保存的文件名将在 Control Panel 的 Libraries 树形分支中作为元件库的名称,在该元件库下只会显示 Device 和封装的名称,而不会显示 Symbol 的名称。给 Symbol 定义名称只是为了方便将其添加到 Device 中。

5.5.2 创建复杂的多 gate 元件库

本节将使用一个标准逻辑元件(541032)为例来介绍如何定义一个具有两种不同封装(直插和贴片)的元件库。541032 由 4 个逻辑"或"门组成,其原理图符号需要 4 个逻辑门的 gate 和一个电源 gate。

创建元件库之前必须先参考元件的数据手册。541032 的所有数据信息均是从 TI 公司公开发布的芯片手册中提取出来的。

通过下面的 6 个步骤就可以实现多个 gate 元件库的创建:

- 新建一个元件库;
- 定义原理图符号;
- 定义电源符号;
- 定义一个双列直插封装(DIL−14);
- 定义一个 SMD 封装(LCC−20);
- 定义元件的 Device Set。

下面将详细讲解每个步骤的操作方法:

① 新建一个元件库。在 EAGLE 控制面板中单击 File→New→Library 菜单打开新建元件库编辑窗口,然后单击 File→Save as 命令,另存为 my_lib.lbr。

② 定义原理图符号。单击 ⚒ 按钮,在弹出的编辑菜单中的 New 文本框中输入原理图符号名称(比如:2−input_positive_or)后单击 OK 按钮,然后在弹出的确认对话框中确认,进入原理图符号编辑窗口,接着依次执行以下操作:

- 设置栅格尺寸:创建任何原理图符号的默认栅格尺寸均为 0.1inch(100mil),请尽量使用此默认尺寸,至少在放引脚的时候需要如此。原理图符号的引脚和网络线放到同一栅格尺寸下是最基本的要求,否则,在原理图编辑器中不会产生任何的电气连接。
- 绘制原理图符号外框:使用 WIRE 命令在第 94 层(Symbols 层)绘制原理图符号的外框,原理图符号编辑器的缺省线宽为 10mil,也可以选择其他宽度。原理图符号的外框原则上可以绘制成任意图形,但是为了便于阅读和作为 PCB 设计参考,在绘原理图符号时通常需要遵循习惯,原理图中的引脚排列顺序一般不是引脚图中的次序。
- 放置引脚:使用 PIN 命令放置 3 个引脚,将引脚的 Direction 属性设置为 In、In 和 Out,并使用 NAME 命令分别将引脚名称分别修改为 I、I 和 O。
- 放置 NAME 和 VALUE 文本变量:使用 TEXT 命令在第 95 层(Names 层)为原理图符号放一个名称变量:>NAME;在第 96 层(Values 层)为原理图符号放一个值的变量:>VALUE。

把这两个文本变量放到图中合适的位置。文本变量与纯文本都可以在原理图编辑器中通过 SMASH 命令与元件符号拆分开来并进行移动。图 5.41 所示为一个设计完成的原理图符号。

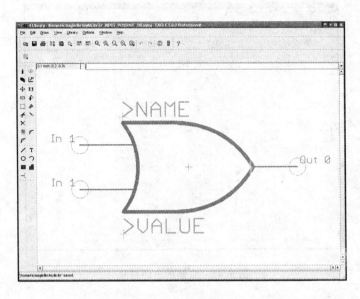

图 5.41　原理图符号

③ 定义电源符号。元件的电源符号需要单独绘制，并且在原理图中不能通过 ADD 命令添加，而只能通过 INVOKE 命令来添加。此处的逻辑元件 541032 需要使用 2 个引脚来定义电源符号。单击 按钮，在弹出对话框的 New 文本框中输入新建电源符号的名称（比如：VCC－GND）后确认，进入电源符号的编辑界面，然后依次执行以下操作：

- 设置栅格：同样设置栅格大小为 100mil。
- 放置引脚：使用 PIN 命令放置 2 个引脚，将引脚的 Direction 属性设置为 Pwr，Swaplevel 设置为 0，然后放置在以坐标原点为对称点的位置。最后通过 NAME 命令分别修改引脚名称为 V_{CC} 和 GND。
- 放置 NAME 和 VALUE 文本变量：在第 95 层（Names 层）使用 TEXT 命令写入下面的名称变量：＞NAME。

并把它放到合适的位置，电源符号没有 VALUE 文本变量，因此不需要进行定义。图 5.42 中是一个完整的电源符号。

④ 定义一个双列直插封装。541032 的 DIP14（EAGLE 称为 DIL-14）封装引脚间距为 2.54mm（0.1inch），外框宽度为 7.62mm（0.3inch）。如果其他库文件中有适合的封装，可以复制到当前的库中，这样就不必定义一个新的封装。

DIL-14 封装的具体尺寸如图 5.43 所示。

在库元件编辑窗口的工具栏区域中单击 按钮，然后在弹出窗口的 New 文本框中输入新建封装的名称（比如 DIL-14），确认后进入封装编辑窗口，并依次执行以下操作：

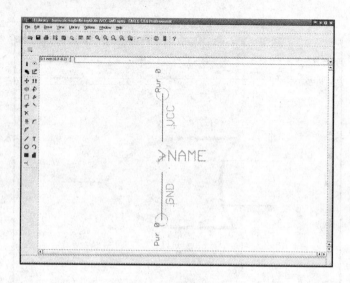

图 5.42　完整的电源符号

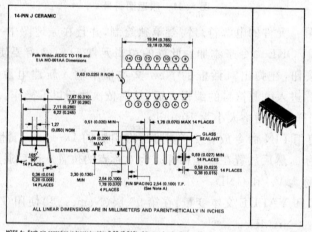

图 5.43　DIL-14 封装的尺寸

- 设置栅格尺寸：使用 GRID 命令或按钮设置合适的栅格尺寸（比如 50mil），并让栅格线可见。使用功能键 F6 可以很容易地显示和隐藏栅格。

- 放置并命名焊盘：使用 Pad 命令或按钮放置通孔焊盘。焊盘应该放到靠近坐标原点的位置，一般情况下建议将第一个焊盘放置到原点上，或者将原点作为整个封装的中心点。第一个焊盘放置完成后通过 NAME 命令将该焊盘的名称修改为 1，设置焊盘外形为 Long 长形,焊盘直径使用常用标准值 Auto(respectively 0)。

根据手册中的数据,按照引脚排列的顺序和它们之间的间距等参数放置剩下的焊盘,也可以使用 COPY 命令来复制。完成后的图形如图 5.44 所示。

● 绘制丝印:使用 WIRE,ARC,CIRCLE,RECT 和 POLYGON 按钮或者命令在第 21 层(tPlace 层)绘制需要在电路板上看得见的丝印符号。

请确认丝印未覆盖焊接区域,否则当电路板焊接时会出现问题,必要的时候使用 GRID 命令来设置一个更合适的栅格尺寸或使用 Alt 键来选择更小栅格。

标准线宽(使用 CHANGE WIDTH 命令可以修改线宽)通常为 8mil 或 4mil,具体的宽度取决于元件的尺寸。

图 5.44　放置并命名完成的图形

有时候需要在第 51 层(tDocu 层)创建额外的看起来更好看的丝印,这些丝印可以覆盖焊接区域,但实际上并不会在制造数据中输出,也就是说不会影响后期的焊接。

● 添加名称和值的文本变量:使用 TEXT 命令在第 25 层(tNames 层)上放置名称的文本变量:＞NAME;然后在第 27 层(tValues 层)上放置值的文本变量:＞VALUE。

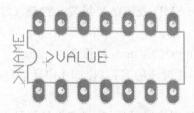

图 5.45　完整的 DIL-14 封装

如果想放一个和封装方向呈 180°颠倒的字体,必须激活参数工具栏中的 Spun 参数;放置好的文本可以在元件放置到 PCB 编辑器中后使用 SMASH 和 MOVE 命令重新调整。建议将文本变量设置为向量字体,这样可以确保文字在 PCB 编辑器中和电路板上看起来一致。

完整的 DIL-14 封装如图 5.45 所示。

● 绘制 Areas Forbidden 元件禁止区域:可以在第 39 层(tKeepout 层)使用 RECT 命令绘制一个覆盖整个元件的禁止区域,或者使用 WIRE 命令绕着封装绘制一个外框,这样在 PCB 中可以确保让 DRC 检查是否有元件靠得太近或者重叠。

● 定义 Description 描述:在编辑器的下方描述区域单击 Description 可以打开一个描述窗口,输入描述文字或者 EAGLE 允许的 HTML 格式的文本,比如下面格式:

＜b＞DIL－14＜/b＞

＜p＞

14－Pin Dual Inline Plastic Package, Standard Width 300 mil

这样,一个完整的 DIL-14 封装和描述已经创建完成,如图 5.46 所示,单击 Save 按钮保存。

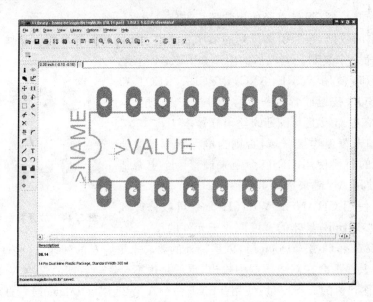

图 5.46　完整的 DIL-14 封装和描述

　　⑤ 定义 SMD 封装。该元件的另外一种封装 LCC-20 为 SMD 表面贴装封装。封装尺寸如图 5.47 所示。

　　贴片引脚的尺寸为 0.8mm×2.0mm，第一个引脚为 0.8mm×3.4mm，要稍微大一点。

　　单击 按钮，然后在弹出窗口中的 New 文本框内输入新建封装的名称（比如 LCC－20），确认后进入封装编辑界面，然后依次执行以下操作：

- 设置栅格尺寸：调整栅格尺寸为 0.635mm(25mil) 并让栅格线可见，建议在设计这种封装时设置一个更小的备用（即栅格设置窗口中的 Alt 项）栅格尺寸（例如 0.05mm）。
- 放置并命名 SMD：在创建 SMD 元件封装时通常默认放到电路板顶层，如果想让元件放到电路板底层，需要在 PCB 设计时使用 MIRROR 命令，而不是在建封装时直接放置到底层，如图 5.48 所示。

　　沿水平方向靠近坐标原点的上下区域内放置两行焊盘，每行 5 个焊盘，相互间的距离为 1.27mm。因为焊盘尺寸 0.8mm×2.0mm 并不在 SMD 的菜单列表中，因此必须在开始放置 SMD 焊盘前在命令栏中运行下面的命令参数：

`0.82 ←`

　　使用同样的方法在原点的左右区域放置两列 SMD 焊盘，放置的时候使用鼠标右键菜单命令旋转 90°。

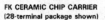

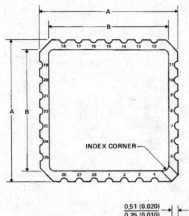

JEDEC OUTLINE DESIGNATION*	NO. OF TERMINALS	A		B	
		MIN	MAX	MIN	MAX
MS004CB	20	8,69 (0.342)	9,09 (0.358)	7,80 (0.307)	9,09 (0.358)
MS004CC	28	11,23 (0.442)	11,63 (0.458)	10,31 (0.406)	11,63 (0.458)

*All dimensions and notes for the specified JEDEC outline apply.

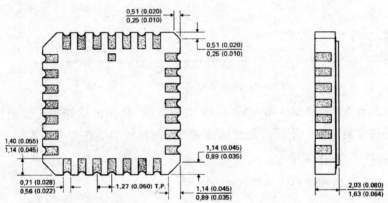

ALL LINEAR DIMENSIONS ARE IN MILLIMETERS AND PARENTHETICALLY IN INCHES

图 5.47　LCC-20 尺寸

　　使用 GROUP 和 MOVE 命令将这所有 SMD 焊盘移至合适的位置,必要的时候可以按住 Alt 键使用备用的 0.05mm 栅格。最上方第 3 个 SMD 焊盘(此封装数据手册中规定的第一个焊盘)需要使用 CHANGE SMD 命令来修改尺寸,在命令栏运行如下命令:

`CHANGE SMD 0.8 3.4  ←`

　　然后单击该 SMD 焊盘,再使用 MOVE 命令拖曳其到一个正确的位置。若需要检查和修改焊盘的位置和属性,INFO 命令是首先的选择。

　　最后通过 NAME 命令将 SMD 焊盘按照数据手册中的顺序重新命名。

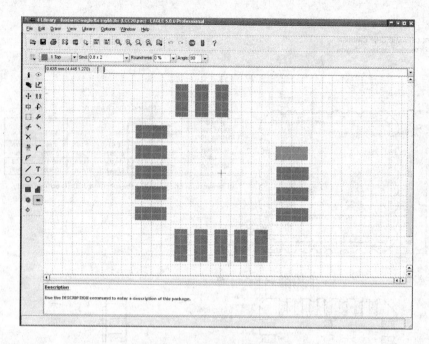

图 5.48   放置并命名 SMD

后面的绘制丝印、添加＞NAME 和＞VALUE 文本变量、禁止区域等和前面创建 DIL14 封装时类似,此处不再重复。唯一不同的是在描述对话框内输入的描述文本:

＜b＞LCC－20＜/b＞
FK ceramic chip carrier package from Texas Instruments.

通过搜索描述中的关键字可以很容易在 ADD 命令的弹出对话框中搜索到该封装。定义完成后的 LCC－20 封装如图 5.49 所示。

⑥ 定义元件的 Device Set。541032 的原理图符号和 PCB 封装创建完毕后,就可以进入最后一个步骤,即定义元件的 Device Set(关于 Device Set 的定义请参考附录 A 名词解释中的内容)。

定义 Device 或者 Device Set 通常包含以下步骤:

● 添加 Symbol,并命名和定义属性。

● 添加 Package,并制定封装变量。

● 使用 CONNECT 命令将原理图符号中的引脚和封装中的焊盘进行关联。

● 定义 Technologies(如果需要的话)。

● 定义前缀和配置 Value 单选项。

● 定义器件描述。

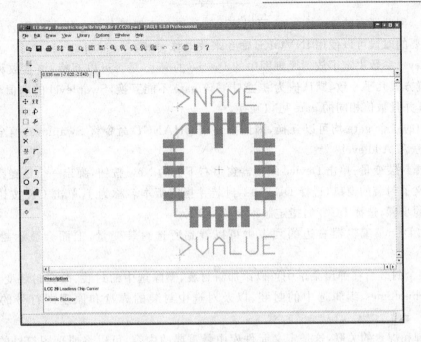

图 5.49　完整的 LCC-20 封装和描述

单击 ▦ 按钮,并在弹出对话框中的 New 文本框内输入新建 Device 的名称,比如:54 *
1032A?。其中"*"号和"?"号为通配符,前者用于显示该元件所包含的 Technologies,后者显
示封装变量,如果不添加"?"号,则封装变量会自动放在 Device 名称的末尾。完成确认后进入
Device 编辑窗口。

- 添加原理图符号:首先使用 ADD 命令来把属于该 Device 的原理图符号调入编辑器
  中,在打开的窗口中选择 2-input_positive_or 符号并放入编辑器中,总共需要放置 4 个
  符号,也就是 4 个 gate。然后再次单击 ADD 命令按钮,选择"V_{cc}-GND"符号并将其放
  在 4 个 gate 的附近。
- 对 gate 命名:在 Device 中的原理图符号被称为 gate,在放入 gate 的时候系统会自动命
  名为 G＄1、G＄2...等等,这些名称不会在原理图中显示出来。因此单个 gate 的元件
  通常不需要修改 gate 名称,但是当元件中包含很多个 gate 时,最好通过 NAME 命令
  来修改各个 gate 的名称,例如分别修改为 A、B、C 和 D,电源 gate 命名为 P。
- 指定 Addlevel 和 Swaplevel 值:Addlevel 用来指定当使用 ADD 命令时,gate 放置到原
  理图中的顺序或属性。在当前的窗口中可以看到每一个 gate 的 Addlevel 值。

使用 CHANGE 命令为 gate A 到 D 分配 Addlevel 值为 Next,为电源 gate 分配 Addlevel
值为 Request。

这样做的目的是,一旦第一个 gate 被放到原理图编辑器中,下一个 gate 就会自动黏附在

鼠标右键上,因此所有的这 4 个 gate 可以依次被放置到原理图中。电源 gate 不会自动放到原理图中,必要的时候可以使用 INVOKE 命令来放电源 gate。

Swaplevel 参数决定了放到原理图中的 Device 的 gate 是否可以互换,该参数和 Addlevel 参数的设置方式几乎一致,默认值为 0,意味着该 gate 不能互换,Swaplevel 的取值范围为 0～255,大于 0 并且数值相同的 gate 可以互换。

本例中的 4 个 gate 均可以互换,因此要使用 CHANGE 命令将 Swaplevel 值全部修改为 1。设置方法和 Addlevel 一致。

● 选择封装变量:单击 Device 编辑器窗口右下方的 New 按钮,弹出一个已经在元件库中定义了封装的窗口,选择 DIL－14 封装并指定版本名称为 J,单击 OK 按钮。重复前面的步骤,选择 LCC20,指定版本名称为 FK。

这时在 Device 编辑器右边的列表中可以看到所选封装变量,上面会显示封装的简单图示。

右击某个封装后在弹出菜单中可以添加新封装、删除选中的封装、改变封装变量名、定义封装的 Technologies、编辑选中的封装、以及对选中封装的焊盘和原理图符号的引脚进行关联。

● 引脚和焊盘的关联:这是定义元件库中最重要的内容,可以将原理图符号的每一个引脚分配给 PCB 封装的焊盘,这样的定义是为了把原理图中的网络转变成 PCB 图中的信号线。引脚上的每一个网络会都会在焊盘上创建一条信号线,541032 的引脚分配图在数据手册中已经定义,需要仔细检查它们之间的对应关系,此处的一个微小错误会导致整个电路板报废。

在封装列表中选择封装变量名为 J 的封装,然后单击 Connect 按钮或在编辑器命令框中输入 CONNECT 命令,打开窗口如图 5.50 所示。

窗口分为三部分,原理图符号的引脚列表位于左边部分,PCB 封装的引脚列表位于中间部分。首先单击选中其中一个引脚,然后选择相对应的焊盘,然后单击 Connect 按钮,将它们关联起来,其他引脚和焊盘采用相同的操作,关联完成后,单击 OK 按钮完成分配。

请注意,在本例中定义 gate 名称为 A、B、C 和 D,而在数据手册中它们被定义成 1、2、3 和 4。

使用上面同样的方式对另一个封装进行关联操作。

请注意,第二个封装关联完成后会多出 6 个没有连接的焊盘,这种焊盘数量大于引脚数量的情况是允许的,单击 OK 按钮完成关联即可。

关联完成后,在编辑器右方列出的封装变量旁边就会出现绿色的"√"符号,这意味着所有引脚都已经关联到了相应的焊盘上。

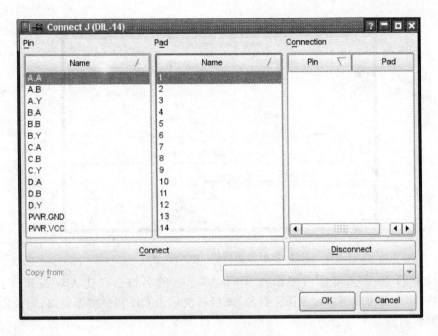

图 5.50　引脚的分配

注意：严格说来，一个引脚必须而且只能和一个焊盘关联！不允许几个引脚同时关联到一个焊盘上！Device 中封装焊盘的数量可以大于原理图符号引脚的数量，但引脚不能大于焊盘的数量，也就是说，可以存在未与引脚关联的焊盘，但不能存在未与焊盘关联的引脚！信号流向为 NC（不连接）的引脚也必须和焊盘相关联！

- 定义 Technologies：前面介绍过，541032 使用 2 种不同的 Technologies：AS 和 ALS。在第一阶段使用"＊"占位符定义过 Device 的名称，当在原理图中添加元件时，ADD 窗口中就能看到所定义的 Technologies 代替"＊"出现在元件名称中。541032 的数据手册中显示了每种封装中的 2 种不同的 Technologies。

在 Device 编辑器的右边选中封装变量名为 J 的封装，然后单击编辑器下方的 Technologies，进入定义窗口，如图 5.51 所示。

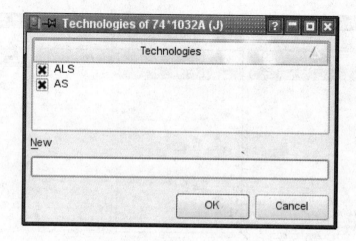

图 5.51 不同的 Technologies

在窗口中的 New 文本框内中输入 Technologies 的名称后单击 OK 按钮即可添加新 Technology,同样的流程可以定义 FK 封装,最后再次单击 OK 按钮关闭窗口,完成定义工作。

如果需要删除某个封装的某个 Technology,可以在上图中取消其左方多选框内的选中状态,然后单击 OK 按钮即可。

- 指定 Prefix 前缀:单击 Prefix 按钮可以简单定义封装的前缀,比如本例中可以定义为 IC。
- 选择 Value 是否自动生成:Value 项的设置决定了在原理图和 PCB 编辑器中元件的 VALUE 文本变量的内容是否由软件自动生成。

On:选择为 On 时,元件在原理图和 PCB 编辑器中不会自动由软件来定义 VALUE 文本变量的内容,需要通过 VALUE 命令手动添加。

Off:选择为 Off 时,元件在原理图和 PCB 编辑器中的 VALUE 文本变量内容由软件自动将 Device 的名称加上 Technologies 和封装变量生成(比如 74LS00N)。如果通过 VALUE 命令进行修改,软件会弹出警告对话框要求确认。

- Description 描述:单击编辑器下方的 Description 可以打开一个描述对话框,在其中输入便于进行关键字搜索的描述文本,在原理图中使用 ADD 命令加载时,该文本可以用于搜索元件。比如:

<b>541032A</b>

<p>

Quadruple 2 – Input Positive – OR Buffers/Drivers from TI.

一个完整定义的 Device 如图 5.52 所示。

最后单击 Save 按钮,保存定义好的 Device。

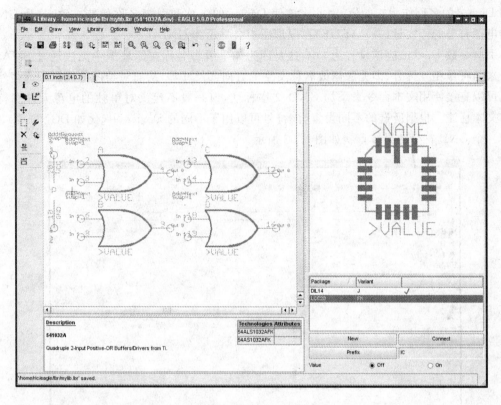

图 5.52 完整定义的 Device

5.6 特殊元件库

在电路设计中,经常会碰到一些特殊的元件封装,这些封装很多时候需要设计者自己创建,比如焊盘形状不规则、焊盘相对位置采用极坐标方式、有些原理图符号没有封装等等情况。本节仅介绍部分特殊元件库创建时需要考虑到的事项,希望能够在设计者创建其他特殊元件库时作为的一种参考。

5.6.1 电源库文件

电源库文件中包含的电源符号(如 GND、AGND、V_{CC}、V_{CC3} 等)是原理图设计中经常使用的符号。这种元件库是一种没有 PCB 封装的元件库,也就是说电源元件库文件中只包含 Device 和 Symbol,而没有 Package。

以 GND 电源为例,其 Symbol 上引脚的 Direction 属性应该设置为 Sup,Name 定义为 GND,这就意味着该符号会自动把所有 GND 信号连接在一起。由于 EAGLE 默认情况下会使用 Device 的名称作为它的值,因此应该使 Device 的名称和引脚名称保持一致,均为 GND,这样电源符号的值变量(>VALUE)在原理图中会显示为 GND。

引脚参数 Visible 应该设置为 Off,这是因为如果引脚名称在原理图中无法通过 SMASH 命令来与符号相互拆分,即无法修改名称文字的方向或尺寸等,从而对绘图造成影响。当然这里也可以直接使用文本命令来添加 GND 文本标注,但一般不建议对单独的电源元件库符号添加文本标注。根据所选的不同设置,该符号可以用于不同的 Device 中(比如 DGND 等)。

一个 GND 符号的具体形状如图 5.53 所示。

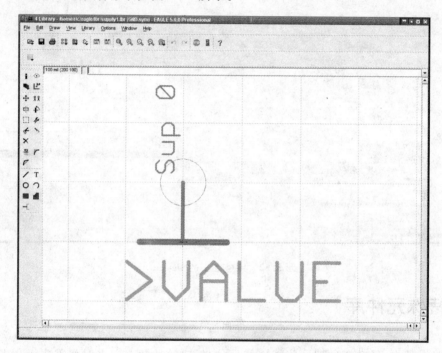

图 5.53　GND 符号的具体形状

正如上所述,Device 将电源符号中已使用的引脚名称作为自己的名称,该 Device 的 Addlevel 值为 Next。如果把 Device 编辑界面中的 Value 命令设为 Off,则软件会自动将 Device 名称作为 VALUE 文本变量在原理图中所显示的内容,相反,则不会自动定义 VALUE 的值,而需要通过 VALUE 命令手动添加,因此建议在定义 Device 时将 Value 命令设置为 Off。

下面是快速定义一个电源符号的步骤:

● 在库中创建一个新的符号。

● 放置引脚,设置 Direction 属性设置为 Sup。

● 命名引脚名称和信号名称相同。

● 添加 VALUE 文本变量。

- 创建一个新的 Device，并将 Device 的名称命名为信号名称。
- 添加之前创建的电源符号并进行相应的设置。
- 保存电源元件库。

5.6.2 原理图外框库文件

原理图的绘图外框并不是一个元件，但是它们可以被定义成既无封装，也无引脚的 Device。这类 Device 可以放在 EAGLE 的 frames 库中，该库中所有的符号仅仅由一些不同尺寸的外框和文档记录区（documentfield）组成，并且文档记录区也可以定义成一个符号。

通过 FRAME 命令可以绘制框架，该命令一般用于建立外框库文件。

外框的档案记录区域包含文本变量＞DRAWING_NAME、＞LAST_DATE_TIME 和＞SHEET 等，当然还有一些固定的文本。在添加了这些文本变量后，设计文件的文件名、最后修改日期和时间，以及设计文档页面号（比如：2/3 ＝ sheet 2 of 3）会在原理图的档案记录区显示出来。

另外，文本变量＞PLOT_DATE_TIME 可以使用来记录最近打印输出的日期和时间。

所有的这些文本变量都可以放到原理图和 PCB 图（＞SHEET 变量除外）中。外框符号在 Device 编辑器中的 Addlevel 值为 Next，档案记录区的 Addlevel 值为 Must。意思是如果外框存在，则不能单独删除档案记录区。

另外还可以定义外框封装来单独放置到 PCB 设计中。由于外框没有任何引脚和焊盘，所以即使在原理图和相应的 PCB 设置同时打开的情况下，也可以直接在 PCB 设计中放置外框封装，而不会受到正反向标注功能的影响。

5.6.3 继电器元件库

继电器元件库是一种具有很多 gate 的元件库，不同的是继电器线圈和第一对触点 gate 必须同时被放到原理图中。一个继电器一般包含 3 对触点，但常见的应用中仅仅使用第一对触点，如图 5.54 所示。

在 Device 编辑器中，分配线圈 gate 和第一对触点 gate 的 Addlevel 值为 Must，其他的触点 gate 为 Can。

如果使用 ADD 命令将该继电器符号放置到原理图中，线圈 gate 和第一对触点 gate 首先会进行放置，其他触点 gate 可以使用 INVOKE 命令来添加。线圈 gate 本身不允许删除，当所有的触点 gate 被删除后，该线圈 gate 会消失（从 Addlevel 值为 Can 的 gate 开始删除）。

在原理图设计时，多数情况下触点和线圈并不会紧挨在一起，有时候甚至会出现在不同的原理图界面中，为了让触点和其线圈产生明显的关联（Cross－References），很有必要为触点符号添加交叉关联信息。

为了能在原理图中正确显示 Cross－References，请参照下面的规则来定义原理图符号、

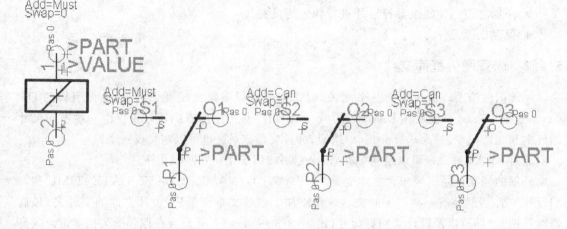

图 5.54　继电器

PCB 封装和 Device：

　① 定义原理图符号：

　● 触点符号的中心位置应该为(0,0)；

　● 引脚应该垂直放置，即朝上或者朝下；

　● 为了能让触电符号自动产生 Cross－References，使用 TEXT 命令在第 95 层（Names 层）放一个和＞NAME、＞VALUE 一样的文本变量＞XREF；

　● 线圈符号的定义不需要特殊的规则，也不需要＞XREF 占位符文本变量。

　② 定义 PCB 封装：

　因为 EAGLE 库架构原因，和为了避免产生错误信息，最好还是定义一个封装。可以定义一个虚假的封装，并且其焊盘数量和 Device 中的引脚数量相同。

　③ 定义 Device。在 Device 编辑器中放入 gate 时需要遵循下面的规则，否则原理图中的 Cross－References 将无法达到最佳显示效果。

　● 第一对触点 gate 的坐标必须在 X 轴为 0 的位置上。gate 上较低的引脚需要全部放在正坐标范围，Y 轴通常为 0.1inch。

　● 每一个后面的 gate 需要放在第一个的右边，并且 Y 轴坐标相等（即高度相同）。在 Device 编辑器中触点 gate 之间的距离最终决定了原理图中 Cross－References 的表现方法，触点 gate 需要旋转 90°并且按照垂直方向一个接一个排列。

　● 线圈 gate 可以放到 Device 编辑器绘图区中的任何位置，其 Addlevel 值为 Must。

　触点 Cross－References 的表示方法显示了具有＞XREF 文本的所有 gate。如果在原理图页面中使用 FRAME 命令定义了绘图外框，包含原理图界面数和行列坐标的 Cross－References 信息会显示在 gate 的右边。

在原理图符号中定义的其他文本不会在 Cross - References 中显示。

5.6.4　特殊板载连接器

正常情况下,板载连接器所有的连接区域都会设计成可见,但在某些情况下可能需要忽略掉其中一些连接区域。

创建一个具有 10 个 SMD 焊盘的板载连接器封装并依次命名,如图 5.55 所示。

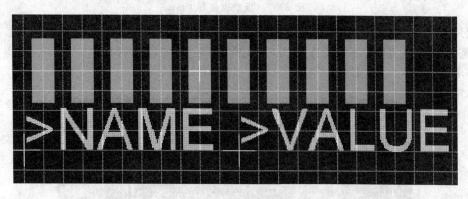

图 5.55　创建板载连接器封装

然后再创建只有一个引脚的原理图符号,如图 5.56 所示。将设置 Visible 参数设置为 Pad,这样就可以把 Package 中的 1~10 的焊盘在原理图中表示出来。

图 5.56　创建引脚原理图符号

然后在一个新建 Device 编辑器中放入 10 个原理图符号,为每一个符号的 Addlevel 值设置为 Always,使用 CONNECT 命令或者按钮来对引脚和 SMD 焊盘进行关联,如图 5.57 所示。

完成关联后,在原理图编辑器中调入刚建好的 Device,所有的连接都会出现在原理图中,可以使用 DELETE 命令单独删除不需要的连接。

5.6.5　带有定位孔和限制区域的连接器

在底层上定义了安装孔的连接器会让自动布线器自动预留一定距离来禁止布线。

具体实现方式是在 Package 编辑器中使用 HOLE 命令放置一定直径的钻孔,钻孔直径也可以在后面使用 CHANGE DRILL 命令修改。

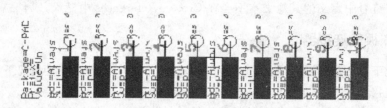

图 5.57　板载连接器 Device

使用 CIRCLE 命令在第 42 层（bRestrict 层）为自动布线器/跟随布线器画一个禁止布线区，线宽大于 0，任何情况下自动布线器都不会在圆环内布线。当然，在底层使用多边形敷铜时也会考虑禁止区域，如图 5.58 所示。

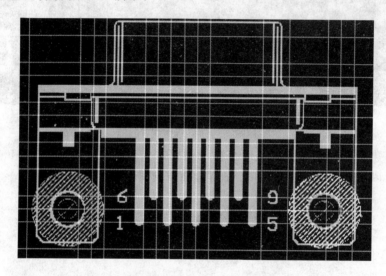

图 5.58　带有定位孔和禁止布线区的连接器封装

5.6.6　带有长条形钻孔的元件

如果长条形孔是通过铣加工工艺来制造，则必须在第 46 层（Milling 层）绘制一个铣加工的轮廓线。

轮廓线可以在 Package 编辑器中使用 WIRE 命令（也可能会使用 ARC 命令）来绘制，线宽设置为最小或者为 0。在轮廓线里面放置一个带有适当钻孔直径的焊盘（即焊盘边缘处于轮廓线内）或者在顶层或底层放置 SMD 焊盘来作为长条形孔的基点。

多层电路板中，应该在所使用的内部层上长条形孔的位置手动画一条覆盖轮廓线的线段，以便在开口处产生一个类似 Restring 的距离。

最后必须告知 PCB 制版厂商 Milling 层上的数据，并且告知是否需要电镀这些长条形孔。

提示：需要在电路板中切割的地方均按照同一方式处理；即使用单独的层，通常选择 Milling 层来绘制铣加工的轮廓线，并需要告知 PCB 制板厂商特别注意此处信息并做特殊标注。

5.7 元件库管理

通过 EAGLE 的元件库编辑器可以对软件的元件库进行管理，包括对元件库中的符号进行编辑、重命名、删除、更新等操作。下面介绍这些操作。

5.7.1 同一元件库中 Symbol 和 Package 的复制

在某些情况下需要将某个元件库中的 Symbol 和 Package 符号进行复制，以便单独修改来满足特定的需要。通过在元件库编辑器中使用 3 个命令即可达到这个目的，这 3 个命令分别是 GROUP、CUT 和 PASTE，下面是具体的操作方法：

- 通过元件库编辑器打开需要编辑的元件库。
- 单击操作工具栏中的 Symbol 或 Package 按钮并选择需要的符号名称，进入 Symbol 或 Package 的编辑界面。
- 单击 Display 按钮并显示所有的层。
- 运行 GROUP 命令，并选中编辑界面中的 Symbol 或 Package。
- 运行 CUT 命令，并单击操作工具栏中的 GO 按钮，或者右击界面空白区域并选择 CUT：GROUP。
- 再次单击操作工具栏中的 Symbol 或 Package 按钮，并在 New 文本框中输入符号的新名称，最后单击 OK 按钮进入新符号编辑界面。
- 运行 PASTE 命令，将刚才复制的符号粘贴到绘图区中，然后根据需要对符号进行修改。
- 最后单击操作工具栏中的 Save 按钮保存符号即可。

提示： Symbol 必须通过创建 Device 将引脚与相应封装的焊盘关联起来，才能在控制面板的 Libraries 分支中通过 Device 显示出来，从而在原理图编辑器中使用该 Symbol，因此修改 Symbol 后还需要对相应的 Device 进行定义。而 Package 在修改和保存后无须定义 Device 就可以在 Libraries 分支中显示出来，因此可以直接用于 PCB 编辑器中。

5.7.2　不同元件库之间 Symbol、Package 和 Device 的复制

有时候需要将某个元件库中的某些 Symbol、Package 和 Device 复制到正在使用的元件库中，以方便使用。

不同元件库之间 Symbol 的复制与上面的同一元件库内复制 Symbol 的方法基本相同，唯一不同的是在执行了 CUT：GROUP 之后，需要先打开目标元件库，进入 Symbol 编辑界面，然后再进行 Symbol 的粘贴，而不是粘贴到源元件库中。（完成后仍然需要定义 Device 才能在原理图中使用该 Symbol）

Package 和 Device 在不同元件库之间的复制则非常简单，只需要在控制面板中将选中的 Package 和 Device 直接拖拽到目标元件库的编辑窗口中，然后保存即可。当然也可以通过命令行来完成，例如 COPY 75130@751xx.lbr 表示将元件库 751xx.lbr 中名为 75130 的 Device 复制到当前打开的元件库窗口中。Package 复制的命令语法相同，这里不再举例。

5.7.3　对 Symbol、Package 和 Device 进行重命名和删除

在元件库编辑器的菜单栏中选择 Library→Rename 命令，或者在命令框中运行 RENAME 命令，可以对当前打开的元件库中的 Symbol、Package 和 Device 的名称进行修改。请注意在命令框中输入被修改的名称时必须添加后缀名，即 sym、pac 和 dev，分别表示 Symbol、Package 和 Device，而新的名称则不需要添加扩展名。

在编辑器的菜单栏中选择 Library→Remove 命令，或者在命令框中运行 REMOVE 命令，可以对任意元件库进行删除，或者删除当前打开的元件库中的 Symbol、Package 和 Device。需要注意的是在输入删除对象的名称时应该加上扩展名，即 lbr（元件库后缀名）、sym、pac 和 dev。另外只有先删除当前元件库的 Device 后，才能删除相应的 Symbol 和 Package。

5.7.4　更新元件库中相同类型的 Package

在不同的元件库中时常会存在许多相同类型的 Package，例如 DIL08 和 DIL16 等。为了使这些 Package 保持一致，可以通过 UPDATE 命令来对元件库中的 Package 进行更新。

首先打开需要更新的目标元件库，然后通过编辑器菜单栏选择 Library→Update 命令并在弹出对话框中选择作为更新源的元件库，确定后更新源中的 Package 会覆盖目标元件库中相同类型的 Package。当然也可以通过命令行实现，例如运行 UPDATE 41xx.lbr 表示以 41xx.lbr 元件库为更新源，对当前编辑器打开的元件库中的 Package 进行更新。

第 6 章

PCB 编辑器

本章对 EAGLE 软件中的 PCB 编辑器特性进行详细的描述,主要包含 PCB 编辑器主界面以及命令工具栏介绍,设计多层电路板的注意事项,以及合并多个电路板等内容。在完成本章的学习过程后,读者需要对 PCB 设计的相关过程熟练掌握。

6.1 PCB 编辑器主界面

在使用 PCB 编辑器进行电路板绘制之前,首先需要检查元件库中的封装,与电路板制作厂商沟通,并定义设计规则。

虽然用 EAGLE 集成的由资深工程师创建的元件库已经非常接近现在的标准了,但是由于不同的制造商对同一种元件有可能采用不同的封装,而且根据不同的焊接流程会要求不同的焊盘尺寸,因此在进行 PCB 设计之前仍然需要对所用到的元件封装进行仔细的检查。

另外,为了顺利地制造出最终产品,在设计电路板之前还需要与电路板制作厂商沟通,询问是否能够满足电路设计要求,比如以下参数:

- 布线宽度;
- 焊接区外形;
- 焊接区直径;
- SMD 焊盘尺寸;
- 丝印文本的尺寸和线宽;
- 钻孔直径;
- 信号层数量;
- 如果是多层电路板,则要说明盲孔和埋孔的制作方向,以及电路板的结构;
- 信号之间的间距;
- 关于阻焊层和焊膏层的参数;
- 需要提交的电路板制造数据。

最后还需要对设计规则进行设置,即 DRC 设计规则。DRC 设计规则是针对电路板设计中包括层设置、信号层中各对象的间距和尺寸、焊盘形状、阻焊层和焊膏层大小等要素在内的一系列规则。在设计之前对这些规则进行严谨地定义后,能够极大地减少电路板设计中的错误。关于 DRC 的详细内容,在原理图编辑器中章节中已有介绍。

完成以上准备后,就可以开始电路板的设计工作了。通过 Control Panel 的 File→New→Board 菜单新建电路板可以打开 PCB 编辑器,或者单击原理图编辑器操作工具栏中的 Board 按钮,在已经设计完成的原理图基础上生成一个相应的 PCB 设计文件,并在编辑器中打开。

注意: PCB 编辑器的操作工具栏中也有一个外形相同的按钮,即 Schematic 按钮。如果先行完成了原理图的绘制并且与同名的 PCB 设计文件保存在相同目录下,则单击该按钮按钮可以从 PCB 编辑器切换到该原理图,但是如果存放 PCB 设计文件的目录下不存在同名的原理图文件,则单击该按钮后会生成一个空白的同名原理图文件,不会包含 PCB 设计中的任何元件或信号线路。

新建的 PCB 编辑器界面如图 6.1 所示。

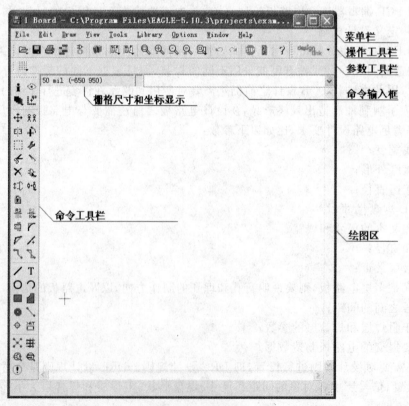

图 6.1　PCB 编辑器

PCB 编辑器与原理图编辑器的界面非常类似,并且具有许多相同的菜单项和按钮项,因此这些菜单项和按钮项的功能可以通过参考原理图编辑器中的内容来进行了解,本章将重点介绍命令工具栏中包含不同内容的按钮以及其他需要注意的事项。

6.2　命令工具栏

虽然本节中某些命令按钮的功能与原理图编辑器中的按钮相同,但是针对 PCB 设计而言却包含了不同的内容,因此仍需在下面分别进行介绍。在阅读时可以同时参考原理图编辑器章节中命令工具栏中的内容,以便区分和加深理解。

6.2.1　DISPLAY 命令按钮

DISPLAY 命令按钮🖸用于显示和隐藏电路板的各个层,如图 6.2 所示。

EAGLE 最多支持 16 个信号层,默认为两层,即第 1 层的 Top 层和第 16 层的 Bottom 层。这些层用于电路板布线,其他层则用于放置焊盘、过孔等符号以及名称、外框、阻焊区等信息。

如果需要增加布线的层数,需要运行 DRC 命令,并在弹出的设计规则对话框中 Layer 选项卡内对 Setup 文本框进行编辑,而不能在该窗口中使用 New 按钮来创建,因为该按钮只能添加编号 100 以上的层,并且只能用于显示其他信息,而不能用于布线。

6.2.2　MIRROR 命令按钮

尽管 PCB 编辑器中的 MIRROR 命令按钮🖸与原理图编辑器中的相同,功能都是将选中的对象进行镜像操作,但是对 PCB 编辑器中位于 Top 层和 Bottom 层上,或者 t??? 层(如 tStop)和 b??? 层(如 bStop)上的对象进行镜像操作后,该对象将会翻转后移动到相反的那一面上,例如从 Top 层

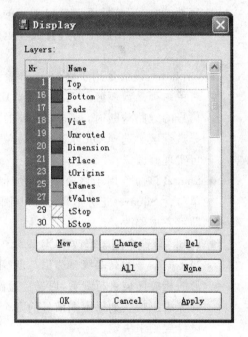

图 6.2　层显示设置窗口

上镜像后会翻转并移动到 Bottom 层上,从 tStop 层上镜像后会翻转并移动到 bStop 层上。而对 2～15 层以及新建编号 100 以上的层中的对象进行镜像操作后,不会改变其所在的层。

6.2.3 CHANGE 命令按钮

单击 PCB 编辑器中的 CHANGE 命令按钮后,弹出菜单如图 6.3 所示。

该菜单中某些命令已经在原理图编辑 CHANGE 命令按钮章节和元件库编辑器 CHANGE 命令按钮中进行了介绍,因此这里仅介绍针对 PCB 编辑器的命令。

- Diameter:该命令用于修改 PCB 设计中过孔(即 VIA 命令按钮所放置的金属镀孔)的外径。单击该命令弹出的子菜单底部的"…"符号可以自定义新的外径值。选择好适当的值后,单击绘图区中的过孔就能够对其外径进行修改。

- Drill:该命令用于修改 PCB 设计中过孔以及非电镀孔(即 DRILL 命令放置的孔)的内径。单击该命令弹出的子菜单底部的"…"符号可以自定义新的内径值。选择好适当的值后,单击绘图区中的过孔或非电镀孔就能够对其内径进行修改。

- Orphans:该命令用于修改 PCB 设计中的多边形敷铜区是否保留孤岛敷铜区。孤岛是指当某个敷铜区被另一个不同信号的线路截断时,被隔离在外的没有电气连接的那一部分敷铜区。选择 On 或者 Off 后单击需要修改的敷铜区即可实现修改。

| Cap |
| Class |
| Diameter |
| Display |
| Drill |
| Font |
| Isolate |
| Layer... |
| Orphans |
| Package |
| Pour |
| Rank |
| Ratio... |
| Shape |
| Size |
| Spacing |
| Stop |
| Style |
| Technology |
| Text |
| Thermals |
| Via |
| Width |

图 6.3　CHANGE 命令菜单

- Shape:该命令用于修改 PCB 设计中过孔的形状。其子菜单包含 Square(正方形)、Round(圆形)、Octagon(八角形)三种形状,选择后单击过孔即可完成修改。

- Rank:该命令用于修改 PCB 设计中多边形敷铜区的等级。等级最高为 1,最低为 6。当不同信号的高等级多边形与低等级多边形相互发生重叠的时,软件会对低等级多边形的相应区域进行裁剪,以避免短路。当然,相同信号的多边形可以随意重合,不会受到等级影响。如果不同信号的两个多边形等级相同,则最终会由 DRC 命令所规定的设计规则来决定。

- Stop:该命令使用的情况较为特殊,即只有当 PCB 设计中添加的过孔的内径小于 DRC 命令设置对话框中 Masks 标签下的 Limit 值时(请参考 6.2.12 小节 DRC 命令按钮的内容),软件不会自动为该过孔添加阻焊层,这时就需要用该命令来强行添加。在该命令的子菜单中选择 On,然后单击过孔即可以添加阻焊标记。如果要取消添加的阻焊标记,选择 Off 再单击过孔即可(只能取消该命令所添加的阻焊标记,对于软件在其他过孔上自动添加的标记无效)。

● Via：该命令用于修改 PCB 设计中过孔所穿过的信号层。如果 PCB 只有 Top 层和 Bottom 层，则该命令只有一个命令"1 - 16"。如果在 DRC 命令的设置对话框中 Layers 标签下的 Setup 框中设置了多个层，则该选项的子菜单中会包含其他不同的选项，表示穿过不同层数的孔。选择某种层数项（如 1 - 2），然后单击 PCB 设计中的过孔即可完成修改。

6.2.4　LOCK 命令按钮

LOCK 命令按钮 用于锁定 PCB 设计中的元件。单击该按钮或者在命令框中运行 LOCK 命令，然后单击某个元件即可锁定。元件被锁定后，其原点会由符号"＋"变成符号"x"，以表示锁定状态，并且该元件不能进行移动、旋转和镜像操作。如果移动某个包含了处于锁定状态元件的元件组，这些元件不会随元件组移动，而是停留在原位置上。但是这些处于锁定状态的元件上的文本信息依然能够通过 SMASH 命令进行分离，并通过 MOVE 命令来移动。

关于该命令的更多信息，请在编辑器 Help 菜单下选择 General 命令弹出的对话框中搜索关键字 LOCK。

6.2.5　OPTIMIZE 命令按钮

OPTIMIZE 命令按钮用于优化一条直线中的多条线段，以便减少绘图中的对象数量。例如通过 WIRE 或者 ROUTE 命令，由多次单击绘制了 3 条首尾相连的线段，形成一条直线，但该直线实际上包含了 3 个对象，这时运行 OPTIMIZE 命令并单击该直线后，就能够将它们合并成一条完整的直线，即减少为一个对象。这样不仅降低了软件的处理难度，而且能够对整条直线进行移动和旋转等操作，而不用每条线段重复操作。

单击该按钮或者在命令框中运行 OPTIMIZE 命令，然后单击需要优化的线段即可实现优化。如果需要对整个 PCB 设计中的所有线段进行优化，则可以在运行该命令后，单击操作工具栏中的 GO 按钮 来实现全部优化。如果需要软件自动优化，则需要启用 SET 命令设置窗口中 Misc 选项卡下的 Optimizing 复选框。

关于该命令的更多信息，请在编辑器 Help 菜单下选择 General 命令弹出的对话框中搜索关键字 OPTIMIZE。

6.2.6　ROUTE 命令按钮

ROUTE 命令按钮 用于为 PCB 布线。单击该按钮或者在命令框中运行 ROUTE 命令后，在 PCB 编辑器的参数工具栏中会显示相应的参数项，如图 6.4 所示。

下面将对这些参数项依次进行介绍：

● 层选择下拉菜单：该菜单用于选择布线的层，可以在布线过程中随时修改。在布线过

图 6.4 ROUTE 命令的参数工具栏

程中单击鼠标中键（或滚轮）同样能够在弹出对话框中对布线层进行选择。

- 布线弯折形状：ROUTE 命令提供了 8 种布线弯折选择，在布线过程中通过右击可以进行在这些弯折选择中进行轮流切换。

- Follow－me 布线器：布线弯折选项后面的两个按钮 ⌐ 和 ⌐ 分别是 Follow－me 布线器的两种模式：局部模式与完全模式，这两种模式相当于半自动的布线模式。在局部模式下，软件会自动对鼠标指针位置到最近的鼠线端点之间的信号线路进行布线计算，单击鼠标即可以确定布线线路，然后再对余下的线路进行布线。在完全模式下，软件会同时对鼠标指针位置到鼠线两个端点之间的两段信号线路进行计算，这时能够看到鼠标指针两边的布线形状，移动鼠标时软件会同时计算并显示另一种布线形状，选定适合的布线后，单击鼠标即可完成这一段鼠线的布线工作。

Follow－me 布线器遵循 DRC 设计规则和网路簇的设置，因此建议在使用该布线器之前先对这两种规则进行设置。

- Miter 下拉菜单和弯折选项：请参考原理图编辑器中 MITER 命令按钮章节的内容。

- Width 下拉菜单：该选项用于设置布线宽度。可以从下拉菜单中选择一个值，或者直接在 Width 框中输入自定义值并回车来实现设置。

- 过孔形状：ROUTE 命令提供了三种过孔形状，依次分别是正方形、圆形和八角形。如果已经在某层上绘制了一段线路，并且该线路需要切换到另一层上继续布线，则软件会自动添加一个过孔，并采用选中的过孔形状。

- Diameter 和 Drill 下拉菜单：前者表示过孔的外径，后者表示内径。可以从两个下拉菜单中选择需要的值，或者直接在数值框中输入自定义值，并按 Enter 键来实现设置。

 注意：当相同设计项目的原理图和 PCB 设计同时打开时，只有在原理图中有相应的信号的情况下，才能在 PCB 编辑器中进行对应的信号布线。如果需要在 PCB 中增加信号，则先要在原理图中添加对应的网络。

关于该命令的更多信息，请在编辑器 Help 菜单下选择 General 命令弹出的对话框中搜索关键字 ROUTE。

6.2.7 RIPUP 命令按钮

RIPUP 命令按钮 用于将 PCB 设计中的布线恢复到鼠线状态,以及将已经填充(使用 RATSNEST 命令填充)的多边形恢复到只有外框轮廓的状态。单击该按钮或者在命令框中运行 RIPUP 命令后,再单击 PCB 设计中的信号线路或者多边形即可。

RIPUP 命令可以将一条信号线路上两个 PAD 或 SMD(指元件库封装上的两个焊盘)之间的布线和过孔都删除,并用一条细直线直接连接这两个焊盘。该命令主要用于设计中对布线进行修改。

关于该命令的更多信息,请在编辑器 Help 菜单下选择 General 命令弹出的对话框中搜索关键字 RIPUP。

6.2.8 VIA 命令按钮

VIA 命令按钮 用于在 PCB 设计中为线路添加过孔,以便让信号从某一层传输到另一层上。单击该按钮或者在命令框中运行 VIA 命令后,PCB 编辑器的参数工具栏会显示相应的参数项,如图 6.5 所示。

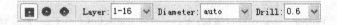

图 6.5 VIA 命令的参数工具栏

VIA 命令的参数工具栏与 ROUTE 命令的参数工具栏后面部分完全相同。

当 PCB 设计中添加的过孔的内径小于 DRC 命令的设置对话框中 Masks 选项卡中的 Limit 值时,软件不会自动为该过孔添加阻焊层,这时可以通过命令工具栏中的 Change→Stop 菜单项来添加阻焊层,或者在命令框中输入 VIA 命令时在后面添加参数 Stop 来加入阻焊层。

关于该命令的更多信息,请在编辑器 Help 菜单下选择 General 命令弹出的对话框中搜索关键字 VIA。

6.2.9 SIGNAL 命令按钮

SIGNAL 命令按钮 用于定义不同元件的焊盘之间的信号连接,这些连接都以鼠线的方式来表示。单击该按钮或者在命令框中运行 SIGNAL 命令后,PCB 编辑器的命令工具栏中会显示 Net Class 参数项,如图 6.6 所示。

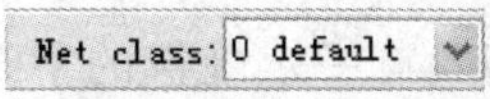

图 6.6 SIGNAL 命令的参数工具栏

从 Net Class 下拉菜单中为当前正在绘制的信号连接选择一个网络簇。网络簇是指信号线路所遵循的一组规则,主要作用是在手动布线和自动布线器布线时,软件会根据原理图中为相应信号分配的网络簇来决定 PCB 绘图中的线宽、间距等参数。

请在编辑器 Help 菜单下 General 选项的窗口中搜索关键字 SIGNAL 查询更多信息。

6.2.10 RATSNEST 命令按钮

RATSNEST 命令按钮✖用于对鼠线连接的最短距离以及多边形的填充进行计算。鼠线是指电路板中还没有进行布线的信号连接,这些信号的电气连接关系以细线表示。当连接某个元件和其他元件的焊盘的鼠线长度发生变化时(例如当某个元件移动后),这时运行 RATSNEST 命令就能将各个信号连接的鼠线计算为最短的连接方式,图 6.7 所示是通过 SIGNAL 命令手动连接鼠线后,重新计算鼠线的图例。

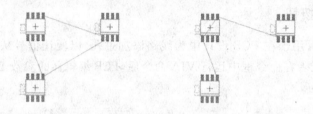

图 6.7 手动连接鼠线后(左)VS 执行 RATSNEST 命令后(右)

从图 6.7 可以看出,RATSNEST 命令能够用最短的直线来实现信号的连接。

单击该命令按钮或者在命令框中运行该命令后就能够对整个 PCB 设计中的所有鼠线进行重新计算,并且同时对其中的多边形进行计算和填充。如果某些焊盘已经由某个多边形敷铜区连接在一起,则这些焊盘之间就不需要进行布线,从而软件不会对这些焊盘之间的鼠线进行计算,而是直接计算和填充多边形。

如果需要对某个信号的鼠线进行计算,则可以在命令框中指定鼠线的信号名称,例如在命令框中运行:

RATSNEST VCC

则软件会对信号名称为 VCC 的鼠线以及多边形进行计算。

如果需要对某些鼠线进行计算,则可以在信号名称中使用通配符来实现。通配符" * "表示信号名称中任意一个或多个字符(如 V * 表示首字母为 V,后面为任意单个或多个字符的信号名称),"?"表示信号名称中任意单个字符(如 V? 表示首字母为 V,后面为任意一个字符),"[…]"表示多个信号名称中相互之间具有一定规律的字符,例如命令"RATSNEST V[a−z]C"会对信号名称中首字符为 V、尾字符为 C,并且中间字符为 a~z 范围内的鼠线和多边形进行计算。

RATSNEST 命令还可以通过使用符号"!"来将指定的鼠线隐藏起来。隐藏鼠线的主要

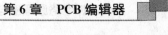

作用在于让某些通过多边形敷铜区连接的信号不可见,例如电源信号,使得绘图更加清晰,容易辨认其他信号。例如在命令框中运行:

```
RATSNEST ! VCC
```

会隐藏 VCC 信号的鼠线。如果需要再次显示,在命令框中执行一次不带感叹号的命令即可,这时软件会对该鼠线重新计算。

关于该命令的更多信息,请在编辑器 Help 菜单下选择 General 命令弹出的对话框中搜索关键字 RATSNEST。

6.2.11　AUTO 命令按钮

AUTO 命令按钮⊞用于启动自动布线器,以便对 PCB 设计进行自动布线处理。单击该按钮或者在命令框中运行 AUTO 命令,即可启动自动布线器对整个 PCB 进行布线。当然也可以只针对指定的信号线路布线,例如在命令框中运行:

```
AUTO VCC
```

则软件会对信号名称为 VCC 的所有对象进行布线连接。如果需要对 PCB 设计中的大部分信号进行自动布线,而仅有少部分信号需要手动布线,则可以在命令中加入符号"!",在后面指定无须手动布线的信号名称,例如在命令框中运行:

```
AUTO ! GND VCC
```

则软件会对除了 GND 和 VCC 信号以外的其他信号进行布线。

另外 AUTO 命令中的信号名称中也可以使用通配符。通配符"＊"表示信号名称中任意一个或多个字符(如 V＊表示首字母为 V,后面为任意单个或多个字符的信号名称),"?"表示信号名称中任意单个字符(如 V?表示首字母为 V,后面为任意一个字符),"[…]"表示信号名称中的一部分字符与方括号中的字符完全相同,该通配符在指定一系列具有规律的信号名称时非常有用,例如命令"AUTO V[a−z]C"会对信号名称中,首字符为 V,尾字符为 C,并且中间字符为 a~z 范围内的信号进行布线。

自动布线器以 PCB 设计中第 20 层(Dimension 层)上 WIRE 命令绘制的外框为布线边界,并且布线涉及的层仅为顶层、底层和第 2~15 层。如果在自动布线的中途需要停止布线,可以单击操作工具栏中的 Stop 按钮 来中断布线。

关于该命令的更多信息,请在编辑器 Help 菜单下选择 General 命令弹出的对话框中搜索关键字 ATUO。

6.2.12　DRC 命令按钮

DRC 命令按钮用于打开设计规则设置对话框,基于这些规则对 PCB 设计进行检查。通过该对话框可以对其中的各项设计规则进行修改,以便适应不同的设计要求。单击该按钮或者在命令框中运行 DRC 命令即可打开 DRC 设置界面,如图 6.8 所示,界面包含了 File、Layers、Clearances、Distance、Sizes、Retring、Shapes、Supply、Masks、Misc10 个选项卡,分别对应 PCB 设计中的各种设置。

当设置完成后,单击对话框下方的 Check 按钮即可立即对当前 PCB 设计进行检查;单击 Select 按钮后,在 PCB 编辑器的绘图区按住左键,并拖曳一个长方形阴影区域,然后放开左键,软件将对该阴影区域进行检查;Cancel 按钮用于取消对设计规则所作的修改;Apply 按钮用于将规则应用到当前的 PCB 设计上。这 4 个按钮不会随选项卡切换而变化,因此在任意选项卡下都可以使用。下面将对每个选项卡下的内容进行介绍。

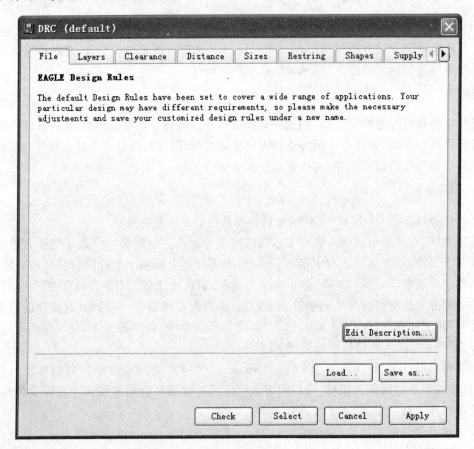

图 6.8　File 选项卡

1. File 选项卡,如图 6.8 所示。

● File 选项卡下的文字为当前设计规则的描述,不同的设计规则设置可以定义不同的描述,这些描述与当前设计规则一起以文件的形式(文件名为 ＊.dru)保存在 EAGLE 安装目录下的 dru 文件夹中,以便在需要时载入。

- Edit Descripton 按钮:该按钮可以对该选项卡下显示的描述进行修改。保存设计规则后,这些描述会在该设计规则再次载入时显示出来。
- Load 按钮:该按钮用于载入需要的设计规则文件。
- Save as 按钮:该按钮用于将当前设置的规则保存为.dru 扩展名的文件。建议将 DRC 设计规则文件保存在 EAGLE 安装目录下的 dru 文件夹中,这样在 Control Panel 的 Design Rules 树形分支下就能够看到这些文件和右方的描述(即 File 标签下的描述)。通过在某个设计规则文件上右击即可以对该规则进行打开、重命名、复制、删除以及应用到某个 PCB 设计等操作。

2. Layers 选项卡

Layers 选项卡用于定义电路板所使用的层和层叠方式、每个信号层的镀铜厚度,以及信号层之间隔离层的厚度等参数,如图 6.9 所示。

- Copper 设置项:该设置项用于设置每个信号层的镀铜厚度,默认单位为毫米。
- Isolation 设置项:该设置项用于设置信号层之间隔离层的厚度,默认单位为毫米。

当鼠标选中下方文本框时,左边的示意图会做出相应的变化,让用户能直观地观察到不同设置项在真实的电路板上的意义。同样的,其他选项卡下也能够看到这样的示意图。Copper 项与 Isolation 项文本框下方的 Total 值是当前设置下电路板的总厚度,单位同样为毫米。

- Setup 设置项:该设置项用于设置信号层的层数、层叠方式、过孔的类型和长度。根据设置的层数和层叠方式不同,窗口左边的电路板横截面示意图会做出相应的变化。这里默认显示的是两面镀铜的电路板和其中的通孔。

在多层板的情况下,需要通过更复杂的表达式来定义多个信号层。下面是多层板定义中需要用到的符号:

- 星号"＊":EAGLE 采用"层编号 ＊ 层编号"来表示两面镀铜的电路板原料(中间的星号可以看做原料板的隔离层),而单面镀铜的电路板原料则只需要输入编号即可。这些原料在电路板制造中称为 Core,例如 1 或者 1 ＊ 16 即为一个 Core。通过这种 Core 的层叠即可以制造多层电路板。
- 加号"＋":表示粘合层(英文称为 Prepreg),用于将两个或两个以上的 Core 相互粘接,例如 1 ＊ 2＋15 ＊ 16 表示将 1 ＊ 2 和 15 ＊ 16 两个 Core 通过粘合层粘合在一起成为一个 4 层板。
- 小括号"()":埋孔和通孔用两个括号表示,例如(1 ＊ 2＋15 ＊ 16)表示该电路板存在通孔;1＋(2 ＊ 3)＋16 表示中间两层存在埋孔。
- 方括号与冒号"[内部层:顶层…底层:内部层]":电路板两面的盲孔可以通过这个公式来设置,其中电路板顶层的盲孔表达式为"内部层:顶层",底层盲孔表达式为"底层:内

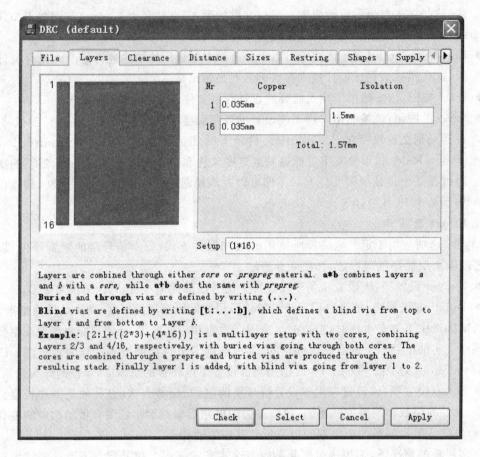

图 6.9　Layers 选项卡

部层",输入各个盲孔后在整个表达式的首尾加上方括号即可。例如表达式[2:1+2 *
3+4 * 15+16:15]中的"2:1"和"16:15"分别表示顶层到第 2 层的盲孔以及底层到第
15 层的盲孔。

在 Setup 设置项下方的文字也对设置电路层的表达式进行了简要地解释。

3. Clearance 选项卡

Clearance 选项卡下可以对 PCB 设计中信号层上元件、线路、钻孔和焊盘相互之间的最小
间距进行设置,其中包括属于不同信号的对象之间的间距和属于相同信号的对象之间的间距,
如图 6.10 所示。

该选项卡下的内容主要分为两个部分,即 Different Signals(不同信号的对象)以及 Same
Signals(相同信号的对象)。

● Different Signals 设置部分可以对属于不同信号的 Wire(线路)之间、Pad(直插式焊

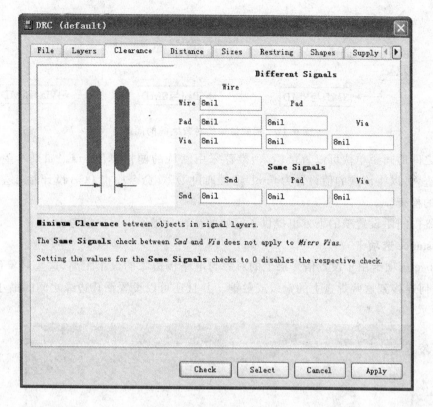

图 6.10　Clearance 选项卡

盘)之间和 Via(过孔)之间的最小间距进行设置,以及对 Wire 与 Pad 之间、Wire 与 Via 之间、和 Pad 与 Via 之间的最小间距进行规定,推荐采用默认单位 mil。梯形的参数排列方式能够很清楚地表示各种对象之间的间距关系,图 6.11 所示为对各个文本框所代表的意义的注释。

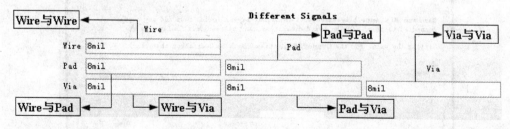

图 6.11　不同信号的对象之间的间距

● Same Signals 中的设置项表示属于相同信号的 SMD(表贴焊盘)之间、Pad 与 SMD 之间,以及 Via 与 SMD 之间的最小间距。图 6.12 所示为对各个文本框所代表的意义的注释。

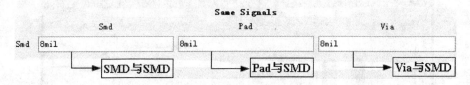

图 6.12　相同信号的对象之间的间距

对象之间的间距单位可以直接输入，推荐采用默认的栅格单位 mil。如果希望不对某一项进行检查，可以将该项的值设置为 0mil，这样通过 DRC 命令检查 PCB 设计时就会自动忽略对该选项的检查。

该标签内间距设置项的下方也提供了简要的注释和提示供用户参考。

4. Distance 选项卡

Distance 选项卡用于设置信号层上的对象与电路板边缘的最小距离，这些对象包括 Pad、SMD 和任何连接到这些焊盘上的铜线或敷铜。并且还可以设置钻孔边缘之间的最小距离，如图 6.13 所示。

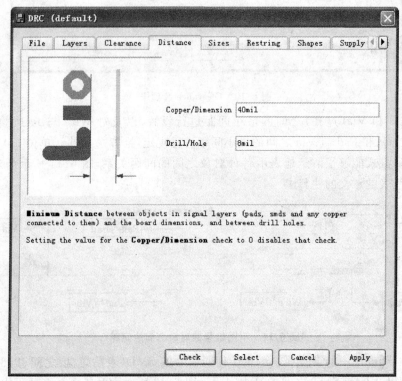

图 6.13　Distance 选项卡

- Copper/Dimension：设置信号层上的对象与电路板边缘的最小距离，推荐使用默认单位 mil。如果将该项设置为 0，则 DRC 在检查 PCB 设计时会自动忽略对该项的检查。
- Drill/Hole：设置钻孔边缘之间的最小距离，即某两个钻孔相互距离最近的边缘的两条平行切线之间的垂直距离。推荐使用默认单位 mil。

该选项卡的界面下半部分同样提供了对最小距离的简要介绍。

5. Size 选项卡

Size 选项卡用于设置信号层中线路的最小尺寸、钻孔的最小内径、微型过孔的最小内径，以及盲孔的最小钻孔直径，如图 6.14 所示。

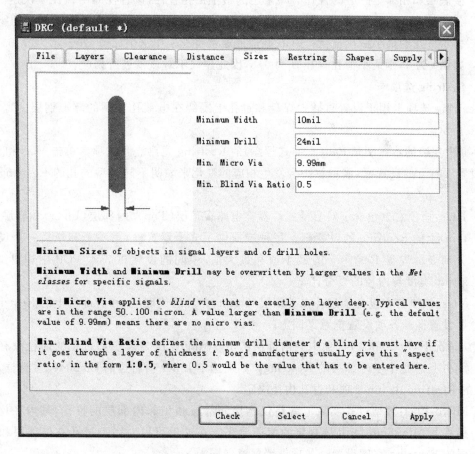

图 6.14　Size 选项卡

- Minimum Width：设置信号层上的最小线宽。
- Minimum Drill：设置最小钻孔直径。如果网络簇中设置的最小线宽和最小钻孔直径大于 DRC 规则设置中的值，则软件会以网络簇中的设置为准来处理与该网络簇相关联的对象的线宽和钻孔直径。

- Min. Micro Via：设置微型过孔的最小直径。微型过孔其实是特殊类型的盲孔，只不过其直径很小，一般来说处于 50～100mm，并且这种孔只能够从顶层到第 2 层截止，或者从底层到上一层截止，而不像普通盲孔能够穿过多个内部层。如果这里设置的最小直径大于 Mimimum Drill 中设置的最小钻孔直径（比如图中该设置项设置的 9.99mm 就大于 Minimum Drill 设置项的 24mil），则表示 PCB 中不存在任何微型过孔。

- Min. Blind Via Ratio：该项的含义是最小盲孔比，用于定义连接顶层和第 2 层或者连接底层和相邻上一层的盲孔必须采用的最小钻孔直径，该直径即由该比率决定。计算公式是 $R_{atio} = t/d$，其中 t 表示从顶层铜箔下表面到第 2 层铜箔下表面之间的距离，d 表示盲孔的最小钻孔直径。PCB 制造商通常将都采用这个比值，并表示为"1:0.5"，即如果 t 为 1，则最小盲孔直径 d 为 0.5，因此建议不对该项进行修改。

6. Restring 选项卡

Restring 选项卡用于设置直插式焊盘和过孔上围绕在电镀孔外圈的环形铜层的宽度，如图 6.15 所示。

界面中左边的示意图是 Pad（直插式焊盘）的 Restring 宽度。当选项卡单击 Vias 和 Micro Vias 设置项右方的设置框，该示意图会发生相应的变化来表明不同类型的孔的 Restring 宽度定义。

- Pads：该项右方包含了对直插式焊盘在电路板顶层（Top）、内部层（Inner）和底层（Bottom）上的 Restring 的设置框。每种层提供了 3 个设置框，第一个和最后一个设置框分别表示焊盘 Restring 的最小值和最大值，中间的设置框表示 PCB 中焊盘的 Restring 宽度与内径的百分比。

- Vias：该项右方包含了过孔在外部层（Outer，即顶层或底层）和内部层上的 Restring 宽度设置框。各项设置框意义同上。

默认情况下，Pads 和 Vias 项中的内部层的 Restring 宽度与焊盘和过孔的内径没有任何比率关系，并且总是小于外部层的 Restring。如果选中 Inner 项右边的 Diameter 多选框，则内部层上的 Restring 由 Inner 项和过孔内径决定。

- Micro Vias：微型过孔实际上就是仅连接外部层和相邻内部层的盲孔，其内径比 Size 标签下 Minimum Drill 项规定的值还要小。在这里可以对微型过孔在外部层和内部层的 Restring 宽度设置。各项设置框意义同上。

当 Min 和 Max 的值都为 0 时，百分数无效，这时以实际设定的 Pad 或 Via 内外径为准。

在某些情况下，Pad 和 Via 的外径尺寸较大，从而使得 Restring 宽度超过了 Max 的值，这时软件会将这个 Restring 宽度作为外部层上实际应用的宽度。这些情况包括：

第一种情况：当内径和百分比相乘的结果小于 Min 或者大于 Max，Restring 宽度应为

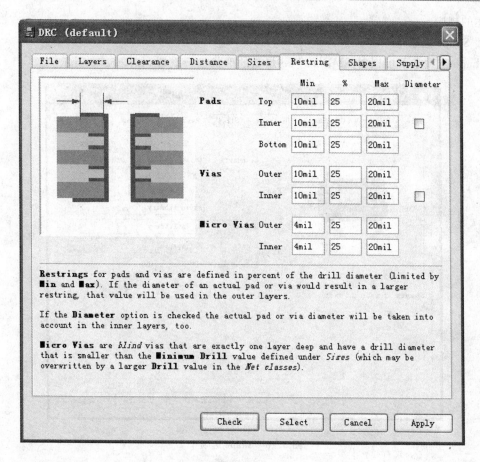

图 6.15　Restring 选项卡

Min 或 Max 的值。这时如果

(手动设置的外径－内径)/2

的值小于 Min,则 Restring 宽度不作改变,因而实际显示的外径会比手动设置的外径更大;如果大于 Max,则软件会采用这个较大的数值作为 Restring 的宽度。

第二种情况:当内径和百分比相乘的结果处于 Min 和 Max 之间时,Restring 的宽度应为相乘后得出的结果,这时如果

(手动设置的外径－内径)/2

的值小于相乘的结果,则 Restring 宽度不作改变,因而实际显示的外径会比手动设置的外径更大;如果大于相乘的结果,则软件会采用这个较大的数值作为 Restring 的宽度。

如果需要设定一个固定的 Restring 宽度值,则需要把 Min 和 Max 项设置为某一个相同的值,这时 Restring 的宽度即等于这个值,不会受中间的百分比的影响,但仍然遵循第一种情

况描述的规则。

7. Shape 选项卡

Shape 选项卡下可以对 SMD 和 Pad 焊盘的形状进行设置,如图 6.16 所示。

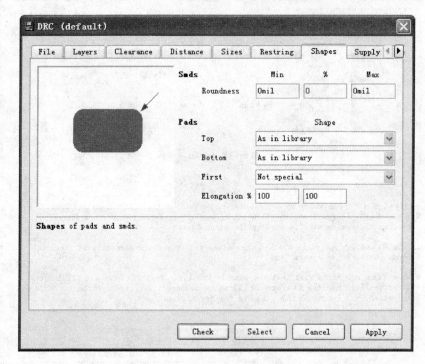

图 6.16 Shape 选项卡

- Smds:该设置项用于对表面贴装焊盘的转角弧形大小进行设置。Min 下方的文本框表示弧形的最小半径,Max 表示最大半径。

中间的文本框为范围从 0~100 的百分数,表示转角的当前直径与 SMD 焊盘最短边的比值,即该比值乘以 SMD 焊盘的最短边长度,结果等于当前转角直径。该直径除以 2 后不能小于 Min 设置项的值或大于 Max 设置项的值,否则以 Min 或 Max 的值为准。

如果 Min 和 Max 的值都为 0,则表示转角为直角,中间的百分数不产生作用。如果需要固定的转角大小,可以在 Min 和 Max 中输入相同的转角半径值,这时软件同样会自动忽略中间的百分数。

- Pads:该设置项用于对封装上的直插式焊盘形状进行设置。

Top 和 Bottom 下拉菜单中可以选择 As in library(保持原状)、Square(正方形)、Round(圆形)和 Octagon(八角形)命令,用于规定当封装放置到 PCB 设计中时,焊盘在顶层和底层上的显示形状。

First 下拉菜单用于为封装上的第一个焊盘选择一个形状,以便于其他焊盘区分。如果在元件库中的封装上对第一个焊盘进行了标记,则当该封装放置到 PCB 设计中时,第一个焊盘就会以这里选中的形状表示。该菜单可选项有 Not special(不区分)、Square(用正方形表示)、Round(用圆形表示)和 Octagon(用八角形表示)。

Elongation 设置项用于设置长条形(Long)和偏置形(Offset)直插式焊盘在 PCB 设计中的长度,文本框中的数值为百分数。该百分数表示焊盘上“除去外径后的长度”与外径 d 的比值,如图 6.17 所示。

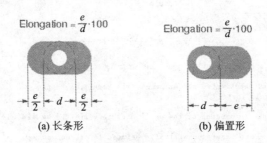

(a) 长条形　　　　　(b) 偏置形

图 6.17　长条形和偏置形直插焊盘长度设置

8. Supply 选项卡

Supply 选项卡下的内容用于设置电源层上热焊盘(Thermal)和隔离环(Annulus)的参数,如图 6.18 所示。

- Gap 项用于设置热焊盘与敷铜区连接部分的宽度,由实际钻孔直径的百分比决定,但要在 Min 和 Max 项中规定值的范围内,否则软件自动以 Min 或 Max 的值为准。
- Thermal 项用于定义热焊盘隔离区的宽度,如果启用后面的 Restring 项,则表示隔离区与孔之间保留环形铜层。如果不选中,则热焊盘隔离区会紧挨着焊盘的孔边缘。建议启用 Restring 项,以方便焊接。
- Annulus 项用于定义环形隔离区的宽度,如果启用后面的 Restring 项,则表示在环形隔离区和孔之间保留环形铜层。如果不选中,则环形隔离区会紧挨着焊盘的孔边缘,隔离区与孔之见没有任何铜层。

9. Masks 选项卡

Masks 选项卡用于设置阻焊层和焊膏层中针对 Pad 和 SMD 焊盘的阻焊漆与焊膏,如图 6.19 所示。

- Stop:表示阻焊符号,其数值即斜线阴影部分超出焊盘的距离。阻焊漆将会围绕阴影区域进行上漆,而不会进入该区域,以免阻碍焊盘的焊接。该距离以 SMD 焊盘的短边或直插焊盘的外径的百分比表示,并且该距离只能在 Min 和 Max 的范围之间。当 Min 和 Max 的值都等于同一个值时,例如 4 mil,则百分比值无效,即这时阻焊符号超

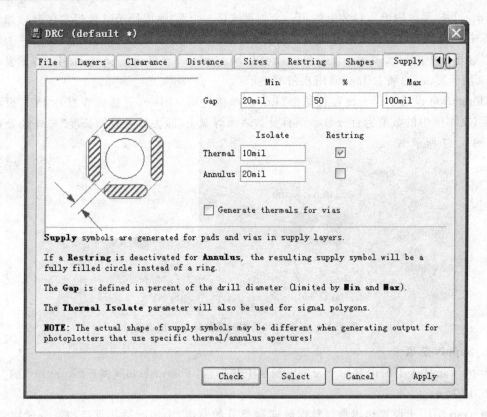

图 6.18　Supply 选项卡

出焊盘的距离确定为 4 mil。

● Cream：表示焊膏符号，仅适用于 SMD 焊盘，其数值即 SMD 焊盘超出斜线阴影的距离。焊膏将被限制在斜线阴影部分内，而不会超出该区域，以免焊锡溢出。该距离以 SMD 焊盘短边的百分比表示。当 Cream 的值等于 0 时，则表示焊膏涂抹范围覆盖整个 SMD 焊盘。

● Limit：该项用于设置一个限制值，默认值为 0，表示所有在 PCB 设计中放置的 Via（过孔）都自动添加阻焊符号，即所有过孔都不涂抹阻焊漆。当 Limit 的值大于 0 时，则所有内径小于或等于该值的 Via 都不添加阻焊符号（即都要涂抹阻焊漆），只有大于该值的 Via 才会带有阻焊符号。如果需要强行为内径小于该值的过孔添加阻焊符号，可以通过 CHANGE 命令按钮菜单下的 Drill 项来修改。

10. Misc 选项卡

Misc 选项卡用于对其他杂项进行设置，其中包括 Check grid、Check angle、Check font、Check restrict 4 个复选框，如图 6.20 所示。

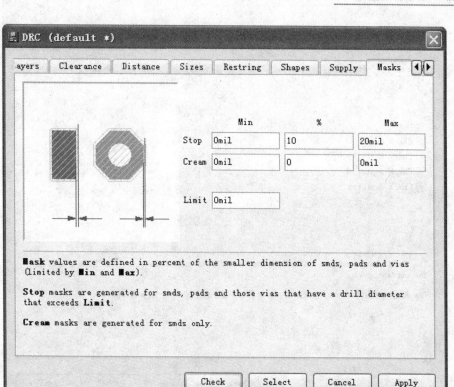

图 6.19　Masks 选项卡

- Check grid：即检查栅格，用于检查 PCB 设计中所有的 Pad、SMD、Via 和线路是否处于当前栅格上。由于 PCB 设计中常常会同时用到米制单位栅格和英制单位栅格上建立的元件，因此不可能找到同时适合这两种元件的栅格设置，所以该检查并非必不可少。
- Check angle：即检查线路夹角，以便确保所有夹角都是 45°的倍数。默认为禁用状态，在需要检查时可以启用该复选框。
- Check font：即检查字体。启用该复选框后，DRC 会检查 PCB 设计中是否使用了向量字体，所有非向量字体都会被标记为错误。由于 CAM 程序生成制造数据时不能采用非向量字体，否则会造成线路长度随文本尺寸而变化，因此该项检查非常必要。建议启用该复选框。
- Check restrict：即检查限制区域。由于第 41 层（tRestrict）和第 42 层（bRestrict）中绘制的限制区域不允许在顶层和底层上对应的区域内放置任何铜质对象（如过孔、线路和焊盘等），因此需要启用该复选框对限制区域进行检查。但是在某些情况下不需要对限制区域中的铜质对象进行检查，也可以禁用该复选框。另外，如果限制区域和铜

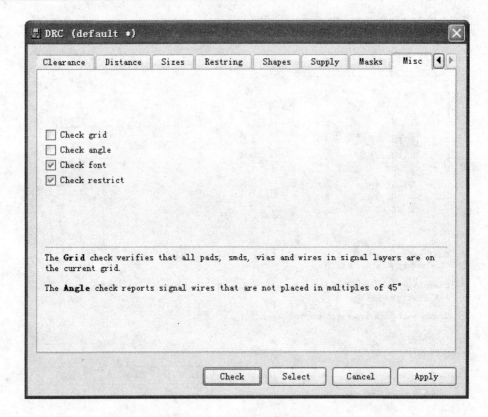

图 6.20　Misc 选项卡

质对象是在建立封装时进行定义的,则 EAGLE 会自动忽略对它们的检查。

6.2.13　ERRORS 命令按钮

PCB 编辑器中的 ERRORS 命令按钮 ⚠ 与原理图编辑器中的同名按钮功能相似,用于显示绘图中最后一次执行检查后所发现的错误。不同的是,该按钮显示的是 DRC 命令所发现的错误,而不是原理图编辑器中的 ERC 命令。请同时参考原理图编辑器中 ERRORS 命令按钮章节的内容。

6.3　多层电路板的注意事项

多层电路板在 EAGLE 中是指包含 Top 层(顶层)、Bottom 层(底层)和内部层(第 2 至 15 层,通常内部层的数量为偶数)的电路板,这些层上都可以对信号进行布线操作。本节介绍多层电路板设计中需要注意的事项,通过这一部分的学习,能够在将来进行多层电路板的设计工作时避免不必要的麻烦,实现高效快捷的设计和制造流程。

6.3.1 与 PCB 制造商沟通

由于不同的 PCB 制造商所具备的制造能力和工艺都不尽相同,因此多层板的设计在确定需要的层数以后,应该首先与 PCB 制造商沟通,针对 PCB 设计的层叠结构以及过孔、盲孔、埋孔或微型过孔等方面的情况,与制造商协商,以便确定多层电路板的层叠结构,取得较高的性价比。这样才能避免闭门造车,不至于最后对设计进行大量修改,甚至重新开始的情况出现。

6.3.2 添加 PCB 的内部层

EAGLE 默认情况下仅有 Top 层和 Bottom 层。增加内部层需要在 DRC 命令弹出的设计规则窗口中的 Layers 标签下进行设置。当然,各层的层叠方式同样需要首先与 PCB 制造商沟通以后再进行设置。

6.3.3 只包含一个信号网络的电源层

如果多层板的设计中电源层上只需要包含一个信号网络,则可以通过第 2～15 层的某一层进行简单的设置来实现。例如某个 4 层板的设计中,需要将第 2 层作为电源层时,先运行 DISPLAY 命令,在弹出窗口中双击第 2 层,将名称修改为 VCC,然后启用 Supply Layer 选项即可将第 2 层设置为电源层。这时在 DISPLAY 命令的弹出窗口中第 2 层的名称会变成 \$ VCC,其中符号 "\$" 即表示该层为电源层。

通过命令行也可以将某个内部层定义为电源层,例如在 PCB 编辑器中运行命令:

```
LAYER 2 $ VCC
```

这样第 2 层即被作为电源层。

> **注意**:这里所定义的仅包含一个信号网络的电源层是以负片的形式显示和输出数据的,因此在这种电源层上不能绘制其他信号线路或者多边形敷铜区,否则会造成电路板无法使用的情况。

6.3.4 包含多个电源信号的电源层

通常较为复杂的多层板都需要多个电源信号,这时就需要在电源层上添加多个信号网络来为不同的电路供电。但是如果采用上面介绍的单一信号网络电源层的处理方法,则 EAGLE 无法实现同一电源层上存在多个信号网络的情况。因此需要用 POLYGON 命令在某一层上为不同的电源信号绘制不同的多边形,以此来实现多个电源信号,并存在同一电源层上。

这时电源层的名称就不能添加符号 "\$" 来表示了,即不启用 DISPLAY 命令弹出窗口中双击该层后所显示的 Supply Layer 复选框，以免造成错误。另外，这种方式所创建的电源层是以正片的形式显示和输出数据，因此可能数据量要大于负片输出的情况。

6.4　合并多个电路板

当同一时间内有多个电路板需要制造时，可以将这些电路板的 PCB 设计通过复制和粘贴保存到一个单独的电路板文件中，然后统一提交给电路板制造商，同时制造多块电路板，以便节约制造成本。

合并电路板的工作主要使用 3 个命令，即 GROUP、CUT 和 PASTE 命令。需要注意的是在执行 PASTE 命令粘贴电路板时有可能会让某些元件的名称自动修改，也就是说丝印层上的信息有可能会自动发生改变。如果需要确保丝印层信息不被改动，可以使用 EAGLE 中自带的名称为 Panelize.ulp 的用户语言程序来实现。

Panelize.ulp 程序能够将第 25 层（tNames）和第 26 层（bNames）上的文本信息复制到新建的 125 和 126 层上。当粘贴电路板时，25 层和 26 层上的信息虽然可能发生改变，但 125 和 126 层上保存的备份信息不会有任何修改。在将制造数据提交给电路板制造商时，只需要告知对方采用 125 和 126 层上的信息作为丝印层的信息，而不是第 25 层和 26 层即可。

以下是合并电路板的步骤：
- 打开需要合并的电路板文件。
- 通过 DRC 命令导出原 PCB 的设计规则。
- 运行 Panelize.ulp 来保存元件名称。
- 使用 DISPLAY 命令按钮显示所有的层。
- 使用 GROUP 命令按钮来选择所有需要复制的对象；复制整个 PCB 设计时，可以使用 GROUP ALL 命令。
- 单击 CUT 命令按钮后，再单击绘图区。
- 新建一个 PCB 设计。
- 使用 PASTE 命令按钮将复制的电路板放置到新建的 PCB 设计中。
- 确认新建的 PCB 设计与原 PCB 设计所使用的设计规则相同；如果不同，则可以在新 PCB 设计时，在 DRC 命令弹出的设置窗口中，单击其 File 选项卡中的 Load 按钮，导入之前保存的设计规则文件。

如果合并后的电路板中存在有多个电源层，则需要对电源信号的名称和线路进行检查。例如合并电路板后各个 GND 信号可能会被重命名为 GND1、GND2、GND3 等名称，并且与电源层 $GND 的连接也同时消失了，这时需要将这些电源信号重新命名为之前的名称，即 GND。

第 **7** 章

自动布线器

和其他的 EDA 工具一样，EAGLE 也提供自动布线器，允许用户按照一定的设计规则进行自动布线或者半自动布线（跟随布线）。自动布线器是一个很有价值的工具，它能帮助用户完成部分工作，减少布线工作量。但希望仅仅依靠自动布线而不进行手工布线来设计一块完美的电路板，是不切实际的。

7.1 自动布线器的特点及启动方法

理论上讲，如果自动布线器没有时间限制，所有的电路板都能够通过自动布线器实现100％布线，但实际上自动布线器所需要的时间并不能始终得到保证，因此一些电路板并不能通过自动布线器来完成 100％布线，这也是目前任何其他自动布线算法无法实现的。

EAGLE 自动布线器基于取消/恢复算法（ripup/retry），即当它无法为一条线路布线时，可以删除先前的布线然后重新布线，线路能够被删除的次数称做取消深度，它对运行速度和布线结果起决定性作用。

EAGLE 的自动布线器具有以下特点：

- 任意布线栅格（最小 0.02 mm）。
- 任意布局栅格（最小 0.1 mm）。
- 表面贴装元件可布置在电路板两面。
- 整个绘图区域都可作为布线区域（前提是有足够的内存使用）。
- 可通过控制参数来选择布线策略。
- 能同时对定义了不同线宽和最小间距的多个网络簇进行布线。
- 采用设计规则检查和自动布线器的通用数据设置（设计规则）。
- 支持多层电路板（能同时对多达 16 个层进行布线，而不仅限于一对/两层）。
- 支持盲孔和埋孔。
- 能独立设置每个层的首选布线方向：水平方向和垂直方向，以及真正的 45°/135°度方向(对内部层非常重要)。

● 对 100％的布线进行取消和重新布线。

● 通过减少过孔和平滑布线路径来进行优化。

● 不会改变预布线。

● 提供基本的 Follow－me 布线功能,它是布线命令的一个特殊操作模式,允许对所选信号进行自动布线。

启动自动布线器的方法有 3 种,在自动布线器对话框中,用户可以根据自己的需求,设置自动布线器的参数、布线方式和优化方式。

● 第一种:在 PCB 编辑器界面中单击 Tools 菜单下的 Auto... 命令打开自动布线器。

● 第二种:在 PCB 编辑器界面左边的命令栏中单击 ⊞ 按钮打开自动布线器。

● 第三种:在 PCB 编辑器界面中的文本命令区输入命令"Auto"打开自动布线器。

7.2 自动布线器菜单设置

通过上一节介绍的方式启动自动布线器后,可以对自动布线器的一些参数进行设置,下面分别进行介绍。

7.2.1 常规设置

Autorouter 常规设置对话框如图 7.1 所示。

General 选项卡主要是对布线层信号的首选布线方向以及布线栅格和过孔形状进行设置,详细设置如下:

① 布线首选方向(Preferred Directions):EAGLE 最多可以支持 1～16 层信号层,首选方向设置:

● 一:水平方向;

● ∣:90°方向;

● ／:45°方向;

● ＼:135°方向;

● ＊:没有首选方向;

● N/A:该层未激活。

② 布线栅格设置(Routing Grid):越小的布线栅格代表越高的布线精密度,但同时花费的时间也越多,选择合适的栅格可以在达到较高布通率的同时花费较少的时间。

③ 过孔形状(Via Shape):过孔形状有两种可以选择,分别是圆形(Round)和八角形(Octagon)。

④ Load... 按钮用于添加以前自定义的自动布线器控制文件(＊.ctl),或者使用 Save

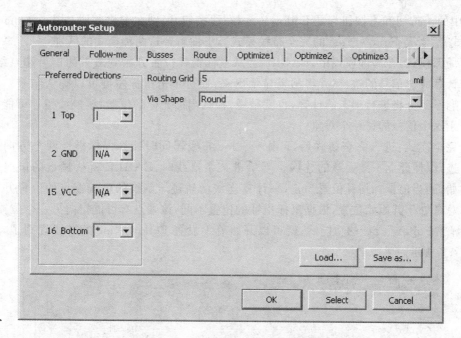

图 7.1　Autorouter 常规设置对话框

as... 按钮保存控制文件用于其他项目使用。

7.2.2　跟随布线规则设置

严格地说,Follow-me 跟随布线并不属于自动布线范围。但是,Follow-me 布线却与自动布线使用相同的规则,也就是在进行 Follow-me 布线时,元件对布线的约束与自动布线时类似。

要准确的设置 Follow-me 布线的规则,就必须要了解 Follow-me 布线的功能。

Follow-me 是 EAGLE 的半自动布线功能,能够对选定的信号网络进行半自动布线。该布线器根据用户鼠标指针悬停的位置,寻找合适的路径进行布线,线路以信号连线的起点为起始点,以用户鼠标指针的位置为终点。Follow-me 这个名字可以很形象地表示这一功能。

在 Follow-me 布线模式下,需要设定开始布线的层,该层被布线器选定为优先布线层,但是当首选层无法完成布线时,Follow-me 布线器会自动添加过孔,换到另一层继续布线。要使用 Follow-me 布线功能,先要通过 ROUTE 命令进入手动布线模式,如图 7.2 所示。

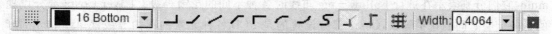

图 7.2　手动布线模式

图中的 ┛ 按钮和 ┏ 按钮都是 Follow-me 布线按钮,区别在于前者是 Follow—me 的局部布线模式,后者是 Follow—me 的完全布线模式。下面解释这两种模式的区别:

- 局部模式:在局部模式中,EAGLE 会从鼠标指针位置开始到最近的信号端点结束,来计算所选信号的轨迹,并将结果显示出来,通过单击鼠标左键可以确认结果。鼠线的剩下部分将进行动态的计算,也就是说,根据当前光标的位置,该鼠线指针可能指向属于这个信号的另一个对象。
- 完全模式:进入完全模式后,Follow-me 布线器同时计算鼠标指针两个方向上的轨迹,以便建立一条完整的连线。当单击某条鼠线时,EAGLE 就从最近的鼠线端点开始,到当前鼠标指针位置为止,来计算连线的轨迹。鼠线的远端端点的位置并不一定总是处于其原始位置,根据鼠标指针的位置不同,该端点有可能指向另一个位置。

了解了 Follow-me 的功能后,就可以开始着手设置 Follow-me 的布线规则了,设置界面如图 7.3 所示。

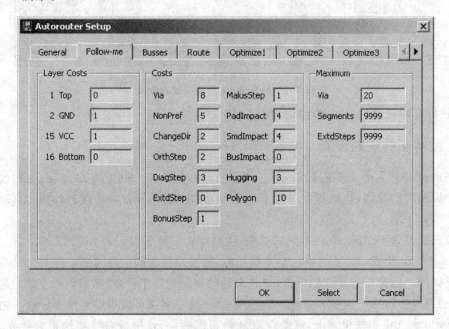

图 7.3 Autorouter 跟随布线设置对话框

从图 7.3 所示的设置界面中可以看到 3 个大的部分,分别是 Layer Costs、Costs、Maximum,它们分别表示在进行 Follow—me 布线时各种不同的花销等级。Layer Costs 部分设置的是各个层之间的花销等级,Costs 部分设置的是 PCB 各种元素的花销等级,Maximum 部分设置的是在布线时自动产生的一些元素的最大值。

要设置这些参数,必须对 EAGLE 自动布线器中花销的概念有所了解。在 EAGLE 中,花销指的是自动布线器对一个或者一类操作的重视程度,也可以理解为自动布线器在这个操作上花费时间的多少。过低的花销可能使布线的结果达不到用户的要求,而过高的花销可能导致布线时间的无限延长。所以,需要用户根据实际情况,评估出需要重点照顾的地方,在这些地方允许 EAGLE 使用高花销布线,而在剩余的地方使用合理的低花销布线。这样做的好处是可以在保证重要信号的同时,不会过分延长布线时间。EAGLE 采用数字来表示花销的多少,较小的数字代表低花销,较大的数字代表高花销。

关于 Cost 里面的每一个花销参数,以及 Miximun 的控制参数,请参考 7.4 节中“花销因数对自动布线的影响”这一内容。

7.2.3　总线规则设置

总线规则设置的界面和 Follow - me 的设置界面完全一致,设置项的含义也一样,这里不再花篇幅介绍,如图 7.4 所示。

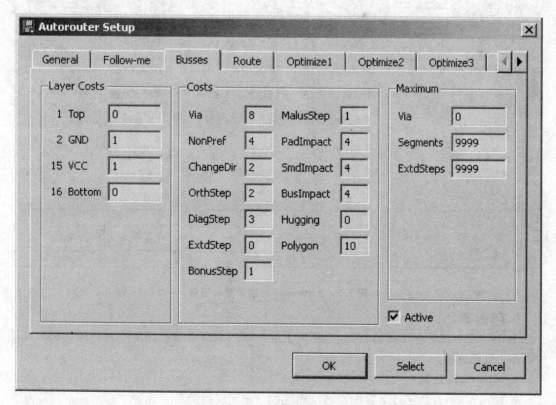

图 7.4　Autorouter 总线设置对话框

这里需要特别说明的是,该总线规则设置中的总线并不是原理图中的总线,而是在 PCB

中可以用总线的形式布线的信号网络簇。

7.2.4 布线规则设置

布线规则设置的界面如图 7.5 所示,针对所有的信号网路均适用,是最重要的一个设置标签页。可以看到,相较于其他的标签页,该标签页在 Costs 部分多了 Avoid 设置项,在 Maximum 部分多了 RipupLevel、RipupSteps 和 RipupTotal 这 3 个设置项。

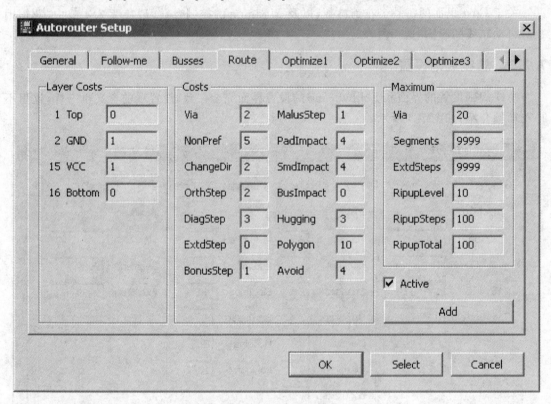

图 7.5 Autorouter 布线设置对话框

1. Costs 部分

Avoid - EAGLE 在布线时,可能会使用 Ripup 功能取消布线。在该选项栏设置较高的值可以阻止线路取消。

2. Maximum 区域

● RipupLevel:设定自动布线器可以删除的已布线线路的最大数量。

● RipupSteps:每条无法重新布线并且被删除的线路会启动一个新的 Ripup 进程,该序列的最大数量在参数 mnRipupSteps 中进行定义。

● RipupTotal:定义了可以同时被删除的线路数量。

7.2.5 优化规则设置

自动布线器优化设置界面和前面的基本一致,如图 7.6 所示。这里不再另外花篇幅介绍。

在 EAGLE 中,优化总是在布线后进行。EAGLE 中的优化以次数来计算,可以在界面中设置多个不同参数的优化选项卡,EAGLE 在执行完优化 1 后继续执行优化 2,直到最后一个优化选项卡执行完毕。

优化是对布线的进一步调整,因此可以在不同的优化设置标签中针对部分参数进行严格设置,而忽略其他参数,这样可以降低优化时间,增加优化能力。单击选项卡中的 Add 按钮,可以添加新的优化选项卡。

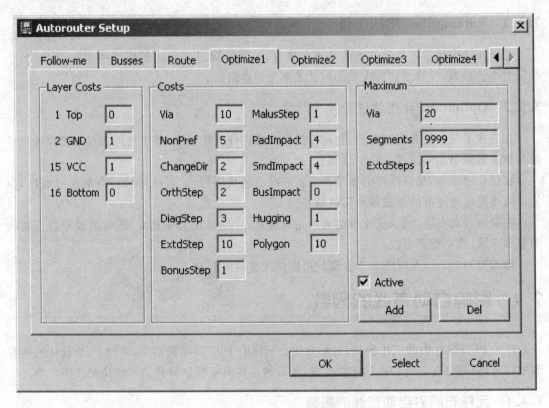

图 7.6 Autorouter 优化规则设置对话框

7.3 自动布线过程

从自动布线器的菜单设置可以看到,一个完整的自动布线过程会涉及总线布线(Bus

Router)、常规布线(Routing Pass)和布线优化(Optimization)等几个独立的基本步骤,下面分别讲解。

7.3.1 Bus Router 总线布线

正常情况下,首先启动总线布线,总线布线处理那些在首选方向能布通的信号,并且首选方向只允许在 x 和 y 方向有少许偏差。总线布线仅考虑那些属于网络簇 0 的信号。这一步可以省略。

自动布线中的总线是指能够在 x 和 y 方向上放置并且只带有少许偏差的直线,这点和原理图中的类似地址总线不同。

7.3.2 Routing Pass 常规布线

总线布线完成后才开始其他的常规布线过程,该步骤尽可能地使用那些能达到 100% 布线通过率的参数,并特意使用大量的过孔来避免通路阻塞。

7.3.3 Optimization 布线优化

在完成了前面的布线工作后,自动布线器开始进行优化工作,其主要的工作是按照优化设置参数来删除多余的过孔并平滑线路。

在优化过程中,每条线路的删除和重新布线会依次进行,这可能导致较高的布线难度,因为一条线路的改变可能造成新的路径断开。

在启动自动布线之前,优化参数必须先行设置,一旦布线工作完成,所有的线路都会被认为是预布线,将不能再更改。

前面提到的自动布线的 3 个步骤均可以单独激活或取消。

7.4 影响自动布线的因数

作为 PCB 设计中的应用模块,自动布线必须依附于 PCB 编辑器中,遵循 PCB 设计的所有规则约束,同时也有自身特殊的参数设置,所有的这些因素都会对自动布线结果产生影响。

7.4.1 元件布局对自动布线的影响

尽管自动布线器并不参与元件布局,但是合理的元件布局可以提升自动布线的布通率,并可减少布线时间,这点和手动布线必须依赖合理的元件布局是一个道理。

7.4.2 设计规则对自动布线的影响

设计规则对 PCB 设计中所有元件和信号网络的电气属性进行约束,并对其参数进行设置,这些属性和参数依然对自动布线产生作用,比如相同或者不同网络的最小间距、最小布线宽度以及过孔直径等设置。

7.4.3　网络簇对自动布线的影响

如果设计中定义了网路簇设置,自动布线器在布线的过程中仍然会遵循网路簇所定义的过孔的最小间距、线宽和过孔内径。

7.4.4　花销因数(Costs)对自动布线的影响

前面在自动布线器的菜单里面设置了很多花销因素(Costs)和控制参数,这些参数可以保存到一个自动布线器控制文件(* . ctl)中,下面解释每个参数的含义及应用。

一般参数默认值及解释:

```
RoutingGrid = 50Mil          ;自动布线器用于放置线路和过孔的栅格花销参数
cfVia = 8                    ;过孔
cfNonPref = 5                ;未使用首选方向
cfChangeDir = 2              ;改变方向
cfOrthStep = 2               ;0 或 90°方向上的步数
cfDiagStep = 3               ;45°或 135°方向上的步数
cfExtdStep = 30              ;以 45°背离首选方向
cfBonusStep = 1              ;在 bonus 区域中的步数
cfMalusStep = 1              ;在 handicap 区域中的步数
cfPadImpact = 4              ;Pad 焊盘周边区域的影响范围
cfSmdImpact = 4              ;SMD 焊盘周边区域的影响范围
cfBusImpact = 4              ;偏离理想总线方向
cfHugging = 3                ;平行线距
cfAvoid = 4                  ;先前 ripup 时使用的区域
cfPolygon = 10               ;消除多边形
cfBase.1 = 0                 ;在特定层中每一步产生的花销
cfBase.2 = 1
...
cfBase.15 = 1
cfBase.16 = 0
```

最大数量参数默认值及解释:

```
mnVias = 20                  ;每条连线的过孔数
mnSegments = 9999            ;每条连线的线段数
mnExtdSteps = 9999           ;与首选方向成 45°的方向上的步数
mnRipupLevel = 100           ;每条连线的 ripup 次数
```

mnRipupSteps = 300   ;每条连线的 Ripup 进程

mnRipupTotal = 200   ;同时可用 Ripups 数

线路参数默认值及解释:

tpViaShape = Round   ;过孔外形(圆形或八角形)

PrefDir.1 = | ;特定层上的首选方向

PrefDir.2 = 0   ;符号:0   – / \ *

               0 : 该层不进行布线

PrefDir.15 = 0   ;* : 没有首选方向

PrefDir.16 = –   ;– : X 轴为首选方向

              | : Y 轴为首选方向

              / : 45°方向为首选方向

              \ : 135°方向为首选方向

下面结合自动布线器中的 Route 标签进行特别说明,如图 7.7 所示。

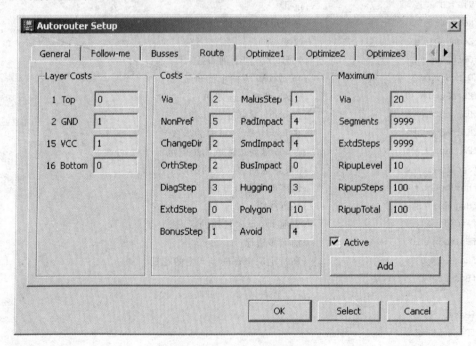

图 7.7　Route 标签实例窗口

1. Layer Costs 层花销

cfBase.xx:0…20 相应层上的任意步骤的基本花销:外部层(顶层和底层)总是 0,内部层大于 0,采用比外部层高的花销。

2. Costs 花销

- cfVia：0…99 控制过孔的使用。较低的值会产生很多的过孔,但可以遵从首选方向,高的值可以尽量避免使用过孔,但会因此违反首选方向。推荐:低值用于布线过程,高值用于优化。

- cfNonPref：0…10 控制以遵从首选方向。低值允许布线与首选方向相反,高值强制布线方向与首选方向一致。如果 cfNonPref 设置到 99,线路只能够顺着首选方向放置,因此只有在必要时才选择这个值。

- cfChangeDir：0…25 控制改变方向的次数。低值意味着在一条布线上可以有多个弯折。高值产生的几乎都是直线布线。

- cfOrthStep, cfDiagStep 执行直角三角形的斜边小于另外两边之和的规则。默认值是 2 和 3。这意味着使用另外两边的布线花销是 2+2,而斜边的布线花销是 3。改变这些参数要特别慎重。

- cfExtdStep：0…30 控制以避免与首选方向成 45°的线段,它可以将电路板分成两部分。较低的值意味着允许这种线段,而较高的值就会尽量避免产生这种线段。与参数 mnExtdStep 结合能够控制这些布线的长度,如果参数 mnExtdStep＝0,则每个栅格中与首选方向呈 45°角的一步会产生 cfExtdStep 参数中定义的花销,如果设置 mnExtd-Step ＝ 5,将允许一条线路在 45°方向上走 5 个栅格而没有额外的花销,之后每多一个栅格引起的花销定义在 cfExtdStep 项下,这样,90°弯折能够用 45°转角来实现。设置为 cfExtdStep＝99 和 mnExtStep＝0 时应该避免 45°布线。这个参数仅和带有首选方向的层相关。推荐:低值用于布线过程,高值用于优化。

- cfBonusStep, cfMalusStep：1…3 增大 PCB 设计中优先的(bonus)和坏的(malus)区域之间的差异。当设置为较高值,布线器会严格区分好的区域和坏的区域。当设置为低的值,该花销的影响降低,另见参数 cfPadImpact, cfSmdImpact。

- cfPadImpact, cfSmdImpact：0…10 焊盘 Pads 和 SMDs 周围所产生的好的和坏的部分或区域,自动布线器会(或不会)在这些区域放置线路,好的区域遵循首选方向(如果已经定义),坏的区域则与首选方向垂直。这意味着这些在首选方向上的线路是从 Pad/SMD 开始布置的,较高的值使线路尽可能在首选方向上进行布线,但如果是较低的值,则布线很快会偏离首选方向。对密集安装贴片元件的电路板,推荐选择一个较高的 cfSmdImpact 值。

- cfBusImpact：0…10 对是否为总线连接提供理想的线路进行控制(参考 cfPadImpact)。较高的值保证起点和终点用直线连接,这仅针对总线布线。

- cfHugging：0…5 控制并行线的接近程度。较高的值允许较小的间距(线之间非常接近),较低的值允许更宽的间距。推荐:低值用于布线过程,高值用于优化。

- cfAvoid 0…10 在使用 ripup 功能时,在需要避免线路取消的区域,较高的值表示更严格地避免线路取消。该值与优化过程不相关。

- cfPolygon 0⋯30 如果某个多边形敷铜区已经执行了 RATSNEST 命令,那么在启动自动布线器前显示为一个填充区域,多边形中执行的每一步都与该值相关,较低的值使自动布线器很容易在多边形区域内进行布线,但多边形区域被分割成多个小块的可能性较高,较高的值使自动布线器在多边形区域产生较少的连接。

如果一个多边形敷铜区处于外框模式,并且在启动自动布线器前没有执行 RATSNEST 命令,那么就不用考虑参数 cfPolygon 对这些多边形敷铜区的影响。

3. Maximum 最大值

- mnVia 0⋯30 控制能被用来创建连线的过孔的最大数量;
- mnSegments 0⋯9999 定义在一个连线中线段的最大数量;
- mnExtdSteps 0⋯9999 指定与首选方向成 45° 的方向上所允许的栅格步数,该步数之内不会激活 cfExtdStep 的值。请参考 cfExtdStep。

4. Ripup/Retry 删除/重试机制

Ripup/Retry 删除/重试机制的设置能够在时间需求和布线效果之间实现平衡,因此用户在需要改变参数 mnRipupLevel,mnRipupSteps 和 mnRipupTotal 的值时要非常谨慎,较高的参数值允许多次 Ripup,但会增加计算时间。

为了更好理解上述参数的意义,必须知道自动布线器是如何工作的。

自动布线器在开始工作后,一条接一条的进行布线,直到找不到还没有布线的线路为止,当出现这种情况时,自动布线器可以删除已布线的最大数量(这个数量使用参数 mnRipupLevel 来定义),以便放置新的线路,比如如果有 8 条线路需要布线,那么参数 mnRipupLevel 至少是 8。

在放置了新的线路后,自动布线器会尝试对所有被删除的线路进行重新布线。可能发生这种情况:为了对这些线路中的一条进行重新布线而必须执行新一轮的 Ripup 过程。这时由于某个线路无法布线,布线器将从该位置开始执行两个 Ripup 过程,每条无法重新布线并且被删除的线路会启动一个新的 Ripup 过程,该序列的最大数量在参数 mnRipupSteps 中定义。

参数 mnRipupTotal 定义了多少条线路可以同时被 Ripup,在某些情况下可能超出这个值。

如果超出这些值中的某一个,布线器将中断 Ripup 过程,并在无法布线的第一条线路位置重新建立有效状态。这条线路将被标记为无法布线,布线器将继续放置下一条线路。

7.5　自动布线的准备和执行

在开始自动布线前,请认真检查下列各项设置。

7.5.1　设计规则设置

前面几节中介绍过,自动布线器在自动布线时必须遵循设计规则对信号网路的约束和设置,因此在自动布线之前确保设计规则满足自己的需求是必不可少的。

7.5.2　网路簇设置

网路簇的设置优先级高于设计规则的设置,如果在电路设计中对特殊信号网络有特殊的布线间距、宽度、过孔直径等要求,建议对该特殊信号网络进行网路簇设置。

7.5.3　布局栅格

尽管自动布线器不对布局栅格有任何要求,但是在工程设计中,强烈建议不要将元件放置到过于细小的栅格上,避免增加自动布线时间和降低布线通过率。这里推荐两条实用规则:

布局栅格不能小于布线栅格;

最好设置布局栅格为布线栅格的整数倍。如果布线栅格为 5mil,则布局栅格设置为10mil 或者 15mil 较为妥当。

7.5.4　布线栅格

值得注意的是,自动布线器的布线栅格必须在其设置对话框的 General 选项卡中进行设置,这和通过 GRID 命令设置栅格是不同的。

布线栅格对时间的需求随着其分辨率的增大而按指数规律增加,因此选择大的栅格尺寸是比较明智的。对于多数电路板来说,主要考虑到的问题是在一个元件的引脚之间可以通过多少信号网路,当然,设计规则也会考虑到这一问题。大多数 PCB 设计选择 5mil 或者 6mil 的布线栅格即可满足要求。图 7.8 显示了不同布局栅格下布线的实际效果。

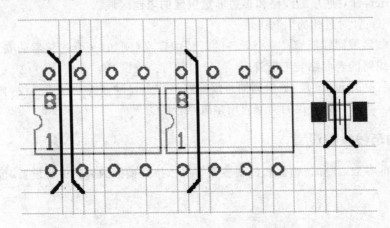

图 7.8　不同布局栅格下布线的实际效果

在任何情况下,栅格的选择都应该参照设计规则和焊盘间距来仔细考虑,较小的布线栅格需要更多的布线内存空间。

7.5.5　内存需求

布线内存需求首先取决于选定的布线栅格、电路板面积和布线信号层的数量。

电路板需要的静态内存(字节)能够通过下面的式子来计算:

$$栅格点数×信号层数×2$$

需要说明的是,使用 Supply 层设置的电源层($ name)不会占用任何自动布线内存,而通过一个或多个多边形敷铜区来创建的电源层与其他任何信号层消耗的布线内存相同。

动态数据需要的空间粗略估计大约为静态内存的 $10\%\sim100\%$(在某些时候甚至更多),这很大程度上取决于 PCB 设计方式。

总的存储空间需求(粗略近似值):

$$静态内存空间×(1.1…2.0)(字节)$$

在开始自动布线前应当释放这些 RAM 空间,如果空间仍然不足,则自动布线器需要把数据存储到硬盘上(也就是启用虚拟存储器),这将极大地延长布线时间,应该尽可能避免。不过短时间的访问硬盘是正常现象,因为硬盘上的工作文件需要定时更新。

试着选择宽的布线栅格,这样能节省内存空间和布线时间!

7.5.6　限制区域设置

限制区域的设置是为了让自动布线器不在该区域布线或不放置过孔,可以通过在第 41 层(tRestrict 层)、第 42 层(bRestrict 层)和第 43 层(vRestrict 层)上使用 RECT、CIRCLE 和 POLYGON 命令定义限制区域。

- tRestrict:针对顶层的线路和多边形敷铜区的限制区域。
- bRestrict:针对底层的线路和多边形敷铜区的限制区域。
- vRestrict:针对过孔的限制区域。

上述的限制区域同样能够在一个元件的封装中定义(例如,一个连接器的安装孔、或下方不能存在任何线路的表面贴装三极管)。

在第 20 层(Dimension 层)上绘制的封闭线路是作为自动布线器的边界线,自动布线不能超出这个边界。当然,第 20 层的典型应用是电路板的边界。

7.5.7　自动布线参数设置

自动布线的参数,比如花销值和控制参数等可以按照前面的讲述进行设置,也可以使用软件默认值。

提示：花销因数的默认值是基于大量经验设置的，以便于实现最好的效果，其他 mn-RipupLevel 和 mnRipupSteps 等也是基于经验总结的最佳设置，强烈建议使用默认值进行自动布线！对这些参数做很小的改动往往会产生很大的影响！

请按照下面的描述进行电路板层的设置和首选方向设置。

1. 层设置

双面电路板可以选择顶层和底层作为布线层，单面板则只使用底层布线，对于有内部层的多层电路板，以从外部层到内部层的顺序来使用层，即从第 2 层开始到第 15 层或其他层，这样做对设计有益处。名称为 $ name 的内部层设置为 Supply 层，该层不能布线。带有多个信号网络的电源层视为普通的信号层布线。

针对 Supply 电源层的自动布线考虑：

- 层的名称指定了在该层上的信号（如：$ VCC 表示仅能够传输 VCC 信号）。
- 该层以负片的形式显示。
- 自动布线时该层处于非活动状态（在 General 标签中设置为 N/A）。
- 布线完成后在 PCB 板框周围画一条非电气隔离线，可以防止电路板的边缘短路。
- 没有其他信号或多边形敷铜区可以绘制。

注意：自动布线器不能在 Supply 层上使用盲孔和埋孔，而是使用多边形敷铜区来代替！自动布线器不能设置微型过孔 Micro vias！自动布线器允许设置盲孔，这种盲孔深度小于在层设置中定义的盲孔的最大深度。

针对使用 Polygons 为电源层的自动布线考虑：

- 在运行自动布线前先定义多边形敷铜区。
- 为多边形敷铜区提供适当的信号名。
- 使用 RATSNEST 命令对多边形敷铜区敷铜。
- 在自动布线器设置中为层选择首选方向和基本花销（cfBase）。为多边形敷铜区分配较高的 cfBase 值，可以让自动布线器更严格的避开这些层。

布线后，检查多边形敷铜区是否仍然和所有信号点连接，有可能多边形敷铜区被划分为孤立的几个部分，这时需要使用 RATSNEST 重新敷铜。如果一切正常，则会在编辑器窗口底部的状态栏中弹出提示信息 Ratsnest:Nothing to do！

对那些非常复杂的电路板来说，无法保证在两个面上进行布线，这时推荐把它们定义为多层板，并将内部层的花销设置为很大的值。这将使得自动布线器尽量避开内部层而在外部层上放置尽可能多的连接，但在必要时还是有可能使用某个内部层。

2. 首选方向设置

在两个外部层上，首选方向一般相互呈 90°。对内部层来说，推荐选择使用 45°和 135°的对角线。在设置首选方向前,推荐检查电路板(基于鼠线)是否在采用一个方向时能够为电路板的某一层带来许多优势,尤其是对 SMD 板。

在预布线时,也请遵从首选方向。顶层默认的是垂直方向,底层默认的是水平方向。

经验表明,对主要包含 SMD 元件的小型电路板来说,在没有任何首选方向的情况下能实现最佳的布线(在自动布线器设置中设置为 *),这样布线能更快地得到可用的结果。

单面板应该在没有设置首选方向的情况下进行布线。

7.5.8 自动布线执行及结果显示

通过以上各项的设置和检查后,在自动布线器窗口中单击 OK 按钮,即可开始自动布线。在自动布线期间,自动布线器在状态条上显示图 7.9 所示实际的布线结果。

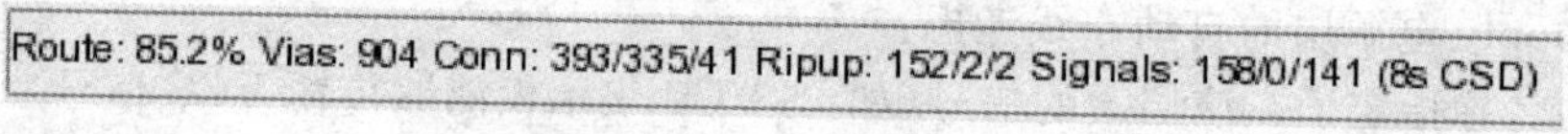

Route: 85.2% Vias: 904 Conn: 393/335/41 Ripup: 152/2/2 Signals: 158/0/141 (8s CSD)

图 7.9　实际的布线结果

对复杂的 PCB 布局来说,布线过程可能需要几个小时,因此间隔一段时间(大约每 10 min)就进行一次备份是一个良好的习惯,这样可以减少因紧急故障(停电)造成的损失。

在自动布线完成时,自动布线器会为每一个布线过程生成一个 name. pro 的文件,它包括了一些有用的信息。例如:

```
EAGLE AutoRouter Statistics:
Job : d:/EAGLE4/test - design/democpu.brd
Start at : 15.43.18  (24.07.2000)
End at : 16.17.08  (24.07.2000)
Elapsed time : 00.33.48
Signals : 84 RoutingGrid: 10 mil Layers: 4
Connections : 238 predefined: 0  ( 0 Vias )
Router memory : 1121760
Passname: Busses Route Optimize1 Optimize2 Optimize3 Optimize4
Time per pass: 00.00.21 00.08.44 00.06.32 00.06.15 00.06.01 00.05.55
Number of Ripups: 0 32 0 0 0 0
max. Level: 0 1 0 0 0 0
max. Total: 0 31 0 0 0 0
Routed: 16 238 238 238 238 238
Vias: 0 338 178 140 134 128
Resolution: 6.7 % 100.0 % 100.0 % 100.0 % 100.0 % 100.0 %
Final: 100.0 % finished
```

第**8**章
CAM 设置和输出

在 EAGLE 软件中,用于电路板制板的数据由 CAM 处理程序产生,正常情况下,PCB 制板厂商会使用 Excellon 格式的文件来处理钻孔数据,也会使用 Gerber 格式的文件来处理绘图数据。如何产生这些数据,以及哪些数据是需要提供给 PCB 制板厂商的,都将会在本章中详细介绍。

8.1 PCB 制板厂商需要的数据文件及驱动

PCB 制板厂商需要一些用于描述制作电路板流程的特殊信息,这些特殊的信息(包含光绘/钻孔信息)会分布在不同的文件中,比如信号层、丝印层、阻焊层、焊膏层、镀金层、点胶层(对 SMD 元件)或者用于电路板铣加工的 Milling 数据等,需要每层一个文件。

双面板中顶层和底层都有元件的时候需要顶层和底层丝印,如果有 SMD 元件,则顶层和底层都需要焊膏层和点胶层。

另外,PCB 制板厂商还需要一个单独的钻孔数据文件。

如果需要一个铣床切割的原型板,用于切割的轮廓线必须首先计算,然后产生一个特殊格式的数据用于铣床的切割。

如果自动装配电路板上的元件,还需要具有描述重心和旋转角度信息的适当格式的数据。

在 CadSoft 的官方网站(http://www.cadsoftusa.com/)上,可以看到很多 PCB 制板厂商均可以直接使用 EAGLE 软件来产生这些数据,这意味着用户只需提供原始的 brd 文件供 PCB 制板,而不必关心数据究竟如何产生。

通过 pcb-service.ulp 程序,或者直接登录 www.element14.com 的 Ecosystem 系统中的一项服务 PCB Services,用户有机会从 element14 论坛找到制作电路板的合作伙伴。对方会基于电路板的 PCB 布局和设计规则,免费提供关键的制造参数,比如电路板大小、最小钻孔尺寸以及电路板打样和批量报价,实现 PCB 制板的一站式服务。

如果制板厂商并没有相关的信息来直接处理 EAGLE 的 PCB 文件,那么用户就需要提供一整套文件,所需要提供的文件也将会在本章介绍。

另外,一些有用的用户语言程序在 CadSoft 的官方网站上可以免费下载,比如:产生用于表面贴装的点胶层数据(Glue Mask),用于铣加工轮廓线(Milling Contours)的计算,或者用于自动装配和测试的相关数据等。

8.1.1 Gerber Plot Data 光绘数据文件及驱动

所有 PCB 制板厂商都使用 Gerber 格式的光绘文件,常见的 Gerber 文件格式为 Extended Gerber 格式,即 Gerber RS－274X(简称 RS－274X),这是到目前为止业内最通用的格式,通常由 GERBER_RS274X 驱动产生。

另外一种较常用的 Gerber 格式为 RS－274D,需要 GERBER 和 GERBERAUTO 两种驱动来产生。

RS－274D 基本上由两部分组成:一个是特殊的工具表格即光圈孔径文件(Aperture file);另外一个是包含坐标和用于 Gerber 绘图仪使用的绘图信息的孔径轮文件(Wheel file)。

CAM 处理程序中产生 Gerber 数据(RS－274X 和 RS－274D)的驱动都具有 1/10 000 inch 的分辨率(数据格式:2.4inch)。

但 GERBERAUTO_23 和 GERBER_23 驱动例外,它们的分辨率较低,为 1/1 000inch (数据格式:2.3inch)。而 GERBER_RS274X_25 则提供更高一些的分辨率,达到 1/100 000inch(数据格式:2.5inch)。

> 提示:在 CAM 输出前请询问 PCB 制板厂商,确认他们更喜欢哪一种格式,常见的是 RS－274X 格式。

1. GERBER_RS274X 驱动

驱动 GERBER_RS274X 产生 Extended Gerber 格式(RS－274X)的文件,该文件会把 Aperture 表格包含在一起,是最有效、最易于实现的方法。

2. GERBERAUTO 驱动和 GERBER 驱动

GERBERAUTO 来产生 Aperture 文件和 Wheel 文件,其余的描述电路板的 Gerber 文件则由 GERBER 驱动来产生。

3. Drill Data 钻孔数据

产生钻孔数据和产生光绘数据很相似,业内使用的典型格式是 Excellon 或 Sieb&Meyer 1000 或 3000。它们都可以通过 CAM 处理程序来产生,最常用的是 Excellon 格式。

最简单的方式是为所有的钻孔产生一个共同的钻孔数据,值得注意的是,这个钻孔数据全部使用电镀孔。

如果想区分非电镀孔和电镀孔,必须产生两个钻孔数据。EAGLE 软件会区分 Pads 和

Vias 是否为电镀钻孔,电镀钻孔在第 44 层(Drills)设置,非电镀钻孔在第 45 层(Holes)设置,它们都可以使用 HOLE 命令放置。

CAM 处理程序会针对多层电路板中的盲孔和埋孔产生单独的钻孔数据文件,这部分本章后面将详细介绍。

4. EXCELLON 驱动

CAM 处理程序使用 EXCELLON 驱动产生包含钻孔表格和钻孔坐标的钻孔文件,这种文件是业内最通用的并且被大多数 PCB 制板厂商所公认。

EXCELLON 驱动缺省的分辨率为 1/10 000inch,没有前导零(数据格式:2.4inch)。

5. EXCELLON_RACK

如果 PCB 制板厂商一定要坚持使用 2 个单独的钻孔数据文件,可以使用 EXCELLON_RACK 驱动,该驱动会产生一个钻孔表格文件(Rack 文件)和一个钻孔数据文件,较早期的 EAGLE 版本默认该设置。

先在 PCB 编辑器中用 ULP 程序文件 drillcfg.ulp 来产生钻孔表格文件,然后把这 2 个文件(Drill Data 和 Drill Table)交给 PCB 制板厂商。

如果想区分电镀孔和非电镀孔,则必须提供一个钻孔表格文件和两个钻孔数据文件(一个在 Drills 层,一个在 Holes 层)。

6. SM1000 和 SM3000

这种驱动是在 Sieb&Meyer 1000 或 Sieb&Meyer 3000 中产生钻孔数据文件,SM1000 的分辨率为 1/100 mm,SM3000 的分辨率为 1/1000 mm。

使用 EXCELL_RACK 来输出数据的方式和上面完全相同,首先要在 PCB 编辑器中用用户语言程序 drillcfg.ulp 来产生钻孔表格,然后在 CAM 处理程序中引用这个表格来产生钻孔数据文件。

7. 更多的 Drill Data 驱动

CAM 处理程序还支持以下两种驱动来产生钻孔数据:

① GERBDRL 产生 Gerber Drill 代码,这里需要一个单独的钻孔表格(运行 drillcfg.ulp),这其实和 EXCELLON_RACK 相同。

② 另外一个是 SMS68 驱动,该驱动会产生 HPGL 代码类型的钻孔数据。

8. 使用铣床加工原型板

在不同用户语言程序的帮助下,可以产生用于原型板制作的轮廓线。

outlines.ulp:是计算轮廓线数据的简单例子,使用 RUN 命令运行该程序,在 ULP 的对话框中定义以下参数:选中需要产生轮廓数据的层;定义铣刀直径(宽度);选择文件输出格式(Script 或者 HPGL)。

包含轮廓数据的 Script 文件可以使用 SCRIPT 命令输入到 EAGLE 中,因此在 PCB 编辑器中让计算后的轮廓线可视化是可行的,必要的时候甚至可以修改。

最后,铣加工数据由 CAM 处理程序产生,选择铣加工外形轮廓线所在的层,使用 HPGL、PS(Postscript)或者 Gerber 驱动中的一种来输出数据。

milloutlines.ulp:提供不同的配置参数,可以在 PCB 编辑器中使用 RUN 命令运行。该 ULP 可以输出 HPGL 格式的数据(计划中可以有更多的格式)或者产生一个可以输入到 PCB 编辑器中的脚本文件,产生的铣加工外形轮廓可以查看,必要的时候甚至可以修改,使用 CAM 处理程序中的一个驱动,比如 Gerber,HPGL 或 PS(Postscript)就可以产生铣加工数据。

9. 使用 PostScript 文件产生胶片

PostScript 数据是使用光栅图像记录仪来产生的一种高质量 Gerber 数据,使用这样的数据来曝光的胶片作为 PCB 板制作的母片。

CAM 处理程序使用 PS(Postscript)驱动来产生 PostScript 格式的数据,这些数据能直接被合适的服务公司(这样的公司多数出于出版行业)处理。

Postscript 文件记录的宽度(Width)和高度(Height)参数可以设置为很高的值(比如:100×100 inch),这样设计图纸就不会延伸到很多张纸的宽度。

在使用 Postscript 文件产生数据的时候需要选择合适的层,这和 Gerber 数据产生的方式类似,使用这些文件就可以在特定的 PCB 承包商处产生完美的艺术品。

和底层相关的胶片通常会以镜像的方式(需要在 CAM 处理程序中选中 Mirror 选项)输出,这样做的目的是希望被曝光的铜箔覆层能直接保留在电路板的敷铜层上。

EPS 驱动能产生压缩的 PostScript 文件,这些文件能被台式印制系统处理。

10. 在胶片上印制

对于具有一定复杂度的电路板,可以使用 PRINT 命令,用镭射或者喷墨印制机在透明片上印制,这种方式会在很短的时间内达到效果,并且这种电路板的制作工艺也不昂贵。

在印制的时候显示在 PCB 编辑器中的层会显示在胶片上,在 Print 对话框中请注意检查 Black 和 Solid 选项是否选中。Vias 和 Pads 的钻孔会在打印输出中可见,这是一种简单的指示,表明电路板在该处需要手动钻孔。经验表明,Vias 和 Pads 的空隙口不要太大,以便于钻头的中心很好地定位,这些问题可以使用名叫 drill - aid. ulp 的用户语言程序来解决,在打印之前运行,让它在一个单独的层上画一个包含每个 Pad 和 Via 的圆环,圆环的内径可以进行定义,一般设置为 0.3 mm。当然,在打印到胶片上的时候需要显示该附加层。

11. 贴片机和在线测试仪使用的数据

EAGLE 软件包含一些 ULP,用来产生自动贴装机和在线测试仪数据,这些设备经常被 PCB 制板厂商使用。

产生贴片机数据的 ULP 如下:

```
mount.ulp                    ;用于产生元件原点坐标文件
mountsmd.ulp                 ;用于产生 SMD 元件的中心原点,顶层和底层各一个文件
```

产生电路测试的 ULP 如下：

```
dif40.ulp          ;来自数字测试的 DIF-4.0 格式
fabmaster.ulp      ;来自 FATF REV 11.1 的 Fabmaster 格式
gencad.ulp         ;用于 Teradyne/GenRad 在线测试仪的 GenCAD 格式
unidat.ulp         ;UNIDAT 格式
```

12. Drill Plan 钻孔平面图

在 EAGLE 中可以使用 19 种不同的符号表示 Hole、Via 和 Pad 的不同直径，其中 18 种用于特定的直径，另外一种符号（Æ）用于没有定义孔直径的符号，这些符号在第 44 层（Drills 层）Pads 或 Vias 所在的位置，以及第 45 层（Holes 层）通孔位置出现，孔径和符号之间的关系可以通过 PCB 编辑器的 Options/Set/Drill 对话框设定，如图 8.1 所示。

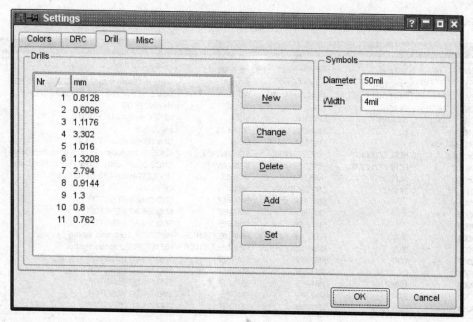

图 8.1　Drill Plan 钻孔平面图

打印钻孔平面图可以很方便地检查钻孔和直径。钻孔符号分配图如图 8.2 所示，可以通过 EAGLErc. usr 调用以前的自定义文件。

Drill Legend 钻孔图可以使用 ULP drill-legend.ulp 来产生。

13. 元件清单

bom.ulp 用于生成元件清单，如图 8.3 所示，该 ULP 可以在原理图编辑器中使用 RUN 命令运行。

可以使用 Load 按钮从一个数据库中添加元件的附属信息，或者使用 New 按钮创建一个

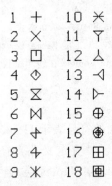

1
2
3
4
5
6
7
8
9
10
11
12
13
14
15
16
17
18

图 8.2　钻孔符号分配图

Eagle: Bill Of Material
Database:
Load
New
List type
Parts
Values
Output format
Text
HTML
Edit
View
Save
Help
Close

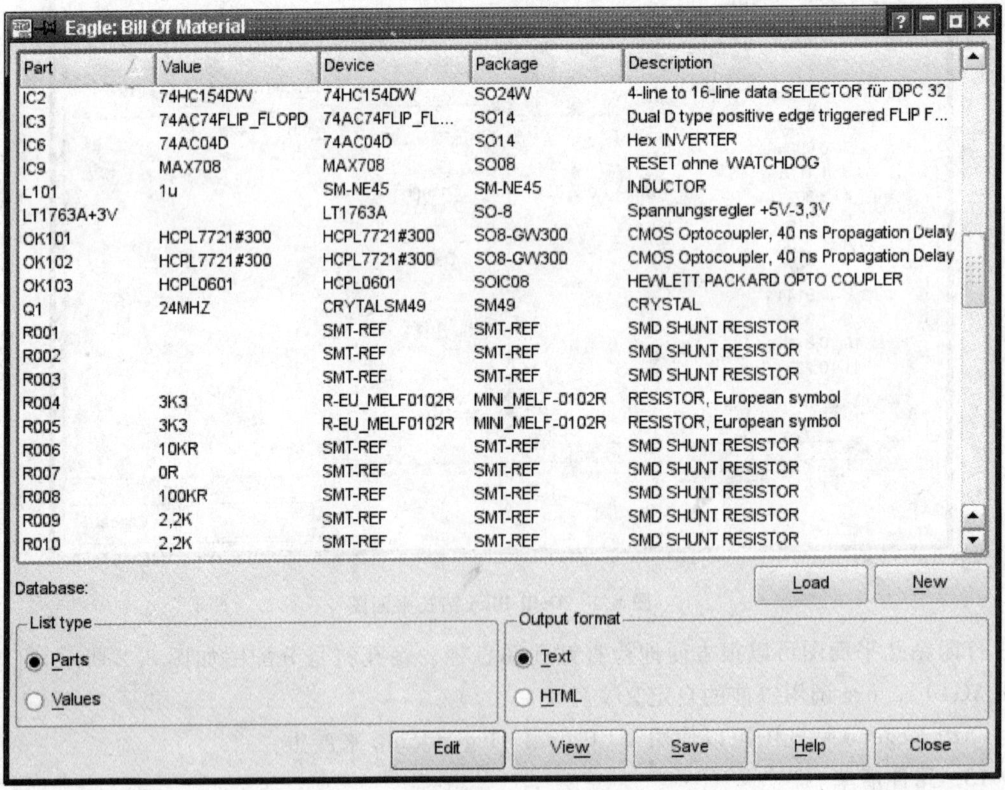

Part	Value	Device	Package	Description
IC2	74HC154DW	74HC154DW	SO24W	4-line to 16-line data SELECTOR für DPC 32
IC3	74AC74FLIP_FLOPD	74AC74FLIP_FL...	SO14	Dual D type positive edge triggered FLIP F...
IC6	74AC04D	74AC04D	SO14	Hex INVERTER
IC9	MAX708	MAX708	SO08	RESET ohne WATCHDOG
L101	1u	SM-NE45	SM-NE45	INDUCTOR
LT1763A+3V		LT1763A	SO-8	Spannungsregler +5V-3,3V
OK101	HCPL7721#300	HCPL7721#300	SO8-GW300	CMOS Optocoupler, 40 ns Propagation Delay
OK102	HCPL7721#300	HCPL7721#300	SO8-GW300	CMOS Optocoupler, 40 ns Propagation Delay
OK103	HCPL0601	HCPL0601	SOIC08	HEWLETT PACKARD OPTO COUPLER
Q1	24MHZ	CRYTALSM49	SM49	CRYSTAL
R001		SMT-REF	SMT-REF	SMD SHUNT RESISTOR
R002		SMT-REF	SMT-REF	SMD SHUNT RESISTOR
R003		SMT-REF	SMT-REF	SMD SHUNT RESISTOR
R004	3K3	R-EU_MELF0102R	MINI_MELF-0102R	RESISTOR, European symbol
R005	3K3	R-EU_MELF0102R	MINI_MELF-0102R	RESISTOR, European symbol
R006	10KR	SMT-REF	SMT-REF	SMD SHUNT RESISTOR
R007	0R	SMT-REF	SMT-REF	SMD SHUNT RESISTOR
R008	100KR	SMT-REF	SMT-REF	SMD SHUNT RESISTOR
R009	2,2K	SMT-REF	SMT-REF	SMD SHUNT RESISTOR
R010	2,2K	SMT-REF	SMT-REF	SMD SHUNT RESISTOR

图 8.3　元件清单

新的信息，最后使用 Save 保存元件清单。

8.1.2　EAGLE.def 文件中的设备驱动定义

输出设备驱动器的定义包含在 $EAGLE/bin 目录下的 EAGLE.def 文本文件中,其中可以找到创建自己的设备驱动器所需的所有信息。最佳方式是复制属于相同类别的输出设备的参数,然后在需要的时候对参数进行修改。

1. 创建适合自己的设备驱动例子

请使用不包含任何控制代码的文本编辑器。

【实例 8.1】　Gerber(自动)驱动,毫米

```
[GERBER_MM33]
Type = PhotoPlotter
Long = "Gerber photoplotter"
Init = "G01 * \nX000000Y000000D02 * \n"
Reset = "X000000Y000000D02 * \nM02 * \n"
ResX = 25400
ResY = 25400
Wheel = ""
Move = "X % 06dY % 06dD02 * \n" ; (x, y)
Draw = "X % 06dY % 06dD01 * \n" ; (x, y)
Flash = "X % 06dY % 06dD03 * \n" ; (x, y)
Units = mm
Decimals = 4
Aperture = " % s * \n" ; (Aperture code)
Info = "Plotfile Info: \n" \
"\n" \
"Coordinate Format : 3.3 \n" \
"Coordinate Units : 1/1000mm \n" \
"Data Mode : Absolute \n" \
"Zero Suppression : None \n" \
"End Of Block : * \n" \
"\n"
[GERBERAUTO_MM33]
@GERBER_MM33
Long = "With automatic wheel file generation"
Wheel = "" ; avoids message!
AutoAperture = "D % d"; (Aperture number)
FirstAperture = 10
MaxApertureSize = 2.0
```

【实例 8.2】 EXCELLON 驱动,以零开头输出

```
[EXCELLON - LZ]
Type = DrillStation
Long = "Excellon drill station"
Init = "% % \nM48\nM72\n"
Reset = "M30\n"
ResX = 10000
ResY = 10000
;Rack = ""
DrillSize = "% sC % 0.4f\n" ; (Tool code, tool size)
AutoDrill = "T % 02d" ; (Tool number)
FirstDrill = 1
BeginData = "% % \n"
Units = Inch
Decimals = 0
Select = "% s\n" ; (Drill code)
Drill = "X % 06.0fY % 06.0f\n" ; (x, y)
Info = "Drill File Info:\n"\
"\n"\
" Data Mode : Absolute\n"\
" Units : 1/10000 Inch\n"\
"\n"
```

2. Aperture 和 Drill Table 单位

默认情况下,通过驱动 GERBERAUTO 和 EXCELLON 自动生成文件的单位为英寸(inch),如果电路板制造商需要以毫米为单位的孔尺寸和钻孔直径,可以使用下面的方法修改来满足其要求。

请使用不包含任何控制代码的文本编辑器来编辑 EAGLE.def 文件,然后查找语句 [GERBER]或者[GERBERAUTO],在该处添加/编辑语句:

```
Units = mm
Decimals = 4
```

请查找[EXCELLON]语句来修改钻孔表的单位,并且将下列语句:

```
Units = Inch
```

修改为

```
Units = mm
```

8.1.3 用于绘图仪的固定光圈孔径 Gerber 文件

某些电路板制造商可能仍然在使用固定孔径轮的 Gerber 绘图仪,在这种情况下需要将孔径表进行调整以适应有限制要求的 Gerber 绘图仪。针对固定孔径轮光绘图仪的文件由GERBER 驱动生成,需要联系 Gerber 绘图仪服务商,以便能手动定义正确的孔径表数据。

光圈孔径包含多种类型,它们的尺寸和形状各不相同,最常见的有圆形、八边形、正方形、热焊盘和圆环形等。用于布线的过孔通常是圆形。

通过 EAGLE 文本编辑器,在孔径文件比如 name. whl 中输入配置参数,然后在选定的GERBER 驱动后通过单击 Wheel 按钮来将该文件载入到 CAM 处理程序中。

1. 定义光圈孔径表

CAM 处理程序能够识别绘图光圈(Draw Apertures)与曝光光圈(Flash Apertures)两种类型。第一种类型用于绘制对象(例如布线),第二种类型用于通过闪光灯来生成符号(比如焊盘)。只有当定义了绘图光圈时绘图仪才能绘制布线,因此,如果绘图仪不能分辨绘图光圈与曝光光圈,则还需要另外将圆形孔或八边形孔定义为绘图孔。

CAM 处理程序中可用的孔及光圈外形如表 8.1 所列。

表 8.1 CAM 处理程序中可用的孔及光圈外形

名　　称	尺　寸	CAM 处理程序中的光圈外形
绘图孔	直径	外部直径 x 内部直径
圆形孔	直径	绘制圆形焊盘和通孔
正方形孔	边长	绘制正方形焊盘、SMD 和通孔
八边形孔	直径	使用相同的 X 和 Y 轴尺寸绘制八边形焊盘和通孔
长方形孔	X 长度×Y 宽度	绘制长方形焊盘和 SMD
椭圆孔	X 直径×Y 直径	使用不同的 X 和 Y 轴尺寸绘制焊盘
Annulus	外部直径 x 内部直径	在电源层中绘制隔离环
Thermal	外部直径 x 内部直径	在电源层中绘制连接线路

孔径配置文件实例:

```
D001      Annulus 0.004 x 0.000

D002      Annulus 0.005 x 0.000

D017      Annulus 0.063 x 0.000

D020      round 0.004

D033      round 0.059

D040      square 0.004

D052      square 0.059
```

D054	thermal 0.090 x 0.060
D057	thermal 0.120 x 0.080
D105	oval 0.090 x 0.030
D100	rectangle 0.060 x 0.075
D101	rectangle 0.075 x 0.060
D110	draw 0.004
D111	draw 0.005

D 码代表工具编号,其后以至少一个空格隔开输入孔的形状,最后是所定义的尺寸。除非指定单位,否则所有值默认为英寸。指定单位时需要加上单位名称,例如 0.010in 或 0.8mm。

注释以文本开头的分号来表示、或者在分号前加空格来表示。

2. Aperture Emulation 孔仿真

如果绘图中的对象与可用的孔尺寸不兼容,就可以选择 Emulate Apertures 选项来仿真需要的尺寸,CAM 处理程序会选择尺寸不相符的孔当中较小的孔径来对尺寸进行仿真,仿真会造成更长的绘图时间和更高的胶片成本,因此应该尽可能地避免。

如果分别启用了 Emulate Thermal 或者 Emulate Annulus 选项,则电源层中的 Thermal 或 Annulus 孔只会使用绘图孔仿真功能。

文件 name. gpi 提供了经过仿真的孔的信息。

8.2 多层电路板的特性和输出设置

在正确输出多层电路板的 Gerber 文件之前,必须了解其内层的定义。判断内层是否与顶层或底层一样为包含布线和多边形的一般信号层,还是使用了" $ "符号定义的 Supply 层。

8.2.1 内层设置为一般的信号层

对普通的内部层的处理方式与外部信号层相同,Pads 层和 Vias 层与信号层结合后则处于活动状态。

提示:如果层设置中允许了盲孔和埋孔,则信号层与 Vias 层结合后仅输出属于该信号层的过孔。如果只有 Vias 层处于活动状态(没有信号层),则 CAM 处理程序会输出电路板上所有的过孔!

8.2.2 内层设置为 Supply Layer 电源层

当为电源层生成制造数据时,应该将 Pads 层和 Vias 层设置为非活动状态。隔离环(也称为 Annulus 符号)以及散热符号(Thermal)会在电源层中自动生成,它们与普通信号层的焊盘或过孔完全不同。电源层以反面的方式显示和输出。

注意: 电源层不能与 Pads 和 Vias 一同输出!

8.2.3　具有盲孔和埋孔的多层电路板钻孔数据设置

如果多层电路板具有盲孔和埋孔,则 CAM 处理程序会为每一类过孔生成一个单独钻孔数据文件,钻孔文件扩展名.drd 之后会加上过孔的起止层号。比如从第 1 层到第 2 层的过孔,输出文件的扩展名为: * . drd.0102。也可以通过通配符来移动到另一个位置,比如在 CAM 处理程序的 File 栏中输入: %N. %L. drd,则输出文件名会变成: boardname.0102. drd。

焊盘、通孔和 Holes 层处于输出活动状态时的非电镀孔(使用 HOLE 命令放置)会写入扩展名为.drd.0116 的文件中。

所有这些文件都需要交给电路板制造商。

在不使用 EXCELLON 驱动时,钻孔表和钻孔坐标写入一个共同的文件中,PCB 制造商可能还需要由 drillcfg. ulp 程序生成的 name. drl 文件。

8.3　CAM 输出的注意事项

在打开 CAM 处理程序,开始进行 Gerber 设置和输出之前,下列各项需要认真检查,以便电路板能及时并尽快制作,避免因不必要的失误而造成时间和金钱损失。

- 每层不应该有特殊标志的错误(比如 bao:顶层的 CS 错误,底层的 BS 错误)。
- 在第 49 层(Reference 层)定义基准标志和剪切标志是很明智的,这些标志在检查和制作 PCB 时很容易对准。当生成制造数据时必须将此层和所有的信号层一起激活,关于这些问题,可以联系 PCB 制板厂商解决。基准标志可以在 marks. lbr 文件中找到,适合的胶片对准参考点最少需要使用 3 个基准标志或剪切标志(电路板的 3 个角)。
- 考虑到成本因素,在尽可能的情况下避免使用宽度和间距小于 8 mil 的布线。
- 通常,电路板的轮廓线会画在第 20 层(Dimension 层),但是也可以在电路板的角上画一个角度来限定电路板边界(每个信号层都需要画),请了解 PCB 制板厂商更喜欢用哪一种方法。
- 如果希望电路板的边缘是用铣床切割,请输出电路板轮廓线,一般在第 20 层(Dimension 层)。
- 电路板的边缘最好预留至少 2mm(大约 80mil)宽度的区域禁止布线和敷铜,这对多层板尤其重要,因为这样可以防止内部层间短路。比如负片形式输出的多层板电源层和地层,可以在电路板的边缘画线,这些线会作为禁止敷铜区。

- 请留意多边形敷铜区的线宽,不能设置太小或者为 0,因为这些细小的线段会造成文件过大,给 PCB 制板厂商造成问题。

- 前面提到的 TEXT 命令,如果放到敷铜层应该使用向量字体,这样这些字体在电路板上看起来和在 PCB 编辑器中相同。保险的做法是,在把电路板文件送到 PCB 制板厂商之前,应该在 Options/User Interface 菜单中选中 Always vector font 和 Persistent in this drawing 命令。

- 出于完备性的缘故,再一次强调:所有关于层设置、层厚度设置和多层板中盲孔、埋孔、微型过孔的直径都必须预先检查。

- 为 PCB 制板厂商提供一个电路板特殊特性信息的文本文件,比如使用层数、铣加工外形轮廓等,这样会节省时间并且避免出现问题。

8.4 常见 CAM 输出的 Gerber 文件

使用 EAGLE 的 CAM 处理程序生成的文件有很多,不同的文件有不同的文件名和扩展名,可以使用软件默认的文件名和扩展名,也可以自己命名。

文件名命名规则:使用％N 表示电路板文件名的占位符,若设置输出文件类型为％N.cmp,则最后该文件名使用 boardname.cmp 表示。

cmp 表示元件安装面,即电路板的表面,sol 表示焊接面(反面)。为了便于理解请根据活动状态的层来确定前两个字母,第三个字母根据元件安装面或者焊接面来确定采用字母 c 或者字母 s。

CAM 程序生成的所有文件名、文件描述以及所需要选择的层如表 8.2 所列。

表 8.2 CAM 程序生成的所有文件名、文件描述以及所需要选择的层

文件类型	所选择的层	描 述
信号层		
％N.cmp	1 顶层,17 Pads 层,18 Vias 层	Component side 元件层(顶层)
％N.sol	16 底层,17 Pads 层,18 Vias 层	Solder side 焊接层(底层)
内部层		
％N.ly2	2 Route2,17 Pads 层,18 Vias 层	Inner layer 内部层 2
％N.ly3	3 Route3,17 Pads 层,18 Vias 层	Inner layer 内部层 3
……	……	……
％N.ly15	15 Route15,17 Pads 层,18 Vias 层	Inner layer 内部层 15
％N.ly16	16 Route16,17 Pads 层,18 Vias 层	Inner layer 内部层 16

续表 8.2

文件类型	所选择的层	描　述
特殊情况：内部层作为 Supply Layer 电源层（比如：第 2 层 $ GND，第 15 层 $ VCC）		
%N.ly2	2 $ GND 层	电源层 $ GND
%N.ly15	15 $ VCC 层	电源层 $ VCC
Silk screen 丝印层		
%N.plc	21 tPlace, 25 tNames, possibly 20 Dimension （∗）	Silk screen component side 顶层丝印层
%N.pls	22 bPlace, 26 bNames, possibly 20 Dimension （∗）	Silk screen solder side 底层丝印层
Solder stop mask 阻焊层		
%N.stc	29 tStop	Solder stop component side 顶层阻焊层
%N.sts	30 bStop	Solder stop solder side 底层阻焊层
Cream frame 焊膏框架（用于 SMD 元件的焊接）		
%N.crc	31 tCream	Cream frame component side 顶层焊膏层
%N.crs	32 bCream	Cream frame solder side 底层焊膏层
开槽、椭圆形孔的铣加工轮廓……		
%N.mill	46 Milling （∗∗）	Plated milling contours 电镀铣加工轮廓
%N.dim	20 Dimension （∗∗）	Non−plated milling cont. 非电镀铣加工轮廓
Finishing Mask 镀金模板（比如：gold coating 镀金）		
%N.fic	33 tFinish	Finishing component side 顶层镀金
%N.fis	34 bFinish	Finish solder side 顶层镀金
Glue Mask 点胶模板（比较大的 SMD 元件使用）		
%N.glc	35 tGlue	顶层 Glue mask
%N.gls	36 bGlue	底层 Glue mask
Drill Data 钻孔数据		
%N.drd	44 Drills 层,45 Holes 层	所有的孔
分辨电镀孔和非电镀孔		
%N.drd	44 Drills 层	Plated drillings 电镀孔
%N.hol	45 Holes 层	Non−plated drillings 非电镀孔

- 请与电路板制造商联系，以便确认是否需要将第 20 层上的电路板外框单独输出到一个文件中，或者与其他层一起输出。
- 如果在电路板中有其他需要铣切割的边缘，应该与电路板制造商联系，以便确认生产商可以进行切割。

注意：在普通的内部层与电源层之间存在差异：普通的内部层（可能带有多边形数铜区）与顶层或底层的处理方式相同，需要将它们与 Pads 层和 Vias 层一起输出。但是电源层不能与任何其他层一起输出。

输出文件名称的占位符说明（这些占位符必须大写）如表 8.3 所列。

表 8.3　输出文件名称的占位符

%D（xxx）	xxx 表示仅输入的数据文件名称中的字符串
%E	被载入文件的扩展名，未输入"."符号
%H	用户安装目录
%I（xxx）	xxx 表示仅输入到 info 文件名称中的字符串
%L	盲孔和埋孔的层范围
%N	未知路径及扩展名的被载入文件的名称
%P	载入的电路板或原理图文件的目录路径
%%	字符%

8.5　设置 CAM 参数并输出 Gerber 文件

8.5.1　CAM 处理程序参数设置

在原理图编辑器或 PCB 编辑器界面中单击按钮 ▓ 可以打开 CAM 处理程序，CAM 处理程序的界面如图 8.4 所示。

可以通过 CAM 处理程序的 File/Open 菜单载入原理图或电路板文件，并设置参数。

CAM 处理程序窗口可分为几个部分（Output、Job、tyle、Layer、Offset 等）。某些部分比如 Emulate、Tolerance、Pen or Page 仅应用于特定的驱动，因此只针对特定的驱动才显示。下面分别介绍每个部分：

1. Output 输出区域

● 在 Device 下拉菜单中选择所需输出设备的驱动程序或者输出格式。

● 在 File 栏中输入文件输出路径与文件名，或者单击 File 按钮在弹出的对话框中选择文件。如果希望在某个特定的分区上输出文件，请将驱动器标识符或者在可以的情况下将路径放在文件名的前方。比如，在 Windows 系统中 d:\%N.cmp 表示将 board-name.cmp 文件保存在 D 盘的根目录下。该设置也使用于 Linux 系统，例如/dev/hdc2/%N.cmp 表示将文件保存在 hdc2 分区上，%H 是表示安装目录的通配符，%P

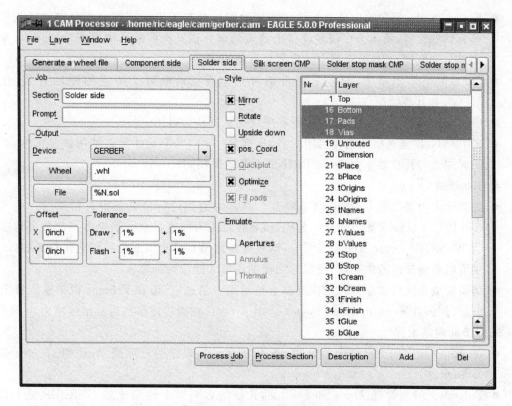

图8.4 CAM 处理程序的界面

是所载入文件的目录路径的通配符。如果输出的数据需要直接提供给绘图仪,请采用 UNC 规则输入与相应计算机接口相连的打印队列名称,例如\Servername\Plottername。

- 根据所选驱动的不同,可能会提示输入 Wheel(孔径表)或者 Rack(钻头表),请通过单击按钮来选择路径和文件。

2. Layer 层选择区域

- 通过单击相应的层标号来选择需要输入到相同文件中的层,先单击 Layer/Deselect all 菜单来取消选择所有的层,Layer/showselected 菜单则显示当前选中的层。
- 某些驱动(比如 HPGL 或特定的绘图设备)允许在一个附加的栏中选择颜色或绘图笔编号。

3. Style 输出类型设置

- Mirror:以镜像输出。可用于以镜像的方式提供所有与电路板背面相关的输出。
- Rotate:将输出旋转 90°。
- Upside down:将输出旋转 180°。当与 Rotate 一起使用时,绘图总共旋转 270°。

- Pos. Coords：避免输出负坐标值。即使绘图已经在正坐标范围内也会被移动到靠近坐标轴的位置，负值会在很多设备上造成错误！该复选框默认情况下为启用，如果禁用该复选框则 PCB 编辑器中输出的坐标值不变。

- Quickplot：输出草图，只显示元件的外形。该复选框对于特定的驱动有效，比如 HPGL 和其他绘图仪。

- Optimize：启用针对绘图仪的绘图顺序优化。默认为启用。

- Fill Pads：该复选框始终为启用状态，只有 PS 和 EPS 驱动才允许禁用该复选框，在输出时焊盘的孔将显示出来（与 PRINT 命令效果相同）。

4. Job 区域

- 如果定义由多个部分组成的 CAM Job，那么对它们进行命名是很有帮助的。在 Section 栏中可以输入某个部分的名称，该名称将作为标签显示。如果将某部分名称定义为 Wheel：Generate Aperture File，则只有标题 Wheel 会显示为标签名。在 Section 栏中可以看到其他的描述，但是冒号之前的内容才能作为标签。

- 如果希望在执行该部分之前在屏幕上显示一个消息框，请在 Prompt 栏中输入特定的信息，例如：Please insert a new sheet of paper！在确认该信息后会继续输出。

5. Offset 偏差设置

- 在 x 和 y 轴方向上定义偏差设置。该值的单位可以是英寸或毫米，比如 15 mm 或者 0.5inch。

- Tolerance 容差设置：Draw 和 Flash 的孔径的容差对于使用比如 GERBER 或 GERBER_23 这样的孔径文件的驱动非常必要，通常在所有区域都允许 1％的容差。这对于在生成孔径表时毫米转换到英寸（或者相反）中产生的小直径误差的补偿是很有必要的。

- 使用单独的钻孔表（Rack 文件）生成钻孔数据的驱动会调用 Drill 项，为了补偿毫米到英寸转换中可能产生的圆形误差，需要至少±2.5％的容差。

6. Emulate

- 如果一个具有绝对值的孔在孔径文件中无法使用时，可以启用 Aperture 仿真，CAM 处理程序可以使用更小的孔进行仿真，但是制图时间和成本都会增加，因此应该尽量避免孔仿真。

- 如果选中了 Thermal 和 Annulus 复选框，则电源层中绘制的 Thermal 和 Annulus 符号时将通过 Draw 进行仿真。

- 以直线结尾的弧形（CHANGE CAP FLAT 命令）总是会针对 Gerber 输出进行仿真，这意味着它们使用细线绘制，而以弯曲线结尾的弧形（CHANGE CAP ROUND 命令）则不会仿真。

提示：如果 PCB 设计图包含了以任意角度旋转的多个元件，则需要启用 Aperture 仿真。某些焊盘形状必须带有较小的孔径。

7. Page 页面设置

● 定义绘图页面的宽度和高度，默认单位是英寸，也可以以毫米为单位输入数值，比如输入 297mm。

8. Pen 绘图笔设置

● 绘图笔的直径可以在这里定义，该值的单位必须为 mm。

● 对于支持绘图笔可变速度的绘图仪，可以以 cm/s（厘米每秒）的形式来定义数值。如果不输入数值，则使用绘图仪的默认值。

9. Sheet 原理图界面选择

● 选择要输出的原理图的界面。

8.5.2　Gerber 文件输出指南

EAGLE 的 CAM 处理程序提供一种工作机制（Job）来完成 Gerber 文件的输出，EAGLE 预先定义一些常规的 Job 用于不同驱动输出以及不同的文件（如原理图、2 层电路板、4 层电路板等）输出，可以通过 Control Panel 的 CAM Job 区查看。

不同的 Job 文件均有特定的使用环境，如果想用于自定义的电路板中，则必须进行修改。比如：gerb274x. cam 和 gerber. cam 是为两层电路板设计的，并且元件仅仅放在顶层，这两个 Job 可以产生信号层、元件层的丝印层、以及顶层和底层的阻焊层。下面分别加以介绍：

1. Gerber274x. cam

Gerber274x. cam 能生成 Extended Gerber 格式的数据文件。具体操作流程如下：

● 在 PCB 编辑器中单击 CAM 处理程序按钮，或者打开 File/CAM Processor 菜单均可。

● 如果打开 CAM 处理程序时没有自动加载电路板文件，请使用 File/Open/Board 来加载。

● 使用菜单 File/Open/Job 来加载预先定义的 gerb274x. cam。

● 单击 Process Job 按钮，EAGLE 会一次产生 PCB 制板厂商需要的 5 个文件，每个 Gerber 文件都包括光圈孔径表格和各自的绘图数据。具体文件和说明如表 8.4 所列。

表 8.4   gerb274x. cam 生成的文件

%N. cmp	Component side 元件层(顶层)
%N. sol	Solder side 焊接层(底层)
%N. plc	Silk screen component side 顶层丝印层
%N. stc	Solder stop mask component side 顶层阻焊层
%N. sts	Solder stop mask solder side 底层阻焊层
%N. gpi	信息文件,制板不需要
%N. gpi	信息文件,制板不需要

2. Excellon. cam

excellon. cam 是最简单的产生钻孔数据的方法,该文件自动产生包含钻孔数据和相关钻孔表格的文件。使用这个文件不用区别是 Drills 层还是 Holes 层,这两层都会输入到一个共同的文件中,正常情况下所有的钻孔都是电镀孔。详细操作流程如下:

- 在 PCB 编辑器中打开 CAM 处理程序(比如使用 File/CAM Processor 菜单)。
- 如果打开 CAM 处理程序时没有自动加载电路板文件,请使用 File/Open/Board 来加载。
- 使用 File/Open/Job 打开 excellon. cam 文件。
- 单击 Process Job 按钮执行,就可以输出钻孔数据。具体文件和说明信息如表 8.5 所列。

表 8.5   Excellon. cam 生成的文件

%N. drd	Drill Data 钻孔数据
%N. dri	必要时交给 PCB 制板厂商的信息文件

值得注意的是:Excellon. cam 不区分电镀孔和非电镀孔!

3. Gerber. cam

如果 PCB 制板厂商不能处理 Extended Gerber 格式的数据,而是要求具有单独 Aperture 文件的 Gerber 数据,可以使用 gerber. cam 来实现。这些文件可以使用 GERBERAUTO 和 GERBER 驱动来创建并产生 RS−274D 格式的数据。详细操作流程如下:

- 在 PCB 编辑器中单击 CAM 处理程序按钮,或者打开 File/CAM Processor 菜单均可。
- 如果打开 CAM 处理程序程序时没有自动加载电路板文件,请使用 File/Open/Board 来加载。
- 使用菜单 File/Open/Job 来加载预先定义的 gerber. cam。
- 单击 Process Job 按钮,EAGLE 会自动产生 PCB 制板厂商文件需要的 6 个文件,包括

5 个光绘图形文件和一个共同的 Aperture 表格。

- 先产生 Aperture 表格数据：％N. whl，会弹出两个信息框，如图 8.5 和图 8.6 所示，单击 OK 按钮进行确认。

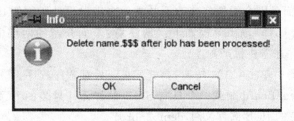

图 8.5　提示是否删除临时文件

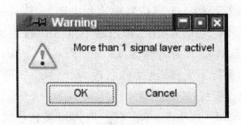

图 8.6　提示超过一个信号层被激活

图 8.5 中的信息框首先弹出，提醒在该 Job 完成之后删除在生成 Aperture 表格时产生的临时文件％N. $ $ $ 。

图 8.6 中的信息框提示同时有超过一个信号层被激活，正常情况下，在产生输出时应该只有一个信号层激活，但是，在产生 Wheel 文件时，所有的信号层应该被同时激活来为 Gerber 输出产生共同的 Aperture 表格。生成的文件信息如表 8.6 所列。

表 8.6　Gerber. cam 生成的文件

％N. whl	Aperture file 光绘文件（Wheel）
％N. cmp	Component side 元件层（顶层）
％N. sol	Solder side 焊接层（底层）
％N. plc	Silk screen component side 顶层丝印层
％N. stc	Solder stop mask component side 顶层阻焊层
％N. sts	Solder stop mask solder side 底层阻焊层
％N. $ $ $	临时文件，不需要
％N. gpi	信息文件，制板不需要

8.5.3　实例介绍修改满足特定设计需求的 Job 文件

通过本章前面的内容已阐述了 EAGLE 软件的 CAM 输出的驱动以及 PCB 制板厂商需要的 Gerber 文件,下面分别介绍如何修改 Job 文件来满足设计所需的 Gerber 文件输出。

① 两层电路板的 CAM 输出流程如下:(请注意:下面介绍的两层电路板为顶层丝印,具有 SMD 表面贴装元件并需要量产)

- 在 PCB 编辑器中单击 CAM 按钮,打开 CAM 处理程序程序。
- 使用 File/Open/Board 加载一个具有 SMD 贴片元件封装的 PCB 文件,本例选择 EA-GLE 软件自带的 PCB 例程文件 demo2.brd。
- 使用 File/Open/Job 加载 EAGLE 软件预定义的 gerb274x.cam。
- 在 gerber274x.cam 预设的 5 个层标签中均选中第 20 Dimension 层。
- 选中 Solder stop mask SOL 选项卡,单击右下角 Add 按钮添加一个新的选项卡。
- 在新的选项卡中修改选项卡的名称为:Cream Frame CMP,即顶层焊膏层;Output 驱动 GERBER_274X 保持不变;输出文件名改为:%N.crc;选中第 20 Dimension 层、第 31 tCream 层,其他设置保持不变。
- 选中 Cream Frame CMP 选项卡,单击右下角 Add 按钮添加另一个新的选项卡。
- 在新的选项卡中修改层标签的名称为:Drill Data,选择 Output 驱动为 EXCELLON,输出文件名为:%N.drd,选中第 20 Dimension 层、第 44 Drills 层和第 45 Holes 层,其他设置保持不变。
- 至此,完成了双面电路板、顶层丝印、顶层贴片元件的所有 CAM 设置,单击 File/Save job... 保存修改后的 job 文件为 gerb274x-2layer.cam,供以后使用,完成修改后的 Job 文件如图 8.7 所示。

单击 Process Job 按钮,即可输出满足本例程需求的所有文件,具体文件和说明信息如表 8.7 所列。

表 8.7　双层板例程产生的文件

demo2.cmp	元件层(顶层)
demo2.sol	焊接层(底层)
demo2.plc	顶层丝印层
demo2.stc	顶层阻焊层
demo2.sts	底层阻焊层
demo2.crc	顶层焊膏层
demo2.drd	Drill Data 钻孔数据文件
demo2.dri	信息文件,必要时才需要
demo2.gpi	信息文件,可以不需要

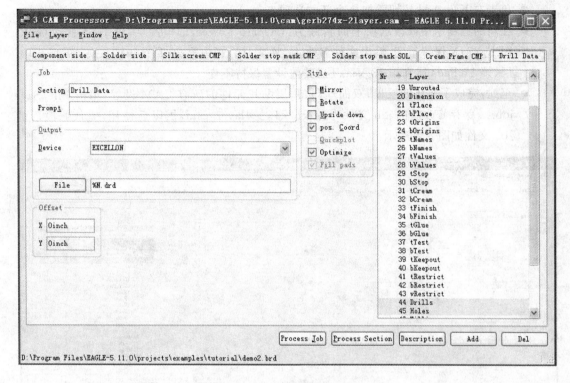

图 8.7 完成修改后的双层板 Job 文件

② 四层电路板的 CAM 输出流程如下:(请注意:下面介绍的四层电路板为通孔设置,双面层丝印,顶层具有 SMD 表面贴装元件并需要量产;第 2 层设置为 Supply 层并分配 GND 网络;第 15 层为一般信号层,主要用于电源布线)

● 在 PCB 编辑器中单击 CAM 按钮,打开 CAM 处理程序程序。

● 使用 File/Open/Board 加载 PCB 文件,这里选择本书后面部分所采用的实例设计文件 MSP－EXP430F5438.brd。

● 使用 File/Open/Job 加载前面保存的 gerb274x－2layer.cam Job 文件。

● 选中 Silk screen CMP 选项卡,单击右下角 Add 按钮添加一个新的选项卡。

● 在新的选项卡中修改选项卡的名称为:Silk screen SOL,即底层丝印层,Output 驱动 GERBER_274X 保持不变,输出文件名改为:％N.pls,选中第 20 Dimension 层、第 22 bPlace 层和第 26 bNames 层,其他设置保持不变。

● 选中 Component side 选项卡,单击右下角 Add 按钮添加一个新的选项卡。

● 在新的选项卡中修改选项卡的名称为:Layer2 ＄GND,即地层,Output 驱动 GERBER _274X 保持不变,输出文件名改为:％N.ly2,选中第 20 Dimension 层、第 2 ＄GND 层,其他设置保持不变。

- 单击右下角 Add 按钮添加一个新的选项卡。
- 在新的选项卡中修改选项卡的名称为：Layer15 Power，即电源层；Output 驱动 GER-BER_274X 保持不变，输出文件名改为：%N.l15，选中第 20 Dimension 层、第 15 VCC 层、第 17 Pads 层和第 18 Vias 层，其他设置保持不变。
- 至此，完成了通孔四层板、双面丝印、顶层贴片元件的所有 CAM 设置，单击 File/Save job... 保存修改后的 job 文件为：gerb274x－4layer.cam，供以后使用，完成修改后的 Job 文件如图 8.8 所示。

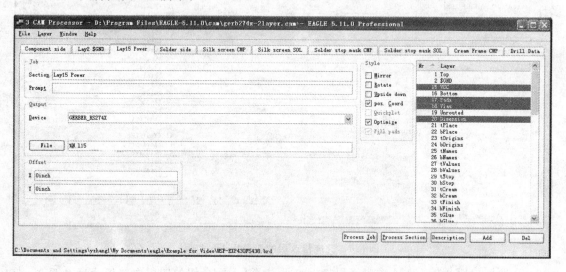

图 8.8　完成修改后的四层板 Job 文件

单击 Process Job 按钮即可输出满足本例程需求的所有文件。具体文件和说明信息如表 8.8 所列。

表 8.8　四层板例程产生的文件

MSP－EXP430F5438.cmp	元件层（顶层）	MSP－EXP430F5438.stc	顶层阻焊层
MSP－EXP430F5438.ly2	底层（负片输出）	MSP－EXP430F5438.sts	底层阻焊层
MSP－EXP430F5438.l15	电源层（正片输出）	MSP－EXP430F5438.crc	顶层焊膏层
MSP－EXP430F5438.sol	焊接层（底层）	MSP－EXP430F5438.drd	Drill Data 钻孔数据文件
MSP－EXP430F5438.plc	顶层丝印层	MSP－EXP430F5438.dri	信息文件，必要时才需要
MSP－EXP430F5438.pls	底层丝印层	MSP－EXP430F5438.gpi	信息文件，可以不需要

第 **9** 章

原理图及 **PCB** 设计实例

前面的章节介绍了 EAGLE 软件的界面和常用操作方法及命令。本章以工程实例的方式介绍如何完成一个完整的电路设计项目,先从一个较为简单的例子——秒脉冲发生器的原理图及 PCB 设计着手,详细说明其设计步骤和过程。在此基础上,系统地阐明了原理图及 PCB 图设计的基本方法、步骤与过程,所介绍的设计流程、设计技巧,以及设计规则等均是按照标准的工程设计来要求的,并且其中主要步骤均包含了具体的应用实例,将设计方法和实际应用融为一体。

9.1 秒脉冲发生器的原理图和 PCB 设计

本节主要是以秒脉冲发生器电路图为基础,来具体实现原理图的绘制和 PCB 的设计,秒脉冲发生器电路图如图 9.1 所示。

9.1.1 秒脉冲发生器原理图的绘制

绘制原理图的具体步骤如下:
- 栅格和层设置;
- 加载原理图外框;
- 添加和编辑元件;
- 查看和修改元件属性;
- 连线;
- 检查错误。

1. 栅格和层设置

通过单击栅格设置按钮▦或者输入 GRID 命令完成栅格的设置;通过单击层设置按钮◣或者输入 DISPLAY 的命令完成层的设置。对于栅格和层,一般采用默认设置。

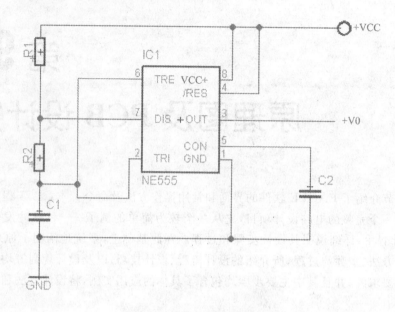

图 9.1 秒脉冲发生器电路图

2. 加载原理框图

为了使画出的原理图美观,整齐和规范,可以在原理图中添加一个外框,外框里包含版本、日期、标题、作者等信息。由于本实例的侧重点是实现秒脉冲发生器的原理图绘制和 PCB 设计,故实例中没有添加原理图外框,读者可以参考 9.4.2 节放置原理图外框的内容。

3. 添加和编辑元件

在向原理图编辑中中添加元件之前,先要了解所需要的元件,本实例需要用到的元件如表 9.1 所列。由于电源是以符号的形式存在元件库中,所以没有封装名。

表 9.1 秒脉冲发生器中的元件

元件名	所在库	device	package
IC	st—microelectronics. lbr	NE555	DIL—08
R1,R2	resistor. lbr	R—EU	0204V
C1,C2	resistor. lbr	C—EU	C025—024X044
电源	Supply. lbr	VCC,GND	

- EU 为欧洲标准的简写(表 9.1 中第三列)。
- US 为美国标准的简写(表 9.1 中并未出现)。

然后通过添加按钮 或者 ADD 命令逐个添加表 9.1 中的元件,所有元件都放置完成后,界面如图 9.2 所示。

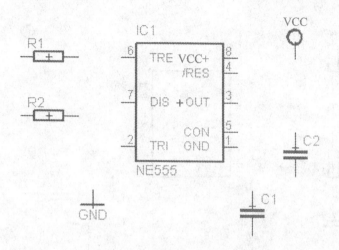

图 9.2　元件放置完成后的界面

元件的摆放位置,也就是元件的布局,要求整齐。如果元件杂乱无章地放置在原理图中,不仅会影响布局的效率,更可能产生不必要的错误。所以需要用到移动、复制、删除、剪切等命令,依据原理图对元件摆放进行必要的布局。

单击移动按钮✛或者输入 MOVE 命令,然后再单击需要移动的元件,元件会黏附在鼠标上,移动之后再单击鼠标左键,元件就被放置在新的位置。若要移动多个元件,则需要 MOVE 命令和 GROUP 命令配合使用。如果添加的元件过多,或者添加的元件种类错误,则可以使用 DEL 命令进行删除,用法类似 MOVE。

另外,可以通过单击拆分按钮▣或者输入 SMASH 命令,将元件的文本和元件拆分,然后使用 MOVE 命令将元件文本移动到合适的位置。

将所有元件摆放整齐后的界面如图 9.3 所示。

4. 查看和修改元件属性

查看元件属性主要通过单击 INFO **i** 按钮,或者输入 INFO 命令来执行,下面以电容为例来说明,如图 9.4 所示。

● Name 表示元件的名称,是为了绘制原理图方便的通俗名称,可以在图中手动修改,也可以通过单击命名按钮▣或者使用 name 命令来修改。

● Position 表示元件的位置,例如图中的 0.2 代表横坐标,2.3 代表纵坐标。

● Gate 表示可以单独放到原理图中的某个元件的一部分。

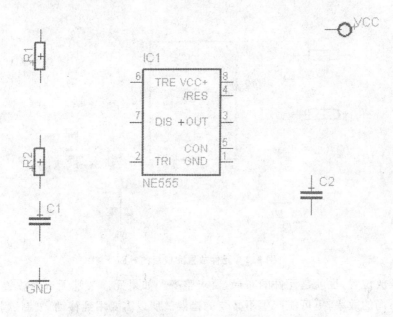

图 9.3　摆放整齐的元件界面

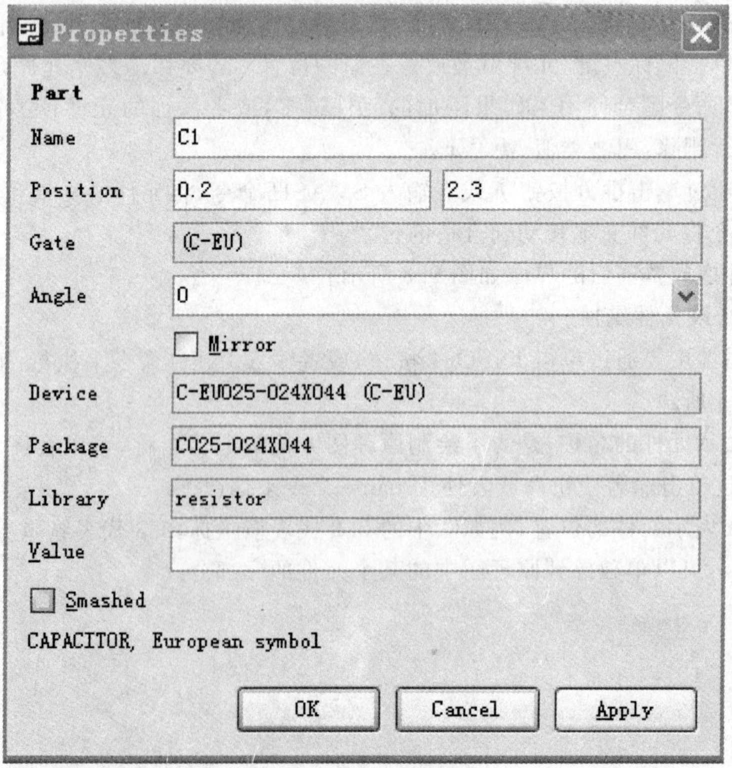

图 9.4　电容的属性选项

- Angle 表示元件放置的角度，默认值是 0°，还有 90°，180°等，可以在图中修改，也可以通过单击旋转按钮 ↻ 或者使用 Rotate 命令来修改。
- Mirror 表示元件镜像，选中此项，或者通过单击 ⊞ 按钮，元件的引脚位置会左右互换。
- Device 表示元件符号名，是原理图和元件库的一种对应形式，它和 Name 的区别：Device 是元件库里名字，不可随意更改，而 Name 可以根据习惯任意设置。
- Package 表示是元件的封装名。
- Library 表示元件所在的库。
- Value 表示对元件的值进行标注，例如可以在对话框里输入 1F，如果层设置里设置了显示的 value 层，则会出现图 9.5 所示的界面。值的设置主要在工业应用中标注，作为学习，本实例对所有元件均未标注值的大小。

图 9.5　电容的 value 值

5. 连线

NET 命令按钮 ╗ 或者直接输入 NET 命令在原理图中绘制网络线段，绘制完成后的界面如图 9.1 所示。另外，图 9.1 中的 V0 是通过 TEXT 文本命令进行添加的。

连线只需要对照原理图，把引脚连接在一起就可以了，连线的过程中以下一些细节问题需要注意：

- 引脚可以不相连，只要有相同的网络名，它们就存在相同的网络中。
- 一条网络线在另外一条网络线上终止时，会自动形成节点，表示它们是相同的网络。
- 网络线之间尽量不要交叉。
- 总线是多条实际网络的集合，它本身没有任何意义，只是为了原理图设计方便。

6. 检查错误

连线完毕之后，通过执行 ERC 命令能检查原理图中存在的电气连接性错误，比如网络连接是否完整、电源引脚是否连接、是否有未连接的引脚。本实例执行完 ERC 命令之后界面如图 9.6 所示。

ERC 错误分两类，一类是错误，另一类是警告，对于不影响绘图的错误和警告可以选择认可。本实例对所有警告认可之后的窗口如图 9.7 所示。

9.1.2　秒脉冲发生器的 PCB 设计

在上一小节中已经完成了秒脉冲发生器原理图的绘制，可以通过 Board 按钮 ▣ 或者菜单栏中的 File→Switch to board 选项生成秒脉冲发生器 PCB 文件，在原理图编辑器中单击该按钮，软件会自动生成相应的 PCB 文件。新生成的 PCB 文件中所有的元件都会放置在 PCB 外框的外缘，元件之间的电气连接由一系列的鼠线来表示，如图 9.8 所示。

在 EAGLE 软件中，如果 PCB 文件所对应的元件放置在 PCB 外框的外缘，是无法进行操

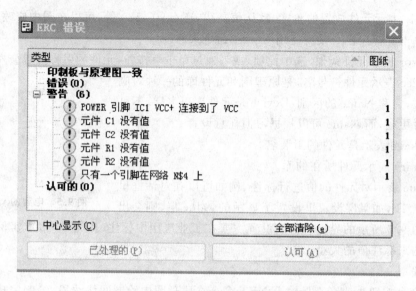

图 9.6 错误检查对话框

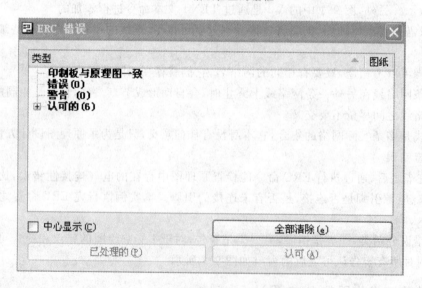

图 9.7 认可之后的 ERC 错误对话框

作的。需要 MOVE 命令和 GROUP 命令联合将所有元件移到外框里面,如图 9.9 所示。

　　下面介绍 PCB 的布线设计,布线设计分手动布线和自动布线,对于初学者可以先学会简单的自动布线,本实例采用默认配置的自动布线。PCB 编辑器界面左边的命令栏中单击按钮 ⊞ 打开自动布线器,或者通过输入命令"AUTO"打开自动布线器。由于采用的是默认配置,所以单击 OK 按钮之后,软件会自动完成 PCB 的布线工作,如图 9.10 所示。

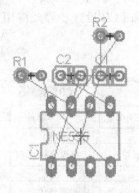

图 9.8　秒脉冲发生器的 PCB 生成图

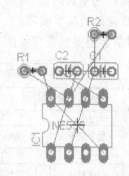

图 9.9　PCB 外框里面的元件

最后对 PCB 设计进行错误检查,本实例执行 DRC 命令后的对话框如图 9.11 所示,表示没有任何错误。

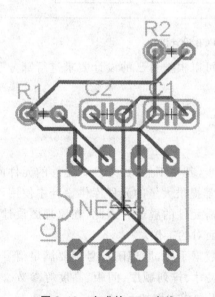

图 9.10　完成的 PCB 布线

图 9.11　DRC 错误对话框

9.2　原理图和 PCB 设计流程

上一节通过对秒脉冲发生器设计实例的介绍,使读者对原理图绘制方法以及 PCB 的设计过程有了基本的了解。本章后面的几节将用相对复杂的实例针对原理图和 PCB 设计流程进行系统的阐述,在归纳设计方法及步骤的基础上讲解应用。由于元件设计在第 5 章已有丰富的实例,这里不再作为重点内容,后面几节将以原理图和 PCB 设计步骤及应用为主,本节则探讨原理图和 PCB 设计的基本流程。

电路设计时需要遵循的流程如图 9.12 所示。

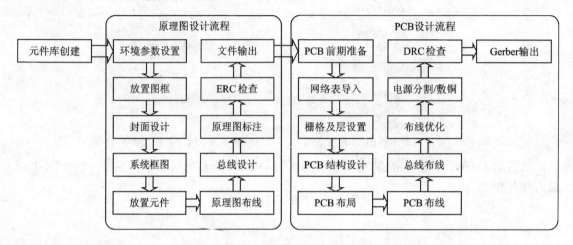

图 9.12　原理图和 PCB 设计流程

图 9.12 中的某些设计步骤不是一成不变的,可以根据自己的设计要求进行部分改动,有些步骤则穿插于整个设计中,需要灵活运用。

9.3　创建满足设计需要的库元件

也许有人认为原理图设计是整个设计的第一步,其实不然,如果没有足够的元件库支撑,原理图设计将无法展开,尽管很多 EDA 工具软件都提供大量的元件库供设计中使用,但在具体的项目中,设计人员还是可能面临到找不到所需元件的尴尬。因此,在原理图设计开始之前,创建满足自己需求的元件,是有些时候不得不面对的工作。

创建元件库的唯一标准就是严格遵循元件的数据手册,原理图符号则要满足信号流向及阅读习惯,PCB 封装则必须遵循数据手册的引脚尺寸、排列顺序、间距、高度等参数。否则所设计的 PCB 将会变成废品,从而导致项目时间推迟和成本增加。

可以按照前面元件库创建章节的要求创建满足自己需求的元件。当然,库元件并不仅仅局限于在原理图设计开始前创建,也可以在需要调用该元件时创建。

9.4　原理图设计步骤及实例

在开始原理图设计之前,应该首先明确的是一份完整的原理图所应该包含的内容。一般而言,一份完整的原理图应该包括原理图外框、原理图封面、系统框图(电路板布局图)、原理图图纸、必备的标注和版本记录等信息。

9.4.1　设置原理图栅格与层

在开始设计任意一份原理图的时候,必须先对栅格进行设置。需要注意的是,包括 EAGLE 软件在内的绝大多数 EDA 软件的元件库中,所有原理图符号都是以 0.1inch 或 100mil 为单位绘制而成,因此,在任何情况下 EAGLE 原理图的栅格都应该设置为 0.1inch 或 100mil,否则容易造成信号网络难以连接的情况。图 9.13 所示为标准栅格界面范例。

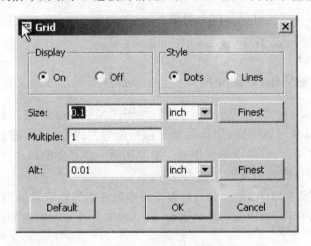

图 9.13　原理图栅格设置范例

几乎所有的电路设计软件都有严谨的层设置选项,这表明了适当的层设置对于原理图至关重要。EAGLE 对于层的定义同样非常严格,原理图默认的层包括 91~98 层的范围,下面来了解一下这些层具体的含义。

- 91 Nets:绘制具有电气属性的信号连线。
- 92 Busses:绘制总线形式的信号连线。
- 93 Pins:放置元件引脚的连接点。
- 94 Symbols:放置元件符号,同时也用来放置原理图外框。
- 95 Names:放置元件符号的名称。
- 96 Values:放置元件的值。

- 97 Info：放置用户添加的信息。
- 98 Guide：放置向导信息。

除了 Nets 层、Busses 层、Pins 层是具有电气属性的层以外，其余的层都是用来显示或者添加备注信息，其主要作用是尽可能丰富的提供原理图的相关信息，它们之间的区别不是非常的大。但是对于 Nets、Busses 和 Pins 这三层来说，则需要做到专层专用，否则原理图的电气连接会非常混乱，导致原理图产生错误。除了 EAGLE 默认的 91～98 层外，用户也可以从 100 层以后开始添加自定义的层，具体方法可以参考 4.6.3 节 DISPLAY 命令按钮的内容。

另外，原理图层颜色的设置应当做到清晰、明确，即每层的颜色应当与其他层的颜色具有明显的区别，不能采用相近的颜色，更不能采用相同的颜色表示不同的层。EAGLE 预先设置了从 91～98 层的颜色，如果没有特殊要求，建议使用 EAGLE 默认的层颜色设置。EAGLE 默认有 16 种颜色可供选择，如果需要使用到更多的颜色，可以通过 SET 命令弹出的设置窗口中的 Colors 选项卡进行自定义设置，或者运行 EAGLE 官方网站提供的脚本文件 newcolors. scr 来增加颜色，该脚本文件可以在以下链接下载：

ftp://ftp.cadsoft.de/eagle/userfiles/misc/newcolors.scr

9.4.2 放置原理图外框(Frame)

原理图外框(Frame)一般主要有两个区域：绘图区域和信息区域。绘图区域内的范围是用于原理图的绘制以及座标识别，信息区域则包括原理图内容、原理图名称、版本信息、文档号、绘制时间、设计者等信息，其主要作用是对原理图做一些必要的标注。值得注意的是，所有原理图的绘制都必须在原理图外框范围内进行。

EAGLE 软件的元件库(frames.lbr)附带了很多原理图外框符号供用户调用，如果这些外框不能满足要求，用户可以自定义自己的外框，具体参考元件库编辑器和应用章节中的 Frame 选项的内容。

在原理图编辑器窗口下使用 ADD 命令或者单击 按钮，可以调出需要的原理图外框，并放到界面中。值得注意的是，原理图外框的其中一个角(最好是左下角)必须放到坐标原点上。原理图外框范例如图 9.14 所示。

本例中在原理图信息区域中填写了原理图内容、原理图名称、文档号、版本信息、绘制时间等一系列信息。这些信息对于原理图来说是必不可少的内容，能够使原理图更加规范并且具有更好的可维护性。

除非原理图特别简单，一般情况下，原理图总会使用多界面来设计。可以在原理图缩略框内右键单击并添加新的原理图界面，在原理图的每一个页面中都要添加相同的原理图外框，并填写必要的信息。

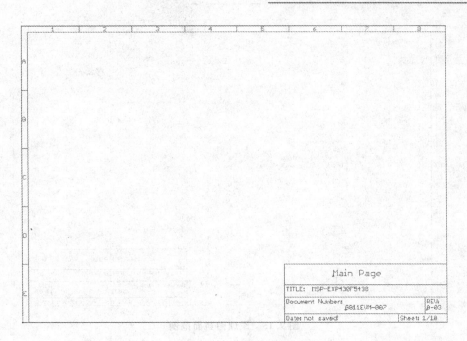

图 9.14 原理图外框范例

9.4.3 绘制原理图封面

绘制原理图封面是为了方便原理图的管理，一份优秀的原理图设计必然会遵循严格的设计规范，而封面则是这些设计规范中最重要的部分之一。封面的作用有两点：一是便于原理图的归档和查找；另一个则是便于阅读者快速地了解原理图的内容。如果没有封面，读者可能要查看整个原理图才能了解其中的内容，这将降低工作效率，也消弱了原理图的可读性和可维护性。

原理图封面中的内容一般包括公司信息、责任部门、原理图名称、原理图编号、原理图版本号、设计者、发布时间、内容描述等。内容描述是对本原理图所包含模块的说明和介绍，便于让阅读者对原理图所包含的内容有一个大概的了解。

在 EAGLE 中绘制封面非常简单，直接在原理图外框内部添加文本信息即可。另外通过 EAGLE 自带的 ULP 程序 import‐bmp. ulp，还可以在封面中导入 BMP 图片，例如导入公司商标。原理图封面范例如图 9.15 所示。

9.4.4 绘制原理图系统框图(电路板布局图)

封面完成后就可以开始绘制原理图的系统框图了。系统框图是使用矩形框和连线等非电气特性的绘图工具来表示电路工作原理和组成概况的一种结构图。图中用框表示各个自定义的功能模块，用连线来表达各功能模块之间的主要连接关系。通过框图，阅读者可以很快地了

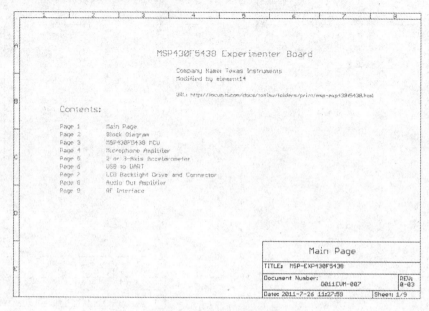

图 9.15　原理图封面范例

解整个系统的功能结构、主要单元电路的位置、名称以及各单元电路之间的信号传输方向,并且直观地了解信号在单元电路中的处理过程,为具体分析电路提供指导性信息。或者绘制电路板布局图,为后续 PCB 设计提供指导,也便于阅读者了解电路板的布局情况。原理图的框图范例如图 9.16 所示。

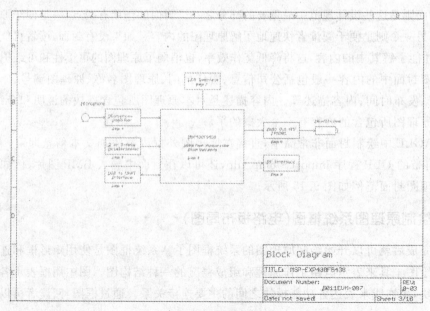

图 9.16　框图范例

在原理图编辑器中使用 WIRE 命令可以在任意的非电气层(即 Nets、Busses 和 Pins 以外的层)上面绘制框图。通常框与原理图外框都放置在 Symbols 层,其余的信息则放置在 Info层上。在图 9.16 中,各个长方形用于表示不同的功能模块,在这些模块之间的各种连线表示各模块的连接关系。

9.4.5　放置元件

　　首先需要通过 ADD 命令把元件从元件库中提取出来,放置到图纸上。放置元件可以依据前面绘制完成的框图,将各功能模块涉及的元件依次放置到相应的界面中去。放置了元件的原理图界面范例如图 9.17 所示。

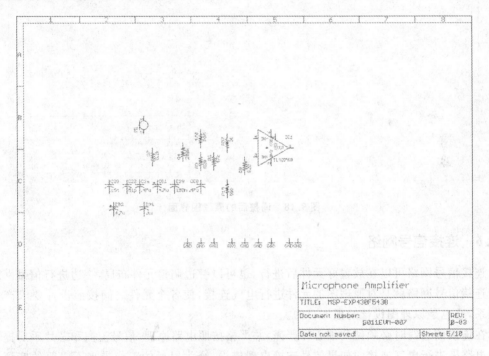

图 9.17　放置了元件的原理图界面范例

　　元件的放置并非"放下即可",还需要同时考虑放置的位置是否有利于之后信号线路的连接工作。从图 9.17 可以看出,元件的摆放显得杂乱无章,势必给信号连接造成不必要的难度。原理图的设计需要做到简洁、工整、美观、疏密有致,因此应该确保元件在原理图中分布清晰,尽量根据不同的模块来分区域放置元件。原则上不同模块应该分别放到不同的原理图页面,旁路电容应当接近相应的电源引脚放置,模拟器件应当尽量放置在一起,等等。这样做不仅能够降低原理图中连接信号的难度,并且为之后的 PCB 布局提供了一个示意性的指导,从而能够增加 PCB 布局布线工作的效率。元件的放置不是一次性的工作,一定要结合后面的连线等步骤来调整元件布局。经过调整后的原理图界面如图 9.18 所示。

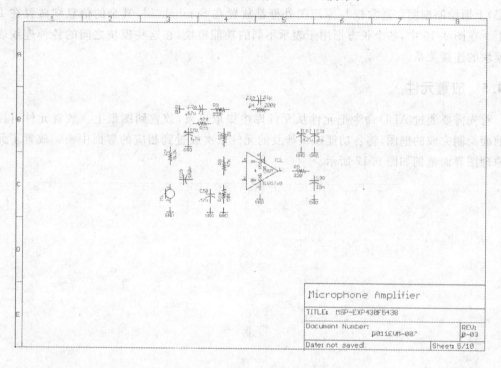

图 9.18 调整后的原理图界面

9.4.6 连接信号网络

连接信号网络可以在放置好元件后进行，也可以一边调整元件布局，一边进行信号网络连接。连接信号网络就是对原理图的元件进行电气连接，使各个元件之间按照设计要求产生电气关系，这也是原理图设计的根本目的。

在连接信号线时必须做到细心和严谨，并严格按照电路原理、信号流向和芯片手册提供的参考电路来进行电气连接。如果信号连接出现错误，会为以后的工作带来不必要的麻烦。因此在进行信号网络连接之前，应当充分阅读设计文档和芯片资料，建议把整个原理图在设计和芯片方面的某些需要特别注意的地方保存为一个文档，以方便在设计时查看。以下是在连接信号网路时的一些通用规则：

- 尽可能多地对信号网络命名，网络名称最好能反应出该信号的功能且易于识别（比如：不推荐使用 NET_001，A_007 命名，可以使用：DATA_01，CLK_IN 等），推荐使用 LABEL 命令将多数的信号网络名称显示出来便于阅读和检查，更利于后期 PCB 设计时布线参考。
- 尽量避免复杂且相互交叉的连接关系，此时可以使用命名相同的网络名称来实现电气连接(尽管表面上它们并没有连接,但相同的网络名称表示它们实际上已经连接)。

● 考虑引脚间电平的兼容性,不同电平的信号需要经过电平转换才能进行互连。

● 不同的电源网络必须有明确的标志,不能有模棱两可的情况,并禁止相互直接连接。

● 对于有正负极和额定功率的元件,必须严格按照元件手册的要求连接,包括供电电流、电压和电源正负极等,并严格检查。

● 除了全局性信号网络(电源和接地等),其他网络在进行多界面连接时必须使用交叉连接(网络的 XREF 属性)。

● 为了增加原理图的可读性,在绘制数据、地址等有规律的信号网络时,尽量采用总线的方式连接。

除了上面的通用规则外,在 EAGLE 软件中还有一些需要注意的地方:

● 推荐使用 NET 命令,而不是 WIRE 命令连线。NET 命令是 EAGLE 软件专门设计用来连接信号网络的命令,所绘制的连线默认在 Nets 层,具备电气属性。WIRE 命令绘制的连线仅仅在 Nets 层才具备电气属性。

● 一次性完成两个端点之间的信号网络。EAGLE 软件允许一条信号网络一端浮空,这种方式可以分几次完成一条信号线的连接,但却产生了两个网络名称。为了杜绝这种错误,建议一次性完成两端点之间的信号线连接。

● 在 EAGLE 中,尽量不要采用"十字交叉"方式连接信号网络。尽管 EAGLE 可以自动在十字节点添加节点符号,但是如果两条十字相交的信号线起初的网络名并不相同,即并没有相互连接,而是之后通过 NAME 命令修改为相同网络名实现的连接,这时十字交叉点上不会自动添加节点,因此会导致 ERC 电气检查错误。

按照上面的规则,就可以快速、安全地完成信号网络连接工作。原理图信号连接范例如图9.19 所示。

9.4.7　绘制总线

随着原理图的规模越来越大,原理图的连线也越来越密集,为了提高原理图的可读性和美观,需要使用总线来减少信号连线的数量。总线在原理图中就是一组功能类似的信号线的集合,几乎在所有的设计软件中都通过较粗的连线来表示总线,并且多用于数字电路,比如在数字电路中无处不在的数据线和地址线,一般都用总线的形式来表示,绘制总线需要用到 BUS命令。原理图中的总线范例如图 9.20 所示。

在 EAGLE 中绘制总线和其他软件并没有什么区别,但唯一需要注意的 EAGLE 总线的命名格式,EAGLE 总线的名称包含了总线上所连接的所有信号网络的名称,比如图 9.20 中的总线名称为 P1.[2..7],表示该总线上连接了网络 P1.2 到 P1.7。名称中带有顺序字符的信号可以采用与 P1.[2..7]相似的方法表示,不带有顺序字符的信号则需要用逗号隔开。

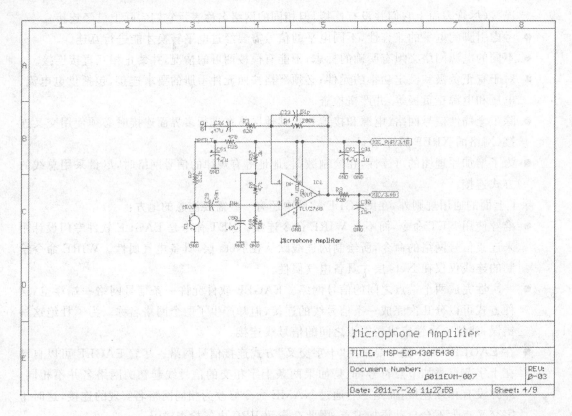

图 9.19　连接完成后的电源部分原理图

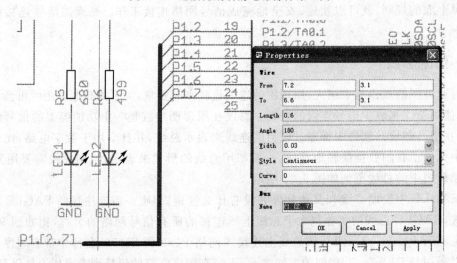

图 9.20　总线绘制示例

9.4.8 添加原理图标注信息

在元件、节点以及网络附近等处使用 WIRE 和 TEXT 命令（也可以使用 CIRCLE、ARC、RECT 和 POLYGON 命令）添加必备的标注信息，是衡量绘图者是否专业的一项依据（是否添加了标注对于原理图的电气特性没有任何影响）。原理图标注的目的是为了让一份原理图易于阅读，便于理解和检查，并有很好的可维护性，同时能为 PCB 设计提供指导。

标注信息贯穿整个原理图设计中，可以在绘制原理图的任何时候进行，原则上应该在所有元件和网络连线完成后进行。

标注信息是对原理图中关键部分进行解释和说明的描述信息，不具备任何电气特性，因此，禁止在 Nets，Buses 和 Pins 层中添加标注信息。在 Info 层添加标注信息是一种良好的习惯。

标注信息的添加位置没有任何约束和限制，不同的原理图需要添加的内容不同。下面是原理图中常见添加标注信息的地方：

- 如果一界面原理图中有多个比较独立的模块，则需要对其中一些模块标注。
- 原理图中有不同的跳线、元件或者其他需要进行选择的地方，需要添加配置表。
- 特殊节点的信号描述，比如：放大器的输入信号幅度和频宽、ADC（Analog/Digital Converter，模数转换）的参考电压幅度和误差、时钟 PLL（Pulse Locked Loop，锁相环）输出频率和稳定度、DC/DC 输出能力、电流源的输出电流、PWM（Pulse Width Modulation，脉宽调制）信号的频率及驱动能力、射频功率放大器的输出能力等。
- 特殊电路描述，比如：射频电路中的阻抗匹配、差分信号网络，如 USB（Universal Serial BUS，通用串行总线）、HDMI（High Definition Multimedia Interface，高清晰度多媒体接口）、SATA（Serial Advanced Technology Attachment，串行高级技术附件）等的阻抗匹配及在 PCB 设计中的布线规则。
- 特殊元件的描述，比如：MOSFET（Metal - Oxide - Semiconductor Field - Effect Transistor，金属氧化物半导体场效应管）的引脚布局、射频功率放大器热焊盘设计、天线设计等。

9.4.9 ERC 检查及排除错误

经过前面的几个步骤，原理图的绘制工作基本完成，为了避免原理图中出现疏漏和错误，ERC（电气规则检查）检查和修改是必不可少的步骤。执行 ERC 命令能检查原理图中存在的电气连接性错误，比如网络连接是否完整、电源引脚是否连接、是否有未连接的引脚等。

执行 ERC 命令后的错误报告对话框如图 9.21 所示。

ERC 错误报告中的每一条信息都必须认真检查，仔细阅读错误描述并做出相应的处理。有些错误和警告确实属于原理图设计中的问题，此时应修改原理图直到通过；有些错误和警告

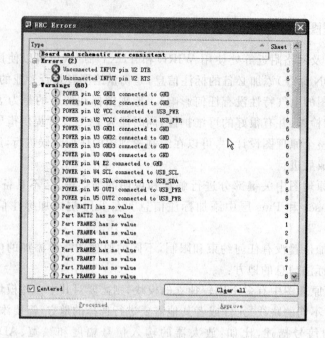

图 9.21　ERC 错误报告

是规则不允许的,但实际电路确实需要这样设计,此时应忽略并添加到 Approved 列表中。下面列举两种常见的 ERC 错误类型:

第一种错误描述为 No SUPPLY for POWER pin XXX,意思是类型标记为 Pwr 的电源引脚 XXX 没有连接到电源信号。由于在某些情况下引脚不需要始终连接到电源信号,例如第一个错误中的元件充电模块的功能引脚,因此为了避免 EAGLE 将这种情况标记为错误,在允许的情况下应该在元件库中将这种引脚类型设置成除了 Pwr 之外的其他类型,比如 I/O 和 Pas 类型,这样就能够避免 ERC 报错。

第二种错误描述为 Only INPUT pins on net XXX,意思是网络 SPI_CLK 只有输入端,也就是该网络只有一个连接端点。检查原理图,是因为设计时手误,把另一端的网络名称写成了 SPI_SCK,名称的不一致导致这两个引脚没有连接上。在本例中,修改了 SPI_SCK 的名称为 SPI_CLK 后,网络连接成功,重新进行 ERC 检查时,没有发现相同的错误。

经过了 ERC 检查的原理图,并不能说是万无一失,ERC 检查仅仅是一些电气规则检查,其他的电路原理等不能检查。因此,一份完整的、没有任何错误的原理图必须经过反复的检查才能实现。检查包括自己检查和他人检查,一般需要两人以上来进行检查,并需要通过原理图的评审。

9.4.10　输出文件

　　输出文件主要是指生成一些供生产、存档和后续设计使用的文档。一般需要生成网络表文件、元件清单（BOM）、PDF 或者图像形式的原理图。网络表记录了各元件之间的网络连接关系，可以用于原理图到 PCB 的导入；元件清单（BOM）记录了使用元件的名称、数量和封装信息，用于生产和采购；PDF 原理图用于存档和非设计人员的阅读。在 EAGLE 软件中可以很方便地得到以上的文件。具体方法是单击 File→Export，EAGLE 就会弹出可以输出文件的菜单。菜单界面如图 9.22 所示。

图 9.22　Export 菜单

　　BOM 元件清单是由 EAGLE 软件附带的 BOM.ulp 实现。值得注意的是，任何一种 EDA 工具都不可能产生一份完整的、可以直接用于采购的材料清单。要想让 EAGLE 软件产生一份尽可能完整的 BOM 清单，必须在原理图中对每一个元件添加足够的信息，并保证信息的一致性、准确性，以确保对生成的 BOM 文件最少的改动。

9.5　PCB 设计步骤及实例

　　通过前面的学习，读者了解了 EAGLE 软件的 PCB 编辑器界面，掌握了 PCB 编辑器中的各种设置以及各种命令的使用。下面通过一个实例来介绍如何完成一个完整的 PCB 设计，该实例以 TI 公司的 MSP430 评估板为基础并做出了一定的修改，版权归 TI 公司所有。相关的设计文件可以直接从以下链接下载：

http://focus.ti.com/docs/toolsw/folders/print/msp - exp430f5438.html

　　通常 PCB 的设计流程可以分为 PCB 设计前期准备、PCB 结构设计、PCB 元件布局、PCB 布线、布线优化、调整丝印、添加标注、DRC 检查等。这种流程在 EAGLE 软件的 PCB 设计中也同样适用。

9.5.1　PCB 设计前期准备

　　"工欲善其事，必先利其器"这个成语很好地诠释了前期准备在 PCB 设计中的意义和重要性。PCB 设计的前期准备包括创建 PCB 设计规则文档、个性化设置、设计规则（Design Rules）设置和创建 PCB 文件。

1. PCB 设计规则文档

　　严格来讲，PCB 设计规则文档会对整个 PCB 设计进行规划和定义，包括网络簇参数、电路板尺寸，定位孔等结构、PCB 布局、PCB 设计规则以及特殊信号处理等。PCB 设计规则文档是指导 PCB 设计人员按照一定的设计和工艺标准来设计电路板,并作为检查依据。PCB 设计规则文档可以根据不同的电路图设计以及不同的设计团队进行适当的修改。

2. 网络簇(Net Classes)设置

在原理图编辑器和 PCB 编辑器中均可以对网路簇进行设置,建议优先在原理图编辑器中设置,以便于从原理图输入到 PCB 图中时能保持参数设置一致。

网络簇可以让设计人员对具备相似属性的信号网络的布线参数进行统一设置,包括网路簇名称、布线宽度、过孔直径以及网络簇内部各个网络之间或者不同网络簇之间的间距。设置完成后的布线参数将在手动布线、跟随布线和自动布线中严格被执行,同时也作为 PCB 设计中 DRC(Design Rules Check)检查的规则。

值得注意的是,网路簇的布线参数具有最高优先级,包括设计规则(Design Rules)在内的参数设置如果和网路簇发生冲突时,EAGLE 软件将采用网路簇设置的参数。

根据 PCB 设计规则文档,结合实际电路板的制作工艺和复杂程度,设计人员可以设置满足需求的网络簇参数。本例设置参数如图 9.23 所示。

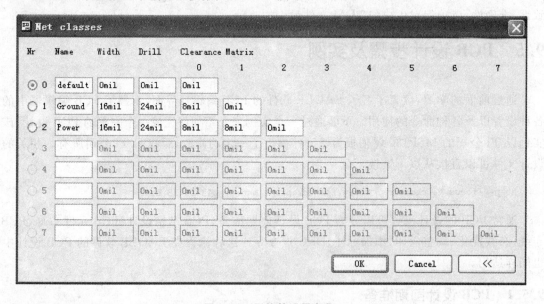

图 9.23 网络簇设置参数

3. 个性化设置

设计者可以对 EAGLE 软件的一些界面、颜色和参数等进行个性化设置。单击 Options/User interfaces 即可打开设置对话框,界面如图 9.24 所示。

本实例仅仅修改原理图和 PCB 的光标显示类型(选择 Large),其他保持系统默认,单击 OK 按钮保存并退出。

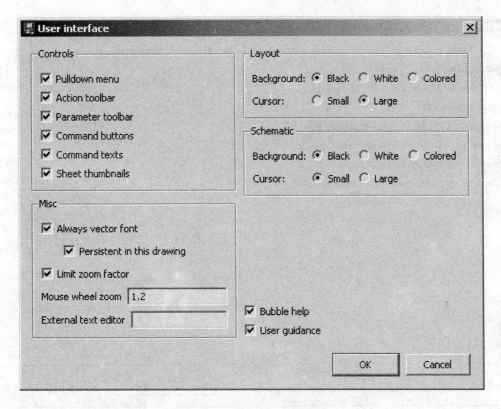

图 9.24　个性化对话框设置

4. Design Rules 规则设置

Design Rules 规则设置作为 PCB 设计中电路板层叠结构、布局、布线以及后期检查的基础,是 PCB 前期处理中最重要的一步。设置该部分规则需要一定的 PCB 设计经验以及相关的设计规则文档,并且和电路板加工厂商进行必要的沟通,告知对方 PCB 板的层叠关系,层定义和阻抗要求等,电路板加工厂商会根据客户的要求和他们的加工工艺建议 PCB 板的一些设计规则(比如过孔尺寸、差分信号阻抗匹配、板厚、安全距离等)。根据电路板加工厂商的建议来修改和设置规则是 PCB 设计人员较常采取的方式。下面结合本实例分别设置 File、Layers、Clearances、Distance、Sizes、Restring、Shapes、Supply、Masks、Misc 共 10 个选项卡。

① File 选项卡,如图 9.25 所示。

File 选项卡主要用于加载以前的设计规则和保存当前的设计规则。

② Layers 选项卡,如图 9.26 所示。图 9.26 所示的 Layers 界面为本实例 PCB 的层叠关系、镀铜厚度和板厚设置参数。使用了第 1、2、15 和 16 层组成 4 层 PCB 板,顶层和底层作为信号层,内部的两层作为电源层。顶层和底层的镀铜厚度为 0.0178mm,中间两层的镀铜厚度为 0.035 6mm,隔离层的厚度分别为 12mil、27mil、12mil,板厚为 1.402 2mm。

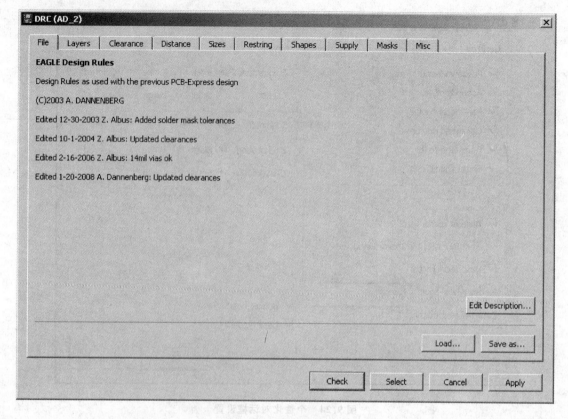

图 9.25 File 选项卡

层叠结构对 PCB 的 EMC 性能有很大的影响，通过良好的层叠结构，还可以抑制电磁干扰 EMI。下面列举一些基本的 PCB 层叠规则：

- 两个信号层尽量避免直接相邻。相邻的信号层之间容易引入串扰，从而导致电路功能失效。
- 信号层应该与一个内部电源或地层相邻，利用内部电源层或地层的覆铜来提供屏蔽。
- 内部电源层和地层应该相邻，实现内部电源层和地层之间更好地耦合。
- 高速信号层或者时钟层应该在 PCB 中间，且应该在两个内部电源层或地层之间，这样既不会受到外界干扰，也不会干扰其他的信号。
- 在可能的情况下，尽量使用对称的层叠结构。这样可以降低 PCB 加工的难度，提高 PCB 的可靠性。

表 9.2 列出了常见多层电路板层叠结构的参考方案，这些都是经过实际验证可以直接使用的层叠结构，它们大多数都符合 PCB 板的层叠规则，并且具有良好的对称性。

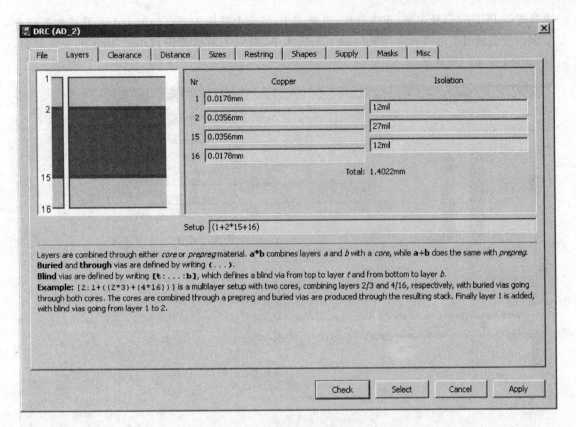

图 9.26　Layers 选项卡

表 9.2　常见多层电路板层叠结构的参考方案

Layers	Power	Ground	Signal	1	2	3	4	5	6	7	8	9	10
4	1	1	2	S1	G1	P1	S2						
6	1	2	3	S1	G1	S2	P1	G2	S3				
8	1	3	4	S1	G1	S2	G2	P1	S3	G3	S4		
8	2	2	4	S1	G1	S2	P1	G2	S3	P2	S4		
10	2	3	5	S1	G1	P1	S2	S3	G2	S4	P2	G3	S5
10	1	3	6	S1	G1	S2	S3	G2	P1	S4	S5	G3	S6

③ Clearance 安全间距设置,如图 9.27 所示。Clearance 界面主要用于设置 PCB 各种元素之间的最小距离(也称安全距离),包括布线、直插式焊盘、表贴式焊盘和过孔相互之间的最小距离,本实例 PCB 设计中的几个安全间距值全部采用软件默认的 8mil 即可。最小间距设

置要根据 PCB 的信号频率、布线密度、电流大小,结合电路板生产商的加工工艺及成本等综合考虑。考虑到当前电路板生产商的加工工艺水平,原则上不推荐设置小于 4mil 的安全间距,5、6、8mil 的间距最常见。

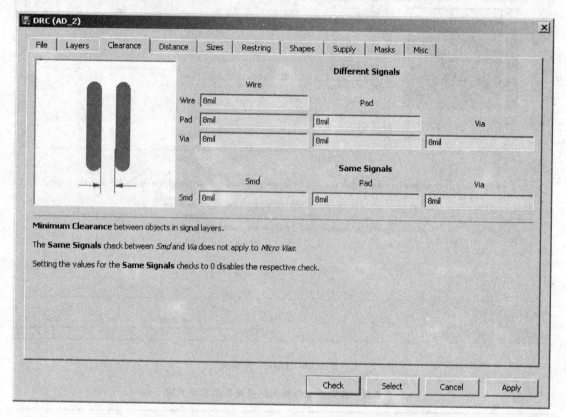

图 9.27 Clearance 安全间距设置

④ Distance 选项卡,如图 9.28 所示。Distance 选项卡用来设置 PCB 板中各元素距离板边的安全距离,包括铺铜、过孔、定位孔和布线等。设置该参数的目的在于使 PCB 板内部的电气信号与板外的信号隔离,从而易于生产、装配,并提供产品使用寿命。本实例统一设置为 8mil。

⑤ Sizes 选项卡,如图 9.29 所示。Sizes 选项卡用于设置最小布线宽度、最小钻孔内径、最小微型过孔外径、最小盲孔比。根据不同 PCB 设计需求修改相应的参数,并确保电路板加工厂商的加工工艺能实现。

微型过孔和盲孔的的加工工艺复杂,精度要求高,相应的加工成本也高,在常规 PCB 设计中尽量避免采用。由于微型过孔和盲孔的加工涉及 PCB 的层叠关系,需要设置时请一定遵循电路板加工厂商的建议。

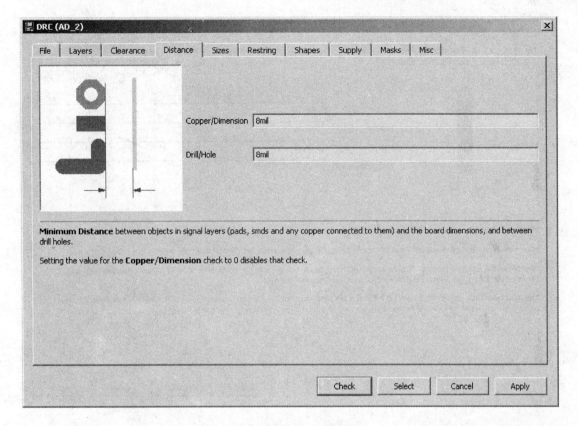

图 9.28　Distance 选项卡

⑥ Restring 选项卡,如图 9.30 所示。Restring 选项卡主要用于设置直插式焊盘、过孔和微型过孔的 Restring 宽度,Restring 是环绕在直插式焊盘和过孔外面的铜圈。本例中直插式焊盘和过孔的 Restring 宽度都设定为 6~20mil,微型过孔的 Restring 宽度设置为 4~20mil。其实在 PCB 设计中,有一些常用过孔的内外径比例,可以满足绝大多数 PCB 设计的要求:

● 20/10mil 或者 24/10mil:用于信号线,可以满足一般的要求。

● 16/8mil:用于 BGA 内部布线。

● 40/24mil:用于电源布线。

⑦ Shapes 选项卡,如图 9.31 所示。Shapes 选项卡用于设置表贴式焊盘和直插式焊盘的外观形状,此部分的设置比较简单,不再多做说明。

⑧ Supply 选项卡,如图 9.32 所示。Supply 选项卡主要用于设置热焊盘的连接宽度和隔离宽度。此部分如果不是有特殊要求,保持默认即可。

⑨ Masks 选项卡,如图 9.33 所示。Masks 选项卡主要用于设置阻焊和焊膏的宽度。阻焊宽度的设置是为了防止焊锡溢出,便于焊接;焊膏宽度的设置只针对表贴式焊盘。在本实例

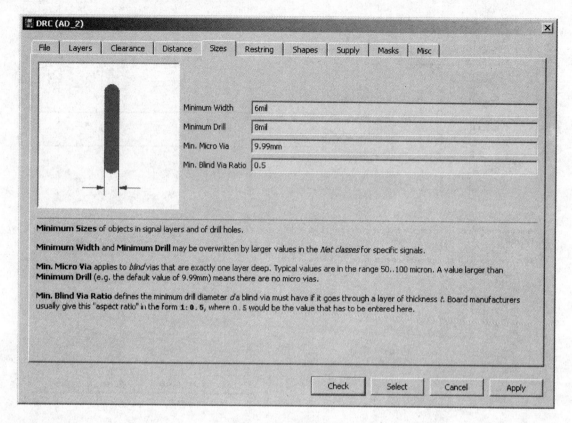

图 9.29　Sizes 选项卡

中,阻焊设置为 1mil,表示焊盘之外 1mil 的区域为阻焊油漆禁止刷入的区域。焊膏和表贴式焊盘的尺寸被设置成一样的。Limit 选项设置为 15mil,表示小于或者等于 15mil 的过孔没有阻焊区域,而大于 15mil 的过孔则有阻焊区域。对于 Limit 选项如此设置的依据,可以这样理解:较小的过孔主要位于器件和布线密集区,比如 BGA(Ball Grid Array,球栅阵列封装)器件下部,在 BGA 器件下部的过孔如果没有阻焊油漆的覆盖,焊接时很容易与 BGA 器件的引脚粘连,引起短路,所以较小的过孔,都必须设置为有阻焊油漆的覆盖,即没有阻焊区域。这一点很重要,可以向电路板加工厂商特别说明! 对于这一数值的设置,需要根据 PCB 板使用的过孔大小而定。

⑩ Misc 选项卡如图 9.34 所示。Misc 界面用于一些检查选项的选择,根据自己的要求选择即可。

5. 创建 PCB 文件

EAGLE 软件允许直接建立 PCB 文件而不需要原理图,不过不推荐使用这种方式。一般的做法是设计完原理图并确认无误后,直接单击 BOARD 命令按钮,仅仅需要如此简单的一步

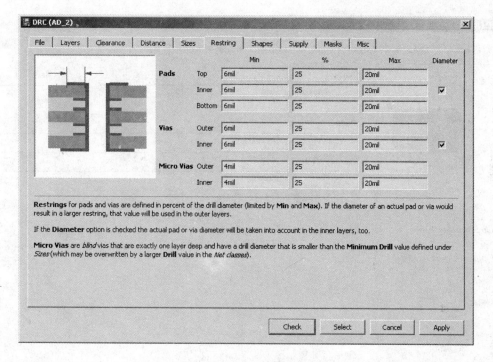

图 9.30　Restring 选项卡

操作即可创建一份和原理图电气特性一致的 PCB 文件。在本实例中，新创建的 PCB 图如图
9.35 所示。

从 9.35 图可以看到，所有器件被分类排放在 PCB 编辑器的原点左边，右边用于定义 PCB
的外形结构。

9.5.2　栅格及层设置

PCB 设计中首先考虑设置栅格，在 PCB 设计的不同时期对栅格尺寸的要求不同。

PCB 结构设计时根据结构图中的单位和尺寸选择相关的单位（mm 或者 mil）和最小分辨
尺寸。

元件布局时根据 PCB 图中元件的多少选择合适的单位和尺寸，推荐使用 mil 为单位，分
辨率为 5mil 的整数倍，比如 10mil、15mil、20mil 等。

需要精确布局特定元件时必须更改栅格单位和尺寸来和元件相匹配，比如某些输入、输出
端口、开关位置等。

布线时推荐使用 5mil，特殊情况比如使用 mm 为单位设计的 QFP（Quad Flat Package，方
型扁平封装）、BGA 封装例外。

使用 DISPLAY 命令可以对 PCB 各层的颜色等信息进行修改，本实例使用软件默认颜色

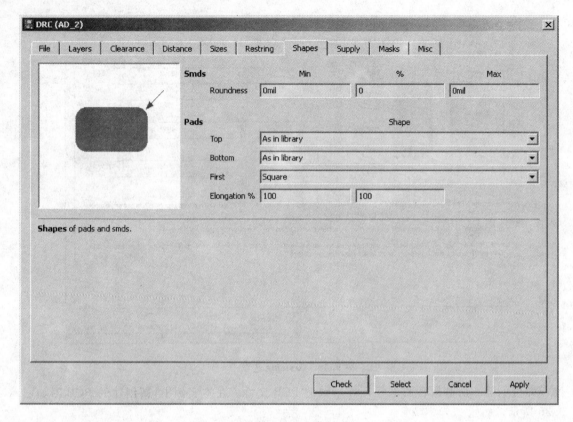

图 9.31 Shapes 选项卡

配置,并对电源层和地层进行设置。

在 Display 对话框中按照图 9.36 修改第 2 层 Route2(如果没显示第二层,请在 Design Rules 中的 Layers 标签中将其设置为 4 层电路板)为 Supply 层,并命名为 GND,则所有的 GND 网络将分配到 GND 层并产生梅花状的热焊盘。

由于本实例中有多个电源网络将分配到第 15 层(Route15),因此不能使用上述方法完成电源层网路分配,只能将其设置成一般的信号层,并通过分区域灌铜实现。

9.5.3 PCB 结构设计

一般情况下,使用 WIRE 命令在第 20 层(Dimension)绘制 PCB 板的外形、尺寸、机械定位以及特殊开槽等结构。由于 PCB 板多数情况会安装到特定的位置或机构内,结构设计必须要严谨、准确,不能出现丝毫差错。本实例是一块开发平台,对结构设计没有特殊的要求,如图 9.37 所示。

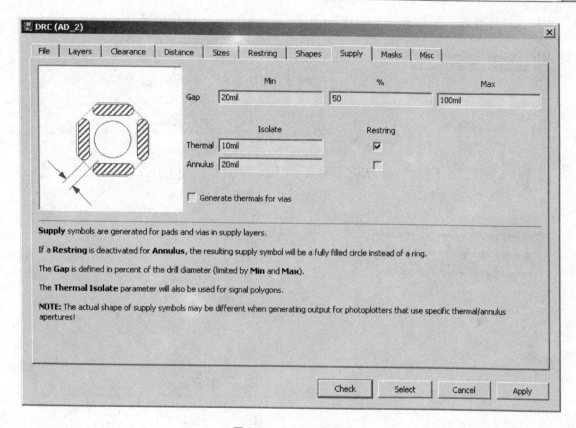

图 9.32 Supply 选项卡

9.5.4 元件布局

一块合格的 PCB 板不仅仅要求机械结构和电气性能达到设计要求,而且外观也要求美观。合理的元件布局不仅可以降低布线难度、减少布线层数、尽量避免不同电路混合,而且能达到外观要求。元件布局关系到整个 PCB 设计的成败和成本,是整个 PCB 设计中很重要的环节。

元件布局需要考虑的因素包括满足电气性能、降低 EMI(Electro Magnetic Interference,电磁干扰)、模块化分区、元件质量和散热需求、排列整齐、接口位置和装配等,这些因数有些相辅相成,有些则相互矛盾,根据实际设计需求使用不同优先级布局方式,尽可能平衡各种利弊,合理布局。

元件布局请参考以下基本规则:

● 栅格设置合理:视电路设计复杂程度选择 5/10/15/20mil 布局,不建议用更小栅格避免布局不整齐,增加调整工作量。

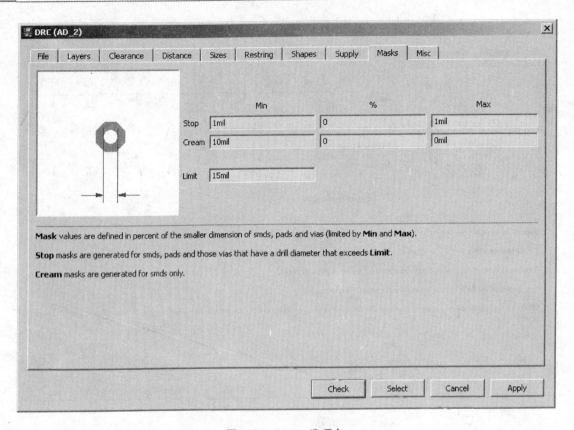

图 9.33 Masks 选项卡

● 尽可能单面布局元件:可以降低焊接成本和装配限制,特殊情况才采用双面布局。

● 优先布局元件:对安装位置有限制的质量大、高度高、发热大的元件、需要电磁屏蔽的
  元件、外部接口元件等,设置限高或禁止布局/布线区。

● 规划布局区域:尽可能确保模拟电路、数字电路、射频电路、大功率,高电压电路等布局
  分配合理且相互独立,以降低信号干扰、串扰,降低 EMI。并预留电源和地信号宽度
  (单层和双层板),或者电源层和地层合理分割(多层板)。

● 模块化布局:同一功能模块的电路尽可能放在同一区域,且优先布局核心元件或电路,
  相同模块布局尽量一致,去耦电容必须尽量靠近其去耦对象相关引脚位置。

● 特殊电路或元件处理:蛇形等长布线(DDR 的数据/地址)或者阻抗匹配电路(射频/差
  分电路)需要预估布线区域宽度;噪声源(时钟电路)或者易被噪声干扰的电路或元件
  需要预留屏蔽空间。

● PCB 板上的元件应分布均匀、疏密一致。在保证电气性能的前提下,尽可能相互平行
  或垂直排列元件,以求整齐、美观,同一类型的元件(二极管、电解电容等)尽可能按照

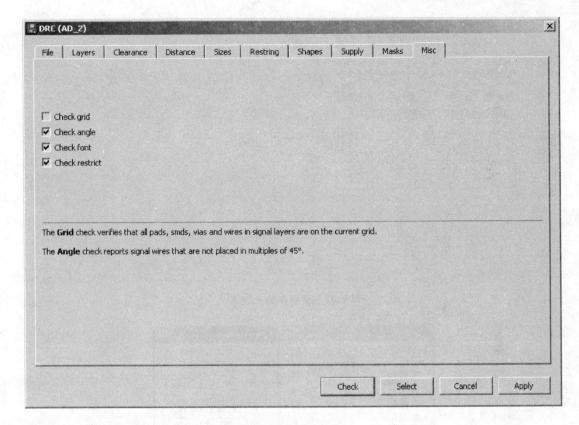

图 9.34　Misc 选项卡

同一旋转方向布局。

● 元件之间必须留出足够的装配空间,一般情况下不允许元件重叠,必须重叠元件时一定要确认下面一层元件的高度等信息,以免无法装配。

本实例基本按照上述规则进行布局,完成的 PCB 布局如图 9.38 所示。

9.5.5　PCB 布线

完成了元件布局后,紧接着的就是 PCB 布线阶段。EAGLE 软件提供手动布线、跟随布线和自动布线 3 种布线方式,本节仅讲述手动布线。

PCB 布线遵循以下基本规则:

● 一般 PCB 设计推荐使用 5mil 栅格布线,可以减少后期布线优化时间以及 DRC 间距错误排除。只有在高密度 PCB 设计或者小间距元件封装(BGA 等)时切换至较小栅格。

● 使用直线或钝角布线,禁止采用直角或者锐角布线。

● 除电源网络外,同一信号网络的布线宽度尽量保持相同。

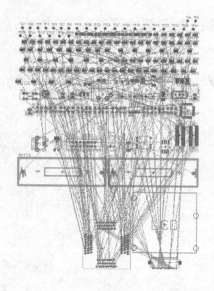

图 9.35　新创建的 PCB 图

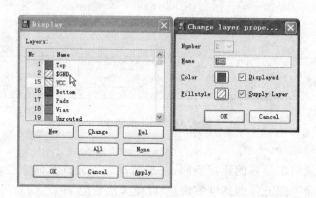

图 9.36　层设置

● 严格依照 PCB 设计规则（布线长度、宽度、差分线、蛇形线等）进行布线，特殊情况例外。

● 信号网络尽量走直线，少走弯曲线，过孔最好不超过 3 个，长度越短越好。

● 原则上不允许跨区域布线，比如数字信号不能进入对信号很敏感的模拟电路区域。

● 电源网络和地网络必须以最短的路径连接公共网络。在多层板中，每个电源和地网络均需要单独添加过孔进入内部层；在双层/单层板中则尽快和主干电源及地网络布线连接。

PCB 布线遵循以下先后顺序：

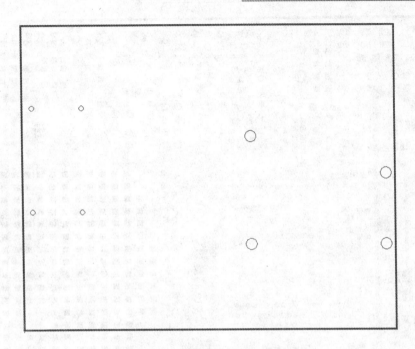

图 9.37　PCB 开发平台实例

- 不一定非要优先对电源和地网络布线,但在所有的布线过程中必须为其预留足够的空间,也即优先考虑。
- 高频信号优先布线。
- 信号网络密集区域优先布线,比如 BGA 区域。

如果元件布局合理,则 PCB 布线就显得比较轻松。但实际情况和理想之间有一定距离,因此,在布线的过程中经常需要对布局进行局部修改以便能更好完成布线。

本实例中 PCB 设计难度适中,按照上面的思路较容易完成布线工作,结果如图 9.39 所示。

9.5.6　布线优化

布线优化就是对 PCB 的布线进行调整。在 PCB 设计中,布线优化也是必不可少的流程。大致的调整思路如下:

- 修饰布线:包括不必要的拐角、布线宽度不一致、布线上或者引脚处有毛刺、布线没有和焊盘中心连接等。
- 查看是否有更好的元件布局从而更有利于布线。
- 查看是否有减小布线长度的另外一个途径,并修改。
- 检查是否有垂直或者锐角布线,并修改。

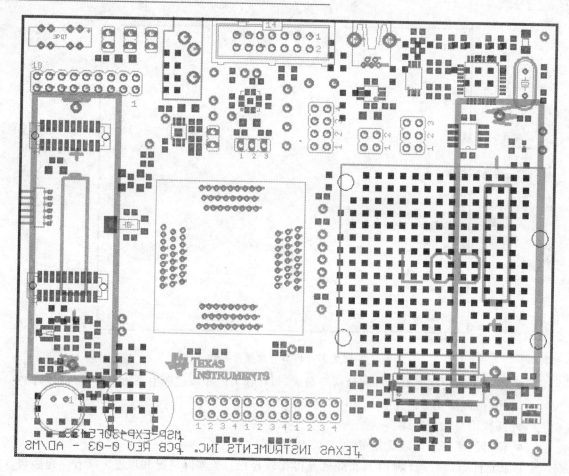

图 9.38 完成的 PCB 布局

9.5.7 分割电源层和地层并敷铜

在前面层设置中已说明,没有将本实例 PCB 板的第 15 层(VCC 层)设置为 Supply 层,而是设置为一般信号层,因为将在本层分配 VCC,DVCC 和 USB_PWR 共 3 个电源网络。

使用 POLYGON 命令,分别在 VCC,DVCC 和 USB_PWR 网络位于 VCC 层的区域内画一段封闭的多边形区域。并分别修改多边形区域的名称为 VCC,DVCC 和 USB_PWR,图 9.40 所示为电源层多边形区域,执行 RATSNEST 命令为每个多边形外框敷铜。

请注意:相邻多边形区域敷铜区间的最佳间距为 10~15mil,多边形敷铜区和电路板外框也最好保持 15mil 以上。

第 2 层(GND)在 PCB 设计之前已被设置为 Supply 层,Supply 层的 Gerber 数据是以负片的形式输出。在处理这样的图层时,仅仅需要使用 WIRE 命令在第二层沿着电路板外框绘制

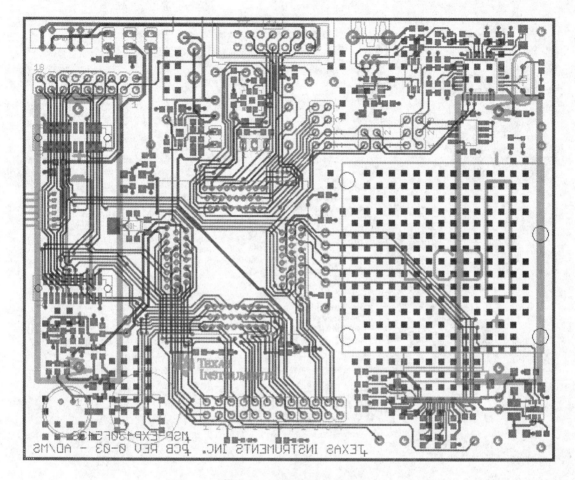

图 9.39 完成的 PCB 布线

一个封闭的多边形图形即可(线宽 20mil)。绘制完成的结果如图 9.41 所示。

请注意:该多边形区域的布线宽度最少 15mil 以上,这样可以确保第二层的敷铜区距离电路板外框达到 15mil。严格地讲,内部电源层和地层的敷铜区外沿最好不要重叠。

除了多层电路板内部电源层和地层的分割,表层(特别是底层)多数情况下也需要敷铜,特殊元件的封装附近有时候也要敷铜、大电流电路(特别针对电源设计)除了增加布线宽度,敷铜也是常见的处理办法。

9.5.8 丝印层处理

丝印层的处理包括元件编号的处理和添加其他附属说明文本或图形。

丝印层的信息不具有电气特性,ERC 和 DRC 不会对丝印层进行检查,这个步骤只能靠电

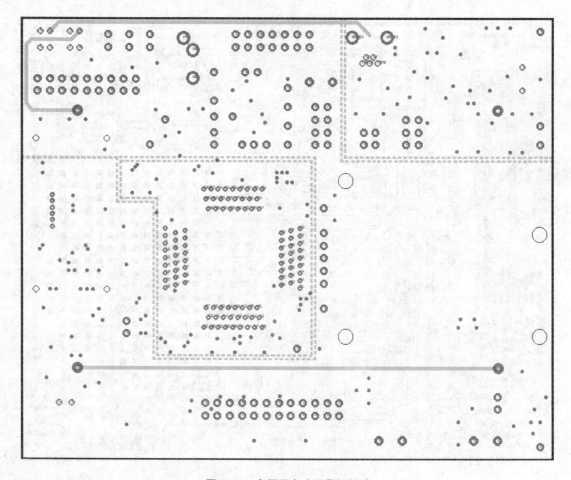

图 9.40　电源层多边形敷铜区域

路设计者手工检查和修改,忽略丝印层的处理将可能导致灾难性的后果。

下面列举一些常见丝印层处理的规则:

- 丝印层内容必不可少,特殊要求的 PCB 板可以没有丝印层。
- 禁止丝印层上的内容覆盖元件封装的焊盘,避免造成元件虚焊或无法焊接。
- 原则上元件编号需要在其封装处就近显示,特殊情况可移至其他地方,并使用连接线标注。
- 文字排列方向:PCB 板上所有的文字(包括元件编号)选择同一排列方向,水平方向从左至右,垂直方向从下至上(或从上至下,只能选其一)。
- 正常情况下,丝印层文字要确保能在元件装配后还能显示,不能被元件覆盖,且不能重叠。

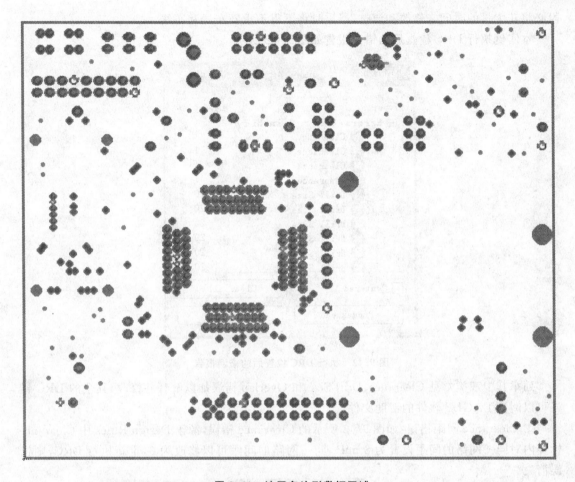

图 9.41　地层多边形敷铜区域

- 可以对元件重新编号便于焊接、调试、和维修等。
- 为特定的元件添加必要的文字、图表等,如二极管极性标注、跳线配置表、LED 颜色、输入/输出端口的信号类型、接口信号分布、电源电压值等。
- 添加必要的设计信息,如公司名称、公司 LOGO、电路板名称、电路板编号等。

9.5.9　DRC 检查

DRC 检查是对前面所有工作的检查,也是检查电路板是否因违背设计规则而造成了错误,并提供错误信息和图示指导设计人员进行修改。

在前面 PCB 设计阶段列举了很多看起来不是很重要的布局和布线规则,其目的是为了尽可能减少 DRC 报错。一块比较复杂的 PCB 板,如果不严格执行布局布线规则,则在 DRC 阶段必将花大量的时间来修改和调整,严重时将不得不重新布局和布线。

本实例执行 DRC 检查后的错误报告如图 9.42 所示。

图 9.42   执行 DRC 检查后的错误报告

列举其中三类常见 Clearance、Drill Size 和 Overlap 错误加以解释并修改,其余的 DRC 错误可以阅读 EAGLE 软件的帮助文件:

① Clearance 间距错误:如图 9.43 所示的 Clearance 错误,源于 Design Rules 中 Clearance 标签内对同一网络的间距设置为 8 mil。同一网路的间距可以修改为 0,重新执行 DRC,则错误消失。

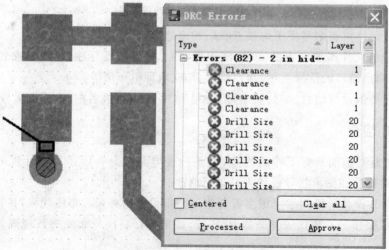

图 9.43   Clearance 间距错误

② Drill Size 钻孔尺寸错误：图 9.44 所示的 Drill Size 错误需要仔细检查，右边 Via 属性窗口显示该 Via 的钻孔直径 16mil，在 Design Rules 规则设置范围内，但是其网络簇却属于 Ground，打开 Net Classes 界面发现 Ground 的 Drill 设置为 24mil。前面提过，网路簇的布线优先级高于任何默认其他设置，本处 DRC 执行的规则是网络簇规则而不是 Design Rules 的规则。

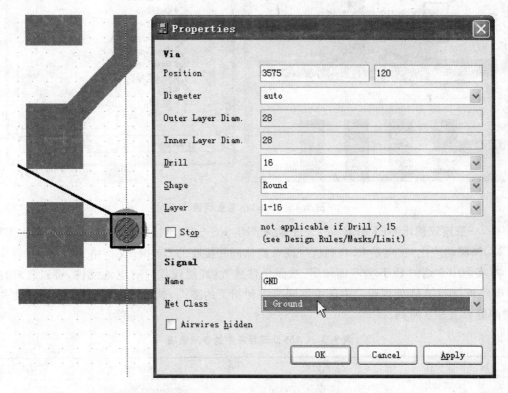

图 9.44　Drill Size 钻孔尺寸错误

③ Overlap 重叠错误：图 9.45 所示的重叠错误在 PCB 封装中最容易出现，打开该元件的封装即可发现错误在于创建 PCB 封装时有矩形铜区和 SMD 焊盘重叠。此类错误仅仅是违背设计规则，但实际 PCB 板需要这样连接，可以选择 Approve 同意此类错误，布局布线不做任何修改。严格按照 PCB 封装创建原则建库可以避免此类错误。

DRC 的错误报告必须逐条加以确认和修改，直至错误显示为零，方可进入下一阶段。

9.5.10　设置并输出 Gerber 文件

输出 Gerber 文件是 PCB 设计的最后一个阶段，在这一阶段需要产生一份完整无误并适合 PCB 制板厂商加工工艺、SMT 装配及焊接工艺的 Gerber 文件。在 EAGLE 的 CAM 处理

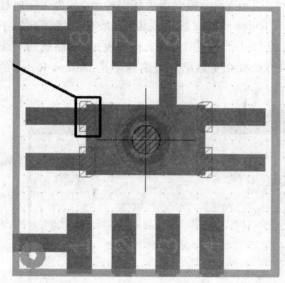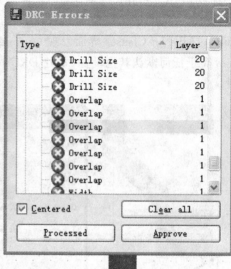

图 9.45 Overlap 重叠错误

程序中,一般建议使用 GERBER_274X 驱动来产生 RS－274X 格式文件,钻孔数据则由 EX-CELLON 驱动产生,这也是 PCB 制板厂商普遍认同并接收的 Gerber 文件格式。

　　本实例中介绍的 PCB 为双面丝印、双面元件放置(底层仅仅只有电池元件,可以忽略)的 4 层电路板,在 CAM 处理程序中选中不同的层和相关的驱动,就能产生需要的 Gerber 文件,详细配置如表 9.3 所列。

表 9.3 CAM 处理程序中的各层选项

名　称	文　件	必选的层	描　述	备　注
信号层	*.cmp	1 Top, 17 Pads, 18 Vias	Component Side 元件层	必备
	*.ly2	2 \$ GND	\$ GND 地层	必备
	*.l15	15 Route15, 17 Pads, 18 Vias	Power 电源层	必备
	*.sol	16 Bottom, 17 Pads, 18 Vias	Solder Side 焊接层	必备
丝印层	*.plc	21 tPlace, 25 tName	Top Silkscreen 顶层丝印层	必备
	*.pls	22 bPlace, 26 bName	Bottom Silkscreen 底层丝印层[1]	可选
阻焊层	*.stc	29 tStop	Top Solder Stop 顶层阻焊层	必备
	*.sts	30 bStop	Bottom Solder Stop 底层阻焊层	必备
钻孔层	*.drd	44 Drills, 45 Holes	电镀和非电镀孔钻孔数据[1]	必备

续表 9.3

名　称	文　件	必选的层	描　述	备　注
焊膏层	*.crc	31 tCream	Top Cream Frame 顶层焊膏层②	可选
	*.crs	32 bCream	Bottom Cream Frame 底层焊膏层②	可选
	*.dim	20 Dimension	电路板外型结构文件③	可选

① *.pls 底层丝印层文件仅在双面均有丝印时输出，单面丝印不用输出。

② *.crc *.crs 焊膏层仅用于需要使用 SMT 焊接工艺的文件，用于制作丝印钢网。手工焊接时不需要输出，量产时必备。

③ *.dim 电路板外形结构文件，一般情况下将第 20 Dimension 层添加到其他文件中，则可以不用输出该层数据。

④ *.drd 钻孔层，所有的孔均为电镀孔。如果要单独输出电镀孔和非电镀孔数据，必须将第 44 Drill 层和第 45 Holes 层分别输出。

　　按照上面的要求设置好后，单击 Process Job 即可完成 Gerber 文件的输出，对于有敷铜区的电路图，需要先使用 Ratsnet 命令完整敷铜，才能输出。

　　本实例中由于所有顶层丝印数据已经被人为复制到第 122 _tplace 层，因此仅仅需要选择第 122 _tplace 层即可输出顶层丝印的全部数据。

　　装配文件用于电路板焊接时参考，有时候也需要输出。在 EAGLE 中选择第 17 Pads 层、第 20 Dimension 层、第 21 tPlace 层、第 25 tName 层以及第 31 tCream 层即可输出装配文件。

　　本实例的完整 Gerber 文件，顶层布线层如图 9.46 所示，地层（负片输出）如图 9.47 所示，电源层（正片输出）如图 9.48 所示，底层焊接层如图 9.49 所示，顶层丝印层如图 9.50 所示，底层丝印层如图 9.51 所示，顶层阻焊层如图 9.52 所示，底层阻焊层如图 9.53 所示，顶层焊膏层（钢网）如图 9.54 所示，钻孔层如图 9.55 所示。

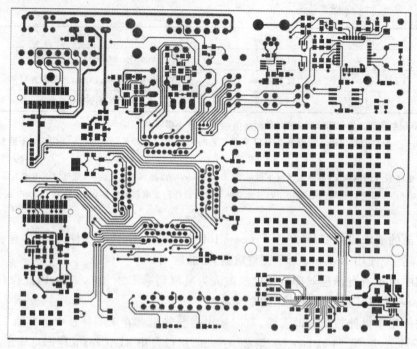

图 9.46 顶层布线层

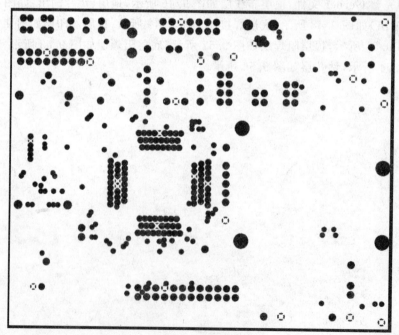

图 9.47 地层(负片输出)

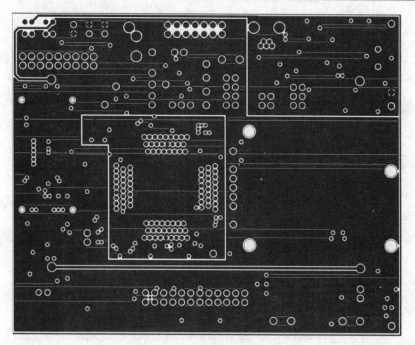

图 9.48 电源层(正片输出)

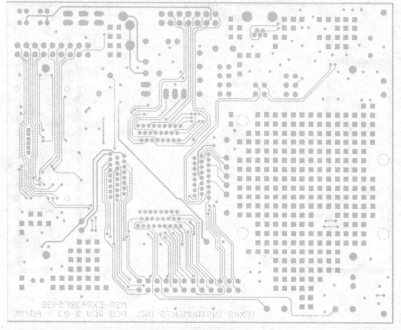

图 9.49 底层焊接层

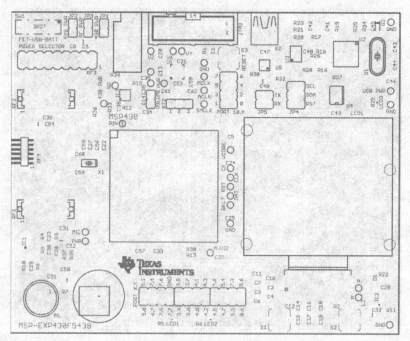

图 9.50　顶层丝印层

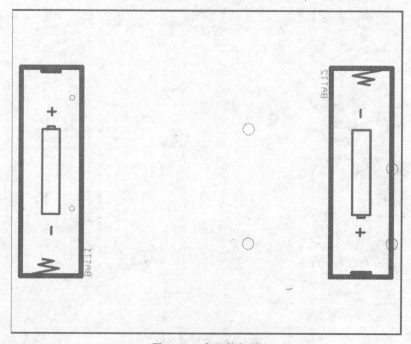

图 9.51　底层丝印层

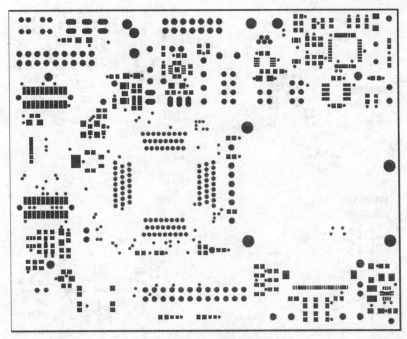

图 9.52　顶层阻焊层

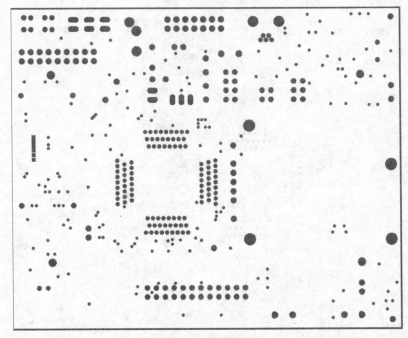

图 9.53　底层阻焊层

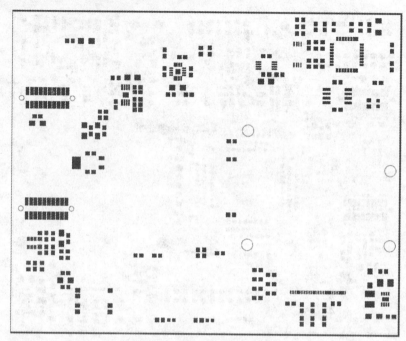

图 9.54　顶层焊膏层(钢网)

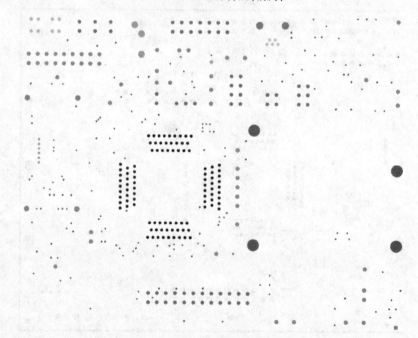

图 9.55　钻孔层

第 **10** 章

EAGLE 的高级应用 ULP

本章主要介绍 ULP 的语法、对象类型、声明、内建指令和对话框等内容，并对一些常用的 ULP 文件进行了解释和说明。

10.1 ULP(用户语言程序)简介

ULP(User Language Program)是 EAGLE 的一项扩展功能，用户可以通过编写和使用 ULP 来访问 EAGLE 软件底层的模块，从而达到实现无限扩展的目的。

EAGLE 的 ULP 用一种类 C 的语法编写，熟悉 C 语言的用户可以很快地掌握。ULP 文件的扩展名为.ulp，可以用任意的文本编辑器创建并编写。

一般情况下，一个 ULP 程序主要包含两个部分：定义和内容。在定义部分可以定义在内容中需要使用到的常量、变量和函数。而在内容中可则可以编写实现功能所需要的语句。可以通过在 EAGLE 的帮助文件中搜索关键词 User Language 来查看 ULP 的详细解释及应用。

10.2 ULP 的语法(Syntax)

在 EAGLE 中，主要的语法有 Whitespace、Comments、Directives、Keywords、Identifiers、Constants、Punctuators。

- Whitespace：在一个 ULP 文件被执行前，EAGLE 都需要从一个文件中读入该 ULP 程序，在读入过程中，文件的内容被理解为符号和空白区域。任何的空格、换行符和注释都被识别为空白区域，并被丢弃。只有字符串内的空格不会被丢弃，它会保持原样输出。
- Comments：EAGLE 中的注释，使用方法和 C 语言中一致。
- Directives：EAGLE 有 ♯include、♯require、♯usage 三条指令。♯include 用于在一个 ULP 文件中调用另一个已经编辑完成的 ULP 文件；♯require 用于声明该 ULP 需要

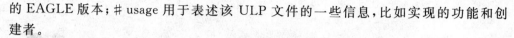

的 EAGLE 版本；♯usage 用于表述该 ULP 文件的一些信息，比如实现的功能和创建者。

● Keywords：关键字，请阅读 EAGLE 的帮助文件以得到更详细的信息。

● Identifiers：和 C 语言一样，EAGLE 用标示符（Identifiers）表示用户定义的常量、变量和函数。

● Constants：EAGLE 有字符、整数、实数、字符串四类常数（Constants）。

● Punctuators：EAGLE 的运算符，和 C 语言一样，可以进行基本的数学运算。

10.3　对象类型(Object Types)

在 EAGLE 中，ULP 可操作的对象分为元件库对象（Library）、原理图对象（Schematic）和 PCB 对象（Board），在这 3 个对象中又分别有很多小的可操作对象，例如栅格、层、网络、过孔等。用户可以通过操作这些对象，实现相应的功能。对对象的操作，可以单独操作，即只操作一个对象，也可以组合操作，一次操作多个对象，下面列举几个有代表意义的可操作对象来说明。

10.3.1　元件库对象(Library)

DEVICESET：在 DECIVE 中，有 9 个数据成员，表示该操作对象有 9 个可设置项：

● area：在 area 项中，通过编写坐标，确定 Device 的区域。

● description：用户可以在该项中，通过字符串的形式添加 Device 的描述。

● headline：用户可以在该项中编辑 Device 的标题显示，用字符串形式表示。

● name：用户可以在该项中编辑 Device 的位号，用字符串形式表示。

● package：用户可以在该项中调用已经设计好的器件封装。

● prefix：用户可以在该项编写 Device 的前缀，比如 IC、U、R、L、C 等，用以表示不同类别的器件。

● technologies：用户可以在该项选择 Device 使用的技术类型，技术类型包括封装和包装类别。

● value：用户可以在该项编写 Device 的数值，用字符串形式表示。

● SYMBOL：在 SYMBOL 中，有 3 个数据成员。

　· area：在 area 项中，通过编写坐标，确定 Symbol 的区域。

　· library：在该项中，用户可以选择该 Symbol 需要保存在哪个元件库中。

　· name：用户可以在该项中编辑 Symbol 的位号，用字符串形式表示。

10.3.2 原理图对象(Schematic)

① SHEET:在 SHEET 中,只有两个数据成员。

● area:在 area 项中,通过编写坐标,确定 Sheet 的区域。

● number:该项用于编辑 Sheet 的页码,用整数形式表示。

② BUS:在 BUS 中,有一个数据成员。

● name:顾名思义,在该项中,可以确定 Bus 的名称。

③ NET:在 NET 中,有 4 个数据成员。

● class:在该项中,可以选择 Net 属于哪一个网络簇。

● name:在该项中,可以定义 Net 的名称,用字符串形式表示。

● column:该项与 row 一同解释。

● row:row 与 column 项组合,用于 Net 在 Sheet 中定位,主要用于 X−ref 功能。在 Sheet 的四周,有类似于栅格坐标的标号,通过横纵的组合,确定 Net 在 Sheet 的位置。row 表示行的标号,column 表示列的标号。

10.3.3 PCB 对象(Board)

① HOLE:在 HOLE 中,有 4 个数据成员。

● diameter:在 diameter 中,可以设置 Hole 的外径直径,用整数表示。

● drill:在 drill 中,设置 Hole 的内径,也就是实际钻孔的直径,用整数表示。

● drillsymbol:在 drillsymbol 中,可以得到该 Hole 可选择的钻孔形状的数量,0 表示没有钻孔形状分配给这一个 Hole。

● x,y:该项表示 Hole 的中心坐标。

② VIA:在 VIA 中,有 8 个数据成员。

● diameter:diameter 中,可以设置 Via 的外径直径,用整数表示。

● drill:在 drill 中,设置 Via 的内径,用整数表示。

● drillsymbol:在 drillsymbol 中,可以得到该 Via 可选择的钻孔形状的数量,0 表示没有钻孔形状分配给这一个 Hole。

● start:与 end 一同解释。

● end:start 与 end 表示 Via 的开始层和结束层。由于 EAGLE 的层由数字排列,所以开始层总是小于结束层。

● shape:shape 可以设置 Via 外径的形状,可以分层设置。

● flags:flags 用于返回 end 标志,该标志可以用于生成 Via 的阻焊区域。

● x,y:该项表示 Via 的中心坐标。

10.4 声明(Statement)

声明用于指定 ULP 中的控制流程。在没有特殊控制声明的 ULP 中,ULP 中的语句按顺序执行,这一点与 C 语言也一致。EAGLE 支持的声明类型有块声明、控制声明、表达声明、内建函数声明、常量定义、变量定义。

10.4.1 块声明(Compound Statement)

块声明的含义是一组声明通过{}符号集中在一起,在语法上讲,整个块声明属于一个声明,块声明可以被嵌套在程序的任意深度。

10.4.2 控制声明(Control Statement)

控制声明用于控制程序的流程,包括循环声明、选择声明和跳转声明。

1. 循环声明

do…while:当 while 的条件成立时,执行 do 括号里面的语句,并且一直执行到 while 的表达式变为 0,通过一个具体的例子来说明:

```
string s = "Trust no one!";
int i = -1;
do {
++i;} while (s[i]);
```

上面的代码中先定义了字符串"Trust no one!"和整数变量 i,并给 i 赋予初始值-1。后面的语句的意思是,当 s[i]不等于 0 时,执行 i 的自加操作,一直到 s[i]变为 0 停止。

for:和 C 语言中的 for 语句功能一致。for ([init];[test];[inc]) statement 为 for 语句的语法表达式,for 语句有 3 个元素,分别为 init 初始值、test 测试条件和 inc 累加操作。for 语句的操作对象需要有一个初始值,当该操作对象的初始值满足测试条件时,for 语句就会被执行,当执行完一次后,就会对被操作对象进行累加操作。for 语句会一直执行到操作对象不满足测试条件。

```
string s = "Trust no one!";
int sum = 0;
for (int i = 0; s[i]; ++i)
sum += s[i];
```

上面的代码中,定义了字符串"Trust no one!"和整数变量 sum,并给 sum 赋予初始值 0。在 for 语句中,定义 i 的初始值为 0,测试条件为 s[i],意思是当 s[i]不等于 0 时,会执行 for 语句的内容,并且在执行完一次后,对 i 加 1。该代码的功能为计算出字符串所包含的字符数量。

```
While:while (condition) statement    ;当条件满足时,执行 while 语句,否则不执行
string s = "Trust no one!";
int i = 0;
while (s[i])
++i;
```

上面的代码中,定义了字符串"Trust no one!"和整数变量 i,并给 i 赋予初始值 0。当 s[i]
不等于 0 时,执行＋＋i 的操作,否则不执行。

2. 选择声明

if...else:if 语句是程序中使用得最多的语句。当 if 的括号满足是,执行 if 后面的语句,
否则执行 else 后面的语句。if...else 语句可以嵌套使用。

```
if (a == 1) {
if (b == 1)
printf("a == 1 and b == 1\n");
}
Else
printf("a! = 1\n");
```

上面的代码意思是当 a＝1 和 b＝1 同时成立时,打印出"a＝1 and b＝1",否则打印出"a!
＝1"。

switch:switch 语句也是选择语句,用于对单一对象同时有较多选择项的时候。Switch 通
常有很多个选择项,还有一个不满足所有选择项时的默认操作。

```
string s = "Hello World";
int vowels = 0, others = 0;
for (int i = 0; s[i]; ++i)
switch (toupper(s[i])) {
case ´A´:
case ´E´:
case ´I´:
case ´O´:
case ´U´: ++vowels;
break;
default: ++others;
}
printf("There are %d vowels in ´%s\n", vowels, s);
```

上面的代码定义了字符串"Hello World",还定义了整形变量 vowels 和 others。其中的
switch 语句的意义是在 s[i]等于 A、E、I、O 时不进行任何操作,在 s[i]等于 U 时,vowels 加 1,

并且跳出 switch 语句,在上述情况都不满足的情况下,others 加 1。这个程序的目的就是统计字符串的元音字母的数量。

3. 跳转声明

- break：break 声明是跳转出的声明,当执行 break 时,程序会马上跳转出最近循环声明或者选择声明。

- Continue：执行 continue 语句,程序会跳转到最近循环声明或者选择声明,并从测试条件的判断开始执行。

- return：return expression；return 通常用在函数的最后,用来返回函数计算的结果,或者编写者想要返回的值到主程序中。

10.4.3 表达声明(Expression Statement)

表达声明可以理解为 C 语言里面的一条普通语句。表达声明总是有一个声明加上分号组成,大多数的功能为赋值和功能调用。在 EAGLE 的 ULP 中,表达声明总是一条一条地顺序进行,在执行下一条表达声明前,上一条表达声明的作用就已经生效。在某些特殊情况下,也可以使用空的表达声明,一个分号就形成了空的表达声明,它不起任何作用,只占用一个执行周期。

10.4.4 内建指令声明(Builtin Statement)

关于内建函数声明,在下面的内建指令中详细说明。

10.4.5 常量定义(Constant Definitions)

在 EAGLE 的 ULP 中,常量定义使用关键字 enum。例如：enum{a,b,c},表示定义 3 个常量 a、b、c,并且这 3 个常量被分别赋值为 0、1、2。如果想要单独的为常量赋值,可以用下面的方式：enum{a,b=5,c},这样定义的结果是 a＝0,b＝5,c＝6。

10.4.6 变量定义(Variable Definitions)

EAGLE 中 ULP 的变量定义可以使用如下公式：

```
[numeric] type identifier [ = initializer][, ...];
```

在声明的前面添加 numeric,可以让声明的变量以字母的形式保存。type 为需要声明的变量的数据类型,可以为整形、实数型、字符串型等等。indentifier 就是为变量设置的标示符。在最后也可以通过[＝initializer]定义变量的初始值。

10.5　内建指令(Builtin)

内建指令可以附加信息,还可以方便地对数据进行操作,内建指令可以理解为 EAGLE 独有的、一种封装好的软件接口,用户可以操作这些接口,完成多样的功能。内建指令包括常量、变量、函数和声明。

10.5.1　内建常量(Builtin Constants)

内建常量为对象参数提供信息,是一些被预定义好的常量:
- EAGLE_VERSION——EAGLE 的版本号;
- EAGLE_RELEASE——EAGLE 的发布号;
- EAGLE_SIGNATURE——包含 EAGLE 的程序名称、版本和版权信息;
- REAL_EPSILON——EAGLE 可识别的最小正实数值;
- REAL_MAX——最大的实数值;
- REAL_MIN——最小的实数值;
- INT_MAX——最大的整数值;
- INT_MIN——最小的整数值;
- PI——表示 π 的值;
- Usage——包含从 ♯usage 指令中得到的字符串。

10.5.2　内建变量(Builtin Variables)

内建变量可以在程序的运行时间提供信息。
- int argc——为 run 命令提供参数的数量;
- string argv[ ]——为 run 命令提供的具体参数。

10.5.3　内建函数(Builtin Functions)

内建函数是预定义好的函数,用户只需要调用就可以实现相应的功能。内建函数包括 Character 函数、File Handing 函数、Mathematical 函数、Network 函数、Printing 函数、String 函数、Time 函数、Object 函数、XML 函数等。由于内建函数的数量庞大,限于篇幅的局限,在这里不一一介绍,只在每一类中挑选具有代表意义的函数举例介绍。对于内建函数,在 EAGLE 的帮助文件中有详细的说明。

1. Character Functions
- Tolower ():该函数可以把字符从大写转换为小写状态。
- isalpha ():该函数可以判断字符是否属于字母(a 至 z),如果属于字母,函数返回非 0

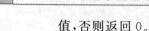

值,否则返回 0。

2. File Handing Functions

- filename()：该函数可以返回相应文件的名称。
- Filedir()：该函数可以返回相应文件的路径。

3. Mathematical Functions

- abs(x)：执行该函数可以返回 x 的绝对值。
- max(x,y)：执行该函数返回 x 和 y 中的较大值。
- ceil(x)：执行该函数返回不小于 x 的最小整数。

4. Networking Functions

- neterror：执行该函数后,返回最近的网络呼叫错误信息。
- netget：在网络上执行一个 GET 请求。
- netpost：在网络上执行一个 POST 请求。

5. Printing Functions

- printf()：按括号内规定的格式,打印出相应信息。

6. String Functions

- strchr(s,x)：执行该函数,会扫描 s 字符串内是否有与 x 相同的字符。如果有,则返回这个字符在字符串中的偏移位置,否则返回-1。
- strlen()：执行该函数,可以得到字符串的长度。
- strupr()：该函数可以把字符串内的小写字母转换为大写字母。

7. Time Functions

- timems(void)：执行该函数,可以得到自从开始执行 ULP 后,到现在的毫秒数。最大值 86400000,超过最大值后从 0 开始重新计数。
- time(void)：执行该函数,可以得到当前的系统时间。

8. Object Functions

- clrgroup：执行后,会清除对象的组标志。
- inroup：该函数可以检查在组里是否有对象。
- setgroup：执行后,会设置对象的组标志。

9. XML Functions

- xmlattribute()：该函数可以用于提取 XML 标签的属性。
- xmltags()：执行该函数,可以在 XML 代码中提取标签名称的列表。

10. Miscellaneous Functions

- language()：执行该函数,可以返回当前系统使用的语言的代码。

10.5.4　内建指令声明(Builtin Statement)

在通常意义上来讲,内建指令声明可以打开一个特定的文本编辑环境,在这个环境中,文件的数据结构可以进入，也就是可以以文本的方式编辑各种文件的一些属性，包括 PCB 和原理图。内建指令声明的类别有 board、deviceset、library、output、package、schematic、sheet、symbol。

board ()：针对 PCB 板的内建指令声明。在当前的编辑窗口有 PCB 设计时，可以打开 PCB 板的文本编辑环境。

```
if (board)
board(B) {
B. elements(E)
printf("Element：% s\n", E. name);
}
```

上面代码的意思是，如果 board 存在，就打开 board 的文本编辑环境，并且打印出相应的信息。

deviceset ()：在当前的编辑窗口有 device 打开时，可以打开 device 的文本编辑环境。

```
if (deviceset)
deviceset(D) {
D. gates(G)
printf("Gate：% s\n", G. name);
}
```

上面代码的意思是，如果当前的编辑窗口中有 device，那么打开该 device 的文本编辑环境，并且打印出 Gate-D 的名字。

```
library ()：在当前的编辑窗口有 library 打开时，打开 library 的文本编辑环境。
if (library)
library(L) {
L. devices(D)
printf("Device：% s\n", D. name);
}
```

上面代码的意思是，在当前编辑有 library 打开时，打开 library 的文本编辑窗口，并打印出 Device-D 的名字。

output ()：为随后的打印请求，打开一个输出文件，也就是打开一个文件，够打印语句输出，当执行完 output 函数后，文件会立刻被关闭。

```
output("file.txt", "wt") {
printf("Directly printed\n");
PrintText("via function call");
}
```

上面的代码的意思是,打开一个名为 file 的文本文件,并且写入"Directly printed"和"via function call"到该文件中。

package():在当前的编辑窗口有 package 打开时,打开 package 的文本编辑环境。

```
if (package)
package(P) {
P.contacts(C)
printf("Contact: % s\n", C.name);
}
```

上面代码的意思是,在当前的编辑环境中有 package 打开时,打开 package 的文本编辑环境,并且提取 Contacts-C 的名称,并且打印出来。

schematic():在当前的编辑窗口有 schematic 打开时,打开 schematic 的文本编辑环境。

```
if (schematic)
schematic(S) {
S.parts(P)
printf("Part: % s\n", P.name);
}
```

上面代码的意思是,在当前的编辑环境中有 schematic 打开时,打开 schematic 的文本编辑环境,并且打印出 part-P 的名称。

sheet():在当前的编辑窗口有 sheet 打开时,打开 sheet 的文本编辑环境。

```
if (sheet)
sheet(S) {
S.parts(P)
printf("Part: % s\n", P.name);
}
```

上面代码的意思是,在当前的编辑环境中有 sheet 打开时,打开 sheet 的文本编辑环境,并且打印出 part-P 的名称。

symbol():在当前的编辑窗口有 symbol 打开时,打开 symbol 的文本编辑环境。

```
if (symbol)
symbol(S) {
S.pins(P)
printf("Pin: % s\n", P.name);
}
```

上面代码的意思是,在当前的编辑环境中有 symbol 打开时,打开 symbol 的文本编辑环境,并且打印出 pin-P 的名称。

10.6　对话框(Dialogs)

EAGLE 的 ULP 的对话框,可以让你自己定义与 ULP 相连的前端界面,通过单击或者选择按钮,可以实现 ULP 的窗口化操作。EAGLE 预定义了一些对话框,可供 ULP 调用,也可以通过编写对话框的各个元素,自己构建一个对话框。

10.6.1　预定义的对话框(Predefined Dialogs)

① dlgDirectory ( ):显示目录对话框,语法如下:

```
string dirName;
dirName = dlgDirectory("Select a directory", "");
```

运行后的结果如图 10.1 所示。

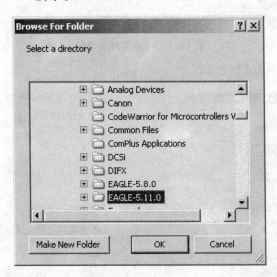

图 10.1　目录对话框

② dlgFileOpen ( ):打开文件对话框,语法如下:

```
string fileName;
fileName = dlgFileOpen("Select a file", "", "* .brd");
```

运行后的结果如图 10.2 所示。

③ dlgFileSave ( ):保存文件对话框,语法如下:

```
string fileName;
fileName = dlgFileSave("Select a file", "", "* .brd");
```

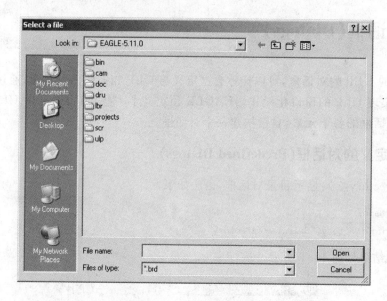

图 10.2 打开文件对话框

运行后的结果如图 10.3 所示。

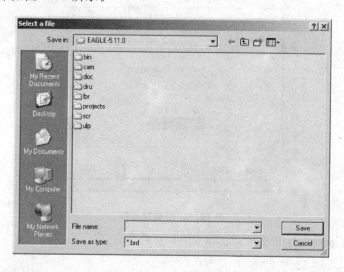

图 10.3 保存文件对话框

④ dlgMessageBox（）:运行该预定于的对话框,会显示一个信息窗口,这个窗口在用户对其有下一步操作之前一直存在。

```
if (dlgMessageBox("! Are you sure?", "&Yes", "&No") == 0) {
// let's do it!}
```

运行后的结果如图 10.4 所示。

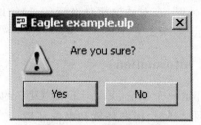

图 10.4　信息窗口对话框

10.6.2　对话框对象(Dialog Object)

对话框对象指的是在 ULP 的对话框中可以操作的对象。对话框可操作的对象几乎包括 EAGLE 的各种元素,例如网格、按钮等。由于对话框的操作对象很多,这里仅列举出几个对象来说明。具体的对话框操作对象,请阅读 EAGLE 的帮助文件。

① dlgcell ():dlgcell 操作的对象是对话框中的单元。该对话框函数与 dlgGridLayout 配合,定义了对话框单元在对话框中的相对位置,对话框的左上方是行与列的起始位置,所以坐标为(0,0),单元的相对位置以对话框的左上方为原点。Dlgcell 的语法为:dlgCell(int row, int column[, int row2, int column2]) statement,在该表达式中,可以看到第二个行列坐标为可选项。当只有一个行列坐标时,单元开始于该坐标;当有两个行列坐标时,单元开始于第一个坐标,结束于第二个坐标。

```
string Text;
dlgGridLayout {
dlgCell(0, 0) dlgLabel("Cell 0,0");
dlgCell(1, 2, 4, 7) dlgTextEdit(Text);
}
```

上面代码的意思是,在对话框坐标为(0,0)的地方,定义一个单元,显示信息为"Cell,0";在对话框坐标(1,2)~(4,7)的地方,定义一个单元,显示文本信息"Text"。

② dlgGridLayout ():dlgGridLayout 可以打开一个网格布局的环境,在该环境内,可以定义一个一个的单元,通过这些单元可以把对话框分为很多个部分。唯一的可以进入该网格布局环境的就是上面介绍的 dlgcell。所以 dlgGridLayout ()和 dlgcell ()总是同时出现。

```
dlgGridLayout {
dlgCell(0, 0) dlgLabel("Row 0/Col 0");
dlgCell(1, 0) dlgLabel("Row 1/Col 0");
dlgCell(0, 1) dlgLabel("Row 0/Col 1");
dlgCell(1, 1) dlgLabel("Row 1/Col 1");
}
```

上面代码的意思是,在对话框相对坐标(0,0)的地方显示"Row 0/Col 0",在对话框相对坐标(1,0)的地方显示"Row 1/Col 0",在对话框相对坐标(0,1)的地方显示"Row 0/Col 1",在对话框相对坐标(1,1)的地方显示"Row 1/Col 1"。

10.6.3 布局信息(Layout Information)

在介绍布局信息前,需要知道一个概念:EAGLE 的 ULP 的所有对象都被放置在布局环境中,并且该环境可以细分为网格环境、横向环境和纵向环境。

网格布局环境(Grid Layout Context):网格布局环境由 dlgGridLayout 函数设置,前面已经详细介绍了该函数,所以这里不再说明。

横向布局环境(horizontal layout context):横向布局环境中的对象总是由左向右排列,dlgStretch 和 dlgSpacing 可以更加灵活的在可利用的空间内分配位置,由横向布局环境定义的元素在对话框内部占用横向的空间。

```
dlgHBoxLayout {
dlgStretch(1);
dlgPushButton(" + OK")    dlgAccept();
dlgPushButton("Cancel") dlgReject();
}
```

上面的代码,定义了一个横向的布局,由左到右放置了两个元素:OK 和 Cancel。

纵向布局环境(vertical layout context):纵向布局环境对操作对象的操作方式和横向布局环境完全一致。唯一不同的是,纵向布局环境使用 dlgVBoxLayout,并且占用对话框内部的纵向空间。

10.6.4 对话框函数(Dialog Functions)

关于对话框,还有一些函数,可以实现对话框的特殊功能。对话框函数包括 dlgAccept、dlgRedisplay、dlgReset、dlgReject、dlgSelectionChanged 这 5 个,下面一一介绍。

① dlgAccept (int Result):该函数的功能是在当前的指令序列执行完成后,关闭对话框,用户对对话框做的任何改变都会被接受。

② dlgRedisplay (Void):该函数的功能是刷新对话框,可以在对话框有改变的情况下使用,当对话框没有改变或者对话框结束时,不需要使用 dlgRedisplay 函数,因为在对话框的最后,会自动刷新对话框。

```
string Status = "Idle";
int Result = dlgDialog("Test") {
dlgLabel(Status, 1); // note the '1' to tell the label to be updated!
dlgPushButton(" + OK")    dlgAccept(42);
```

```
dlgPushButton("Cancel") dlgReject();
dlgPushButton("Run") {
Status = "Running...";
dlgRedisplay();
// some program action here...
Status = "Finished.";
}
};
```

上面的代码中,在 running 后执行了 dlgRedisplay,其目的是在改变了程序的状态为 'Run'后,刷新对话框,然后再执行下面的代码。

③ dlgReset ():执行该函数后,复位对话框中的所有对象到初始值。

```
int Number = 1;
int Result = dlgDialog("Test") {
dlgIntEdit(Number);
dlgPushButton(" + OK")     dlgAccept(42);
dlgPushButton("Cancel") dlgReject();
dlgPushButton("Reset")   dlgReset();
};
```

在上面的代码中,定义了 3 个按钮,分别是 OK、Cancel 和 Reset,其中单击 Reset 按钮会调用 dlgReset 函数,使对话框中的所有对象恢复初始值。

④ dlgReject ():执行该函数,可以关闭对话框,任何改变都会被忽略。在上面的例子中, Cancel 按钮调用了 dlgReject 函数,当单击 Cancel 后,对话框会关闭,并且对对话框所作的修改都不会被接受。

⑤ dlgSelectionChanged ():该函数可以用在一个列表环境中,用来确定是否有 dlgList- View 或者 dlgListBox 函数被调用。还有一个功能是可以确定是否在当前列表的选择有改变,当有改变时,函数返回非 0 值,否则返回 0。

```
string Colors[] = { "red\tThe color RED", "green\tThe color GREEN", "blue\tThe color BLUE" };
int Selected = 0; // initially selects "red"
string MyColor;
dlgLabel(MyColor, 1);
dlgListView("Name\tDescription", Colors, Selected) {
if (dlgSelectionChanged())
MyColor = Colors[Selected];
else
dlgMessageBox("You have chosen " + Colors[Selected]);
}
```

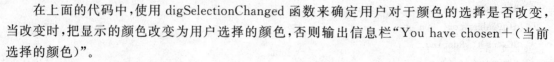
在上面的代码中,使用 digSelectionChanged 函数来确定用户对于颜色的选择是否改变,当改变时,把显示的颜色改变为用户选择的颜色,否则输出信息栏"You have chosen+(当前选择的颜色)"。

【例 10.1】 对话框实例

```
int hor = 1;
int ver = 1;
string fileName;
int Result = dlgDialog("Enter Parameters") {
dlgHBoxLayout {
dlgStretch(1);
dlgLabel("This is a simple dialog");
dlgStretch(1);
```

} /* 在这一段,程序定义了两个变量 hor 和 ver,并同时为它们定义了初始值 1,还定义了一个字符串 "fileName",最后利用横向布局环境定义在对话框的上端显示"This is a simple dialog"的字样 */

```
dlgHBoxLayout {
dlgGroup("Horizontal") {
dlgRadioButton("&Top", hor);
dlgRadioButton("&Center", hor);
dlgRadioButton("&Bottom", hor);
}
dlgGroup("Vertical") {
dlgRadioButton("&Left", ver);
dlgRadioButton("C&enter", ver);
dlgRadioButton("&Right", ver);
}
```

}/* 上面的这段在第一段的后面执行,所以在对话框中的显示也是紧跟着第一段程序。这一段通过一个横向布局环境定义了横向的空间,在这个空间内又定义了两个名为"Horizontal"和"Vertical"的显示组。在 Horizontal 组里面,有 3 个单选按钮,分别为 Top、Center、Bottom;在 Vertical 组里面,也有 3 个单选按钮,分别为 Left、Center 和 Right */

```
dlgHBoxLayout {
dlgLabel("File &name:");
dlgStringEdit(fileName);
dlgPushButton("Bro&wse") {
fileName = dlgFileOpen("Select a file", fileName);
}
```

}/* 在上面的的代码中,有一个横向空间可供操作,在该空间内的最左边显示"File Name"字样,然后有一个字符串编辑窗口,可以手动输出文件路径,最右边是一个名为 Browes 的按钮,单击该按钮后,弹出打开

文件窗口,可以选择需要打开的文件 ＊ /

```
dlgGridLayout {
dlgCell(0, 0) dlgLabel("Row 0/Col 0");
dlgCell(1, 0) dlgLabel("Row 1/Col 0");
dlgCell(0, 1) dlgLabel("Row 0/Col 1");
dlgCell(1, 1) dlgLabel("Row 1/Col 1");
```
}/＊上面的代码首先定义了一个网格布局空间,然后在该空间相对坐标(0,0)的地方显示"Row 0/Col 0",在相对坐标(1,0)的地方显示"Row 1/Col 0",在相对坐标(0,1)的地方显示"Row 0/Col 1",在相对坐标(1,1)的地方显示"Row 1/Col 1"＊/

```
dlgSpacing(10);
dlgHBoxLayout {
dlgStretch(1);
dlgPushButton(" + OK")    dlgAccept();
dlgPushButton("Cancel") dlgReject();
}
};
```
/＊在程序的最后,定义了一个横向的操作空间,在该空间内有两个按钮,分别是 OK 和 Cancel。单击 OK 按钮调用 dlgAccept 函数,关闭并保存所作的修改。单击 Cancel 按钮调用 dlgReject 函数,关闭对话框并忽略修改＊/

执行上面的 ULP 后,会得到图 10.5 所示的界面。可以看到在对话框的最上面,对话框的

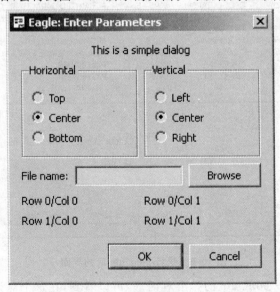

图 10.5　例 10.1 中的程序执行完后的界面

名字为"EAGLE：Enter Parameters"，在标题的下面显示"This is a simple dialog"。然后在 Horizontal 区域有 3 个单选按钮，分别为 Top、Center 和 Bottom；在 Vertical 区域有 3 个单选按钮，分别为 Left、Center 和 Right。在这两个区域的下面，是一个文件选择的空间，可以手动输入文件路径，也可以浏览需要打开的文件。随后在对话框内出现了按网格坐标显示的 4 个字符串。在对话框的最后，有两个按钮，分别是 OK 和 Cancel，提供相应的功能。

10.7　常用 ULP 说明

上面的几节介绍了 ULP 的编写方法，通过这些方法，读者可以编写自己的 ULP 文件。除了自己编写外，在 EAGLE 中，也自带了很多有用的 ULP 文件，它们可能不是那么完善，但通常可以满足设计过程的绝大多数要求。EAGLE 自带了 126 个 ULP 文件，在这里不可能全部介绍，下面选择了一些常用的 ULP 文件加以解释说明。

10.7.1　Bom.ulp

使用 Bom.ulp 文件可以快速地导出原理图设计文件的元件清单，如图 10.6 所示。

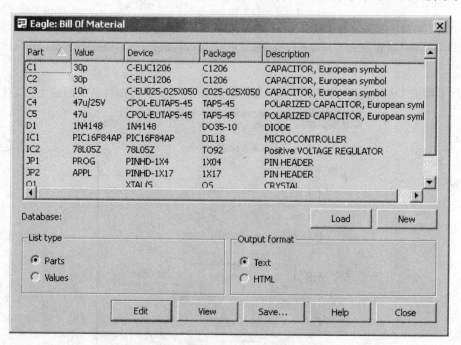

图 10.6　执行 bom.ulp 后的界面

图 10.6 就是执行了 bom.ulp 的弹出对话框，可以看到，在这个对话框的上部分，列出了

所有的元件,还包括了元件的一些属性,例如数量、封装、规格等。在元件列表下面,有 Load 和 New 两个按钮。单击 Load 可以为原件加入更多的属性,单击 New 编辑新的元件属性。在 List type 区域,可以选择列表的显示格式是以元件还是以元件的规格,单击 Eidt 按钮,可以编辑选定元件的属性,单击 View 按钮可以在一个更大的对话框中预览元件清单,单击 Save 按钮可以保存元件清单。在 Output format 区域可以选择文件输出的格式,可以选择为文本或者 HTML 格式。

10.7.2　exp - project - lbr. ulp

在原理图和 PCB 图中执行 exp - project - lbr. ulp,能将原理图和 PCB 图中使用的所有元件库提取出来生成一个或者多个元件库供以后设计使用。执行该 ULP 后的界面如图 10.7 所示。

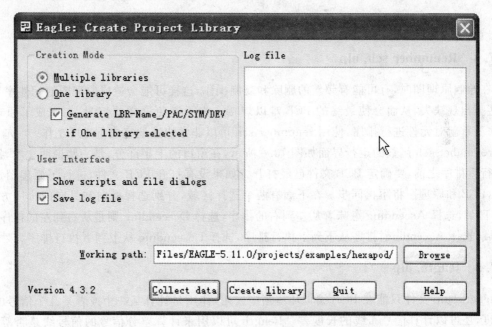

图 10.7　执行 exp－project－lbr. ulp 后的界面

按照不同的需求选择输出一个还是多个元件库并修改文件输出路径后,单击 Collect data 按钮先收集原理图或者 PCB 图的库,完成后再单击 Create library 按钮,即可生成需要的库文件。

10.7.3　Change prefix sch. ulp

在原理图中,会把元件分为很多个大类,比如 U、IC、R、L、C,它们分别代表了不同种类的元件。这样做的目的是为了在阅读原理图时可以很容易地判断元件的类别,而不是一定要去看元件的 part number。这样的符号在 EAGLE 里面称为元件的前缀(prefix)。Change prefix sch 函数可以方便地修改元件的前缀。

change prefix sch 函数的运行界面如图 10.8 所示,在左边的输出栏中输入想要修改的原前缀,在右边的对话框中输入新的前缀,单击 OK 按钮完成修改。这样的修改是全局性的,它不只针对某一个元件,对拥有相同前缀的元件都起作用。

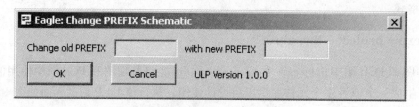

图 10.8   change prefix sch 函数的运行界面

10.7.4　Renumber sch. ulp

在绘制原理图时,有可能有频繁的删除和复制操作,这样可能会造成原理图的元件序号混乱,甚至出现缺失,从而会使最终的 PCB 难以焊接。为了避免这样的情况,在完成了原理图后,需要重新对元件进行排序,使用 renumber sch 可以非常快速地完成重排序工作。

renumber sch 函数的运行界面如图 10.9 所示,在窗口的上半部分,是一些说明文本,提醒在进行重排序之前,要确定 PCB 文件已经打开。如果没有打开 PCB 文件,进行了原理图重排序后,PCB 和原理图将不再同步。在下面有两个选择区域,分别选择横向和纵向的排序方式,在 X 区域,选择 Ascending 意味着从左到右的排序,选择 Descending 则是从右到左的排序,在 Y 区域,选择 Ascending,排序从下到上执行排序,选择 Descending 从上到下执行排序。

10.7.5　length. ulp

length. ulp 文件只能在 PCB 编辑环境当中使用,作用是计算某一个或者某几个信号的布线长度,还可以计算信号布线的长度差。Length 可以用来计算差分信号的信号线是否等长。直接运行 length. ulp,会计算 PCB 板所有信号的长度和差距,所以一般使用 run 命令来运行 length. ulp,格式为 run length name name1 name2... 其中 name 为信号的名称。比如在命令输入窗口输入:run length RA3 RA4,可以计算 RA3 和 RA4 的布线长度,以及两者的走向长度差,如图 10.10 所示。

图 10.10 所示对话框的第一列为信号名称,第二列为信号的布线长度,第三列为布线的长度差,第四列为该布线长度差占布线长度的比例。如果所计算的信号存在没有完成的鼠线,那么会显示在最后一列。

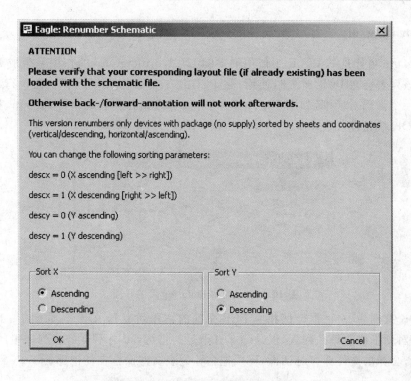

图 10.9　renumber sch 函数的运行界面

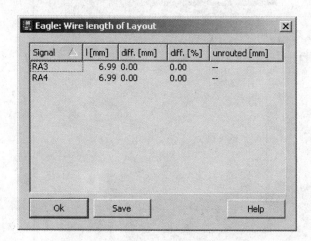

图 10.10　执行 length. ulp 后的界面

10.7.6 drillcfg. ulp

drillcfg. ulp 可能是 EAGLE 中使用最多的 ULP，drillcfg. ulp 的作用是生成 PCB 的钻孔工具列表，该列表会在 PCB 加工时使用，是 PCB 加工的必需文件之一。在执行 drillcfg. ulp 后，会出现一个弹出对话框，如图 10.11 所示，可以选择钻孔列表的单位，有 mm 和 inch 可供选择，单击 OK 按钮进入下一步。

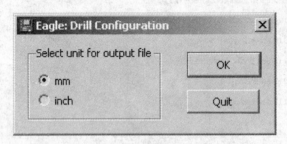

图 10.11 执行 drillcfg. ulp 后的界面

单击 OK 按钮后，对话框会把相应 PCB 文件的钻孔列表显示出来，如图 10.12 所示。也可以通过该对话框修改钻孔列表，但是除非有十足的把握，否则不要修改列表里的任何内容。单击 OK 后，会弹出文件保存对话框，可以把钻孔列表文件保存在任何路径下。

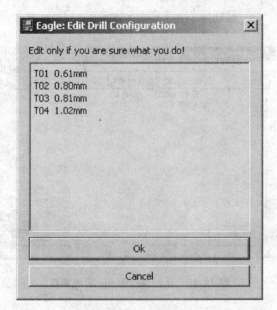

图 10.12 PCB 文件的钻孔列

10.7.7　Import bmp. ulp

Import bmp. ulp 可以在 PCB 文件中导入位图文件,在设计 PCB 时,可能需要加入一些符号或图表,例如公司 logo 或者电气警告符号,但这些符号大多比较复杂,用手工绘制比较浪费时间,且效果不佳。这时使用 EAGLE 自带的 import bmp 文件可以很方便地导入位图文件。

执行 import bmp. ulp 后,会弹出一个说明对话框,在里面描述了 EAGLE 支持的位图规格,该部分需要仔细阅读,单击 OK 按钮进入下一步,弹出文件选择对话框,选择所需要导入的位图文件,选择后单击 OK 按钮,进入颜色选择界面,选择文件需要显示的颜色,选择完成后,单击 OK 按钮,进入最后一步设置,如图 10.13 所示。

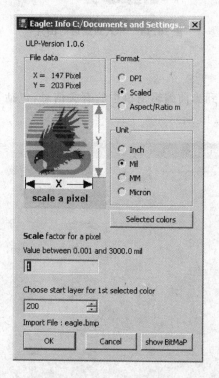

图 10.13　执行 Import bmp. ulp 后的最后一步设置界面

在图 10.13 中,file data 显示出了文件的像素,右边的 format 对话框可以设置导入后的格式,分别有 DPI、scaled 和 aspect 三种格式。在 format 下面是单位界面,可以选择 inch、mil、mm 和 micrn 等 4 个单位。界面的下半部分有两个文本输入框,上面的文本输入框可以设置导入图片与原图片的比例,下面的文本输入框可以选择放置位图第一个颜色的开始层。单击 OK 按钮,完成导入工作,导入后的图片如图 10.14 所示。

图 10.14　导入完成后的图片

10.7.8　find. ulp

　　使用 find. ulp 可以搜索到当前编辑窗口中的有关信息,包括 pin、pad、device、gate 和 val-ue 等都可以被搜索,如图 10.15 所示。

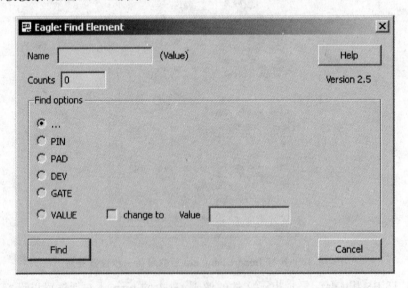

图 10.15　执行 find. ulp 后的界面

　　在图 10.15 中,可以在 name 一栏处输出想要搜索的信息,在 find options 一栏,可以选择想要搜索的信息是属于哪一个类别的,可以为引脚、焊盘、device、gate 和数值。当搜索的类别是数值时,勾选 change to 复选框,并在 value 一栏中填入新的数值,可以在搜索的同时把数值替换为新的数值。

本节介绍了一些常用的 ULP 文件,但没有介绍的占大多数。EAGLE 自带的 ulp 文件保存在 EAGLE 安装目录下的 ULP 文件夹下。除了自带的 ULP 文件,在 EAGLE 的官方网站上,还提供了更多的 ULP 文件供下载,进入 EAGLE 的官方网站:http://www.cadsoftusa.com/downloads/,单击页面左边的 Download 链接,再单击新页面中的 ULPs 链接,就可以下载更多的 ULP 文件。

附录 **A**

名词解释

在使用 EAGLE 过程中经常会遇到一些专用名词,清晰地理解这些名词的含义能够让设计工作更加得心应手,本附录挑选出常见的并且不易理解的名词术语来进行解释说明。为了便于查找,下面的名词术语根据其英文首字母的顺序排列。

1. Airwire(鼠线)

鼠线是指电路板上还没有进行布线的电气连接,这些连接以笔直的细线形式表示,处于电路板的第 19 层(Unrouted)上。在 PCB 设计中通过 SIGNAL 命令可以添加鼠线。

2. Annulus Symbol(环形符号)

在敷铜区或电源层中存在的环形隔离符号,该符号用于将某个信号与敷铜区或电源层完全隔离开来。

3. Blind Via(盲孔)

在多层电路板设计中用于顶层(或底层)与中间某层电气连接的电镀孔,这种孔不会贯穿电路板的所有层,如图 A.1 所示。

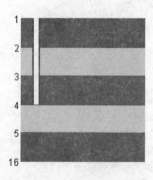

图 A.1 盲孔示意图(横截面)

4. Buried Via(埋孔)

在多层电路板设计中用于中间某两个层或多个层之间电气连接的电镀孔,这种孔不会穿透顶层和底层,也就是说它处于电路板的内部,因而从电路板的两面都无法看到这种孔,如图 A. 2 所示。

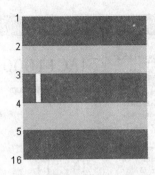

图 A. 2　埋孔示意图(横截面)

5. Core(基板)

带有一层或上下两层未蚀刻的敷铜层的固化板,层设置中用 * 号表示。例如 1 * 2+15 * 16 表示第 1 和第 2 层所组成的部分,以及第 15 和 16 层所组成的部分,分别为两个 Core,如图 A. 3 所示。

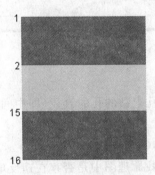

图 A. 3　四层板由两个 Core 制作而成(横截面)

Core 通常用于层叠起来制造多层电路板,一般不会直接作为双层板,这是因为双层电路板有专门的成品板可供使用,其规格与 Core 并不相同。

6. Design Rule Check(DRC,设计规则检查)

EAGLE 可以通过 DRC 来查找 PCB 设计中是否存在违反当前所定义的设计规则的地方,设计规则可以通过 DRC 命令打开设置窗口来进行定义和修改。

7. Device(元件)

元件库中完整定义的单一元件,其中包含一个原理图符号和一个封装符号。

8. Device Set(元件集合)

元件集合与 GROUP 命令在编辑器中选择的一组元件(Device group)是两个不同的概

念,元件集合指的是元件库中包含多个原理图符号、并同时包含多个不同封装符号的元件,这种元件称为元件集合。图 A.4 所示的 74AC11000 由多个 gate 符号以及两种对应封装组成。

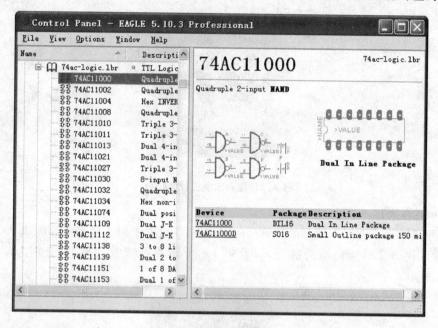

图 A.4　元件集合实例

9. Drill(钻孔直径)

PCB 设计中直插式焊盘和过孔上钻的孔的直径(即中间钻空部分的直径),用于焊接电容等元件或者改变布线所在的层。

10. Electrical Rule Check(ERC,电器规则检查)

EAGLE 可以通过 ERC 来查找原理图中是否存在违反电气规则的地方(例如两个输出端相连的情况),另外 ERC 还可以检查原理图与 PCB 设计之间的一致性。

11. Follow - me Router(光标跟随布线器)

ROUTE 命令提供的一种半自动布线工具,通过该工具软件能够自动为所选信号提供布线参考。随着鼠标指针的移动,软件会进行实时计算并提供不同的参考,但只有带有自动布线器(Autorouter)的 EAGLE 版本才能使用该工具。

12. Gate(元件的一部分)

可以单独放置到原理图中的某个元件的一部分。例如 TTL 元件的一个逻辑门、继电器的一个触点、电阻阵列中的某一个电阻等。有多个 gate 的逻辑元件示例如图 A.5 所示。

图 A.5 中显示的是原理图编辑器中的逻辑元件 74AC11000 的 5 个 gate,包括逻辑门 IC10A、IC10B、IC10C、IC10D 以及电源 IC10P。电源的 gate 默认为隐藏状态,不能通过 ADD

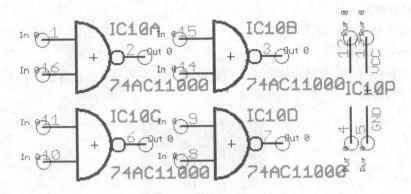

图 A.5　含有多个 gate 的元件

命令添加,只能使用 INVOKE 命令放置到原理图中。

13. Hole(孔)

PCB 设计中的非电镀孔,例如用于固定的安装孔,通过 HOLE 命令即可进行放置。

14. Layer Stack(电路板层叠)

表示电路板制造过程中由多个 Core 和隔离层堆叠在一起组成的部件。

15. Micro Via(微型过孔)

微型过孔是一种直径非常小的电镀过孔,通常直径为 0.05~0.1mm,并且只连接顶层与第二层或者底层与上一层,因此也可以看作是一种特殊的盲孔,不同之处在于普通盲孔可以连接多个内部层并且直径较大。微型过孔示意图如图 A.6 所示。

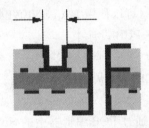

图 A.6　微型过孔示意图(横截面)

16. Net(网络)

指原理图中的电气连接,通过 NET 命令即可生成网络线段。

17. Package(封装)

指元件库中的元件封装,即 footprint。

18. Pad(直插式焊盘)

指元件封装上附着的电镀通孔,表示该元件为直插式元件。

19. Pin(引脚)

指原理图符号上的引脚。

20. Prepreg(半固化片)

多层电路板中用于连接两个内部层并提供绝缘功能的一种半固化树脂。在 EAGLE 的层设置中通常以灰色表示,如图 A.7 所示。

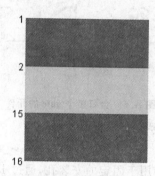

图 A.7　灰色的 Prepreg

图 A.7 中灰色部分即为 Prepreg,将第 2 层和第 15 层粘接在一起,从而组成一块四层电路板。

21. Rack(钻孔数据配置表)

制造 PCB 板时钻孔设备所需要的配置表,用于产生钻孔数据。

22. Ratsnest(鼠线轨迹跟踪)

当连接了鼠线的元件被移动后,可以使用 RATSNEST 命令来重新计算最短的鼠线连接,并将计算后的鼠线连接状态显示在 PCB 设计中。

23. Restring(包围钻孔的铜环)

用于设置直插式焊盘或者过孔的钻孔周围的铜环宽度。

24. Signal(信号)

表示 PCB 设计中的电气连接,通过 PCB 编辑器中的 SIGNAL 命令就可以绘制信号线段,并以鼠线的形式表示。

25. Supply Symbol(电源符号)

表示原理图中的电源信号,ERC 会对该类型的符号进行专门的检查。

26. Symbol(原理图符号)

元件库中用于原理图的元件符号,是元件的一种示意图。

27. Technology

EAGLE 使用单词 Technology 来表示不同的集成电路设计技术,如 TTL、LVTTL、CMOS、ECL 等。

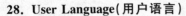

28. User Language(用户语言)

可以自由编程的一种类 C 语言,用于数据导入和导出。

29. Via(过孔)

在 PCB 设计中,当线路需要从当前层布线到另一层时所使用的一种金属镀孔,有多种类型,包括微型过孔、盲孔和埋孔。

30. Wheel(光圈配置文件)

在生成 GERBER 数据时所产生的光圈配置文件,以供厂商制造 PCB 时使用。

31. Wire(线段)

原理图或 PCB 设计中的无电气属性的线段或者带电气属性的线段(是否带有电气属性取决于所在的层,一般不推荐用 WIRE 命令来绘制带电气属性的线段)。

附录 B

层描述及其应用

PCB 和 Package 编辑器中使用的层：

1	Top	线路，顶层
2	Route2	内部层（信号或电源）
3	Route3	内部层（信号或电源）
4	Route4	内部层（信号或电源）
5	Route5	内部层（信号或电源）
6	Route6	内部层（信号或电源）
7	Route7	内部层（信号或电源）
8	Route8	内部层（信号或电源）
9	Route9	内部层（信号或电源）
10	Route10	内部层（信号或电源）
11	Route11	内部层（信号或电源）
12	Route12	内部层（信号或电源）
13	Route13	内部层（信号或电源）
14	Route14	内部层（信号或电源）
15	Route15	内部层（信号或电源）
16	Bottom	线路，底层
17	Pads	焊盘（通孔）
18	Vias	金属镀孔（穿过所有层）
19	Unrouted	鼠线（伸缩线）
20	Dimension	电路板外框（绝缘孔圆圈直径）＊）
21	tPlace	丝印层，顶层
22	bPlace	丝印层，底层
23	tOrigins	原点，顶层（自动生成）

24 bOrigins   原点,底层(自动生成)

25 tNames   用于打印,顶层(元件名称)

26 bNames   用于打印,底层(元件名称)

27 tValues   元件值,顶层

28 bValues   元件值,底层

29 tStop   阻焊层,顶层(自动生成)

30 bStop   阻焊层,底层(自动生成)

31 tCream   焊膏层,顶层

32 bCream   焊膏层,底层

33 tFinish   镀金专用阻焊层,顶层

34 bFinish   镀金专用阻焊层,底层

35 tGlue   粘接层,顶层

36 bGlue   粘接层,底层

37 tTest   测试和修改信息,顶层

38 bTest   测试和修改信息,底层

39 tKeepout   元件限制区域,顶层

40 bKeepout   元件限制区域,底层

41 tRestrict   敷铜限制区域,顶层

42 bRestrict   敷铜限制区域,底层

43 vRestrict   金属镀孔限制区域

44 Drills   导电过孔

45 Holes   非导电孔(安装、定位孔)

46 Milling   铣床切割轮廓绘制层 Milling

47 Measures   尺寸信息层 Measures

48 Document   文档信息标注层 Documentation

49 Reference   基准标记

51 tDocu   顶层打印时使用的详细信息

52 bDocu   底层打印时使用的详细信息

Schematic、Symbol 和 Device 编辑器中使用的层:

91 Nets   网络

92 Busses   总线

93 Pins   元件符号的引脚,带有附加信息

94 Symbols   元件符号的形状

95 Names	元件符号名称
96 Values	值/元件类型
97 Info	附加信息/提示
98 Guide	为了符号对齐而提供的参考线

＊）在该层上绝缘孔以相应半径的圆圈表示,它们用于对 Autorouter(自动布线功能)进行限制。

通过各层的名称或编号可以对其进行操作,名称可以通过 LAYER 命令或 DISPLAY 菜单来修改,特殊层的功能不变。

如果要建立自定义的层,请使用 100 以上的层编号。通过 DISPLAY 菜单可以建立新的层(New 按钮),或者在命令框中输入 LAYER 命令来建立。例如,在建立名称为 Remarks 的第 200 层时,输入:

```
LAYER 200 Remarks
```

为该层设置颜色和填充方式请使用 DISPLAY 命令。

附录 C

EAGLE 文件类型

EAGLE 使用以下类型的文件：

名称	文件类型
*.brd	PCB 设计文件
*.sch	原理图文件
*.lbr	库文件
*.ulp	用户语言程序文件
*.scr	脚本文件
*.txt	文本文件(也可以是其他后缀名)
*.dru	设计规则文件
*.ctl	Autorouter(自动布线器)控制参数文件
*.pro	Autorouter 协议文件
*.job	Autorouter Job 文件
*.b$$	完成 Autorouter 操作后建立的 brd 文件备份
*.cam	CAM 处理程序文件
*.b#x	BRD 文件备份(x=1—9)
*.s#x	SCH 文件备份(x=1—9)
*.l#x	LBR 文件备份(x=1—9)
*.b##	BRD 文件的自动备份文件
*.s##	SCH 文件的自动备份文件
*.l##	LBR 文件的自动备份文件

附录 **D**

附带视频文件说明

本书附带多个视频文件，这些视频文件依次列如下，其中元件库的视频文件过长，分为 4 个文件。

1   EAGLE 软件概述

2   原理图编辑器介绍

3   PCB 编辑器介绍

4.1   元件库编辑器介绍

4.2   简单元件创建实例

4.3   复杂元件创建实例

4.4   元件库管理

5   电路原理图和 PCB 图设计实例介绍

6   CAM 处理程序设置和输出

7   ULP(用户语言程序)介绍

视频文件可在北京航空航天大学出版社网站(http://www.buaapress.com.cn/)的下载专区下载。